改定承認年月日	平成17年9月6日
訓練の種類	普通職業訓練
訓練課程名	普通課程
教材認定番号	第58765号

改訂
配管概論

独立行政法人　高齢・障害・求職者雇用支援機構
職業能力開発総合大学校　基盤整備センター　編

は し が き

　本書は職業能力開発促進法に定める普通職業訓練に関する基準に準拠し，設備施工系の訓練を受ける人々のために，配管概論の教科書として作成したものです。
　作成に当たっては，内容の記述をできるだけ平易にし，専門知識を系統的に学習できるように構成してあります。
　このため，本書は職業能力開発施設で使用するのに適切であるばかりでなく，さらに広く知識・技能の習得を志す人々にも十分活用できるものです。
　なお，本書は次の方々のご協力により作成したもので，その労に対して深く謝意を表します。

〈改定委員〉　　　　（五十音順）

　小泉　康夫　　　　財団法人　配管技術研究協会
　田中　悦郎　　　　東京ガス株式会社
　西野　悠司　　　　財団法人　配管技術研究協会
　　　　　　　　　　（委員の所属は執筆当時のものです）

〈監修委員〉　　　　（五十音順）

　戸﨑　重弘　　　　全国管工事業協同組合連合会
　富田　吉信　　　　株式会社電業社機械製作所

平成18年2月

　　　　　　独立行政法人　高齢・障害・求職者雇用支援機構
　　　　　　職業能力開発総合大学校　基盤整備センター

［配管概論］―作成委員一覧―

〈執筆委員〉　　　　　　　（平成8年12月　五十音順）
大　岩　明　雄　　　東電設計株式会社
小　泉　康　夫　　　財団法人　配管技術研究協会

〈監修委員〉
川　上　英　彦　　　東芝エンジニアリングサービス株式会社
　　　　　　　　（委員の所属は執筆当時のものです）

目　　　次

第1章　水力学の基礎 ……………………………………………………………… 1
第1節　水の物理的性質 …………………………………………………………… 1
1.1　水の質量及び比重（1）　1.2　硬水及び軟水（1）

第2節　静止している水の性質 …………………………………………………… 2
2.1　大気圧（2）　2.2　圧力の伝達（3）　2.3　水頭と水圧（3）
2.4　サイホン作用（4）　2.5　圧力の測定（4）

第3節　流動している水の性質 …………………………………………………… 6
3.1　層流及び乱流（6）　3.2　流速と流量（6）
3.3　位置エネルギーと運動エネルギー（7）
3.4　ベルヌーイの定理（8）　3.5　流量の測定（10）

第4節　管水路 ……………………………………………………………………… 14
4.1　流体の摩擦（14）　4.2　管路の流れに生じる損失（14）　4.3　動水こう配（17）
4.4　開きょ（18）

第2章　熱力学の基礎 ……………………………………………………………… 21
第1節　熱の性質 …………………………………………………………………… 21
1.1　温度（21）　1.2　熱量及び比熱（21）　1.3　熱伝導（23）
1.4　熱伝達（24）　1.5　熱放射（24）

第2節　熱による状態の変化 ……………………………………………………… 24
2.1　蒸発・沸騰・液化（24）　2.2　潜熱と顕熱（25）　2.3　融解及び凝固（26）
2.4　湿度及びその測定法（27）　2.5　露点温度（28）　2.6　熱膨張（28）

第3節　熱力学 ……………………………………………………………………… 30
3.1　理想気体（30）　3.2　理想気体の法則（30）　3.3　熱力学の法則（31）
3.4　空気線図（33）　3.5　理想気体の状態変化（36）

第4節　蒸　気 ……………………………………………………………………… 38
4.1　蒸気の一般的性質（38）　4.2　飽和蒸気（39）　4.3　過熱蒸気（40）

第3章　配管材料及び付属品 ……………………………………………………… 42
第1節　配管材料に要求される条件 ……………………………………………… 42

第2節　管 ……………………………………………………………………………… 43
2.1　鋼管及び鋳鉄管 (44)　2.2　非鉄金属管 (48)　2.3　非金属管 (50)

第3節　管継手及び伸縮管継手 ………………………………………………… 52
3.1　管継手 (52)　3.2　伸縮管継手 (65)　3.3　変位吸収管継手 (66)

第4節　弁及び水栓類 …………………………………………………………… 68
4.1　弁及びコック (68)　4.2　水栓類 (75)

第5節　トラップ，阻集器，ストレーナ …………………………………… 77
5.1　蒸気トラップ (77)　5.2　排水トラップ (79)　5.3　阻集器 (80)
5.4　ストレーナ (81)

第4章　配管用工作機械・電動工具 ……………………………………… 85
第1節　工作機械 …………………………………………………………………… 85
1.1　ボール盤 (85)

第2節　電動工具 …………………………………………………………………… 87
2.1　電動工具の取扱い (87)　2.2　電動工具の種類 (88)

第5章　管仕上げ及び組立て法 …………………………………………… 91
第1節　手仕上げ法 ………………………………………………………………… 91
1.1　はつり作業 (91)　1.2　やすり作業 (94)　1.3　ねじ切り作業 (97)
1.4　測定 (99)　1.5　けがき作業 (105)

第2節　板金工作法 ………………………………………………………………… 108
2.1　板金工作の一般事項 (108)　2.2　切断作業及び板取り (113)
2.3　折り曲げ作業 (116)　2.4　接合法 (118)

第3節　管の接合法 ………………………………………………………………… 120
3.1　鋼管の接合法 (120)　3.2　ライニング鋼管の接合法 (140)
3.3　銅管の接合法 (147)　3.4　硬質塩化ビニル管の接合法 (151)
3.5　ポリエチレン管の接合法 (154)　3.6　鉛管の接合法 (156)
3.7　ステンレス鋼管の接合法 (158)　3.8　ダクタイル鋳鉄管の接合法 (161)
3.9　異種管の接合法 (162)

第4節　管曲げ法 …………………………………………………………………… 170
4.1　鋼管の曲げ加工 (170)　4.2　硬質塩化ビニル管の曲げ加工 (174)
4.3　銅管の曲げ加工 (175)　4.4　ステンレス鋼管の曲げ加工 (176)

第 5 節　せん孔法 ………………………………………………………………………… 179
　　5.1　水道用ダクタイル鋳鉄管のせん孔法（179）　5.2　ガス用鋳鉄管のせん孔法（184）
第 6 節　支持金物 …………………………………………………………………………… 188
　　6.1　水平配管支持金物（188）　6.2　立て管支持金物（190）　6.3　固定金物（192）
　　6.4　耐震支持金物（192）
第 7 節　ガスケット及びパッキン ………………………………………………………… 195
　　7.1　フランジ用ガスケット（196）　7.2　ねじ込み用ガスケット（197）
　　7.3　グランドパッキン（198）
第 8 節　管の被覆施工 ……………………………………………………………………… 198
　　8.1　管の被覆（199）
第 9 節　塗　装 ……………………………………………………………………………… 201
　　9.1　塗装の種類と回数（201）　9.2　塗料の種類（203）

第 6 章　漏れ試験法 ………………………………………………………………………… 206
第 1 節　漏れ試験法 ………………………………………………………………………… 206
　　1.1　漏れ試験の種類（206）　1.2　水圧試験（206）　1.3　満水試験（207）
　　1.4　気圧試験（208）　1.5　通水試験（208）　1.6　煙試験（208）
　　1.7　はっか試験（209）　1.8　試験標準値（209）

第 7 章　配管法規 …………………………………………………………………………… 211
第 1 節　配管設備にかかわる法規 ………………………………………………………… 211
　　1.1　建築基準法関係（211）　1.2　水道法（219）　1.3　下水道法（225）
　　1.4　消防法（228）　1.5　浄化槽法（231）
　　1.6　建築物における衛生的環境の確保に関する法律（通称建築物衛生法）（236）
第 2 節　ボイラ等熱源機器にかかわる法規 ……………………………………………… 237
　　2.1　労働安全衛生法（237）　2.2　市町村火災予防条例関係でのボイラ（241）
　　2.3　危険物関係法規（243）　2.4　大気汚染防止法（244）　2.5　高圧ガス保安法（244）
　　2.6　特定ガス消費機器の設置工事の監督に関する法律など（245）
第 3 節　作業にかかわる法規 ……………………………………………………………… 245
　　3.1　労働安全衛生法（245）

【練習問題の解答】………………………………………………………………………………254

第1章　水力学の基礎

　この章では，静止している水と流動している水の性質を理解し，その基礎の上にたって，管路や開きょを流れる水の圧力損失の求め方を学ぶ。

第1節　水の物理的性質

1．1　水の質量及び比重

　水は，標準大気圧（1気圧）のもとで温度が4℃のときに最大の質量を持ち，このときの水1m³の質量が1000kgである。これより温度が上がっても下がっても，水の体積は膨張するので，単位体積当たりの質量は減少する。例えば，0℃の水1m³の質量は999.8kg，10℃では999.7kgとなる。

　単位体積の質量を密度といい，kg／m³の単位で示す。質量m（kg）の物体の体積がV（m³）であるとき，密度ρ（kg／m³）は次式で表す。

$$\rho = m / V \quad \cdots\cdots\cdots\cdots\cdots\cdots\cdots\cdots\cdots\cdots (1-1)$$

　比重は，この標準大気圧4℃の水の密度を基準として，他の物質の密度を表すもので，物質の密度とその物質と同体積の4℃の水の密度の比である。

　ゆえに4℃の水の比重は1であるが，10℃の水では0.9997となる。鉄は7.8，水銀は13.6，海水は水の中に多量の塩分を含み，その含有量によって多少異なるが，一般には1.01〜1.05とされている。

1．2　硬水及び軟水

　水の中にはいろいろな不純物が含まれていることがある。それは，泥，砂，油脂のように水に溶けないものと，酸素，二酸化炭素その他のガス体や，カルシウム，マグネシウム，ナトリウム，けい酸などの塩類のように水に溶解しているものとがある。溶存ガスは，管を腐食させる原因となる。また，カルシウム，マグネシウムはスケールを生成し管を詰まらせるので少ないほうがよく，特に温水暖房やボイラ用の水には望ましくない。

　水の硬度は，水中に溶解しているカルシウムとマグネシウムの量を示すものであって，いろいろな表し方があるが，一般的にはカルシウムとマグネシウムの量を，これに対応する炭酸カルシウム（$CaCO_3$）の量に換算してppm（mg／ℓ）で表す。これをppm硬度という。

　硬度は煮沸（しゃふつ）によって析出・除去できるものとそうでないものとがあり，煮沸によって除くことのできる硬度を一時硬度，そうでないものを永久硬度といい，両者を合わせたものを全

硬度という。

また，煮沸によって硬度を除くことのできる水を一時硬水，そうでないものを永久硬水という。一般には硬度の高い水を硬水，低いものを軟水と呼ぶが，明確な基準はなく，我が国では習慣上178ppm未満のものを軟水と称している。ボイラ用水としては伝熱面蒸発率の小さい，圧力1MPa以下の丸ボイラで60ppm以下，圧力1MPaを超える水管ボイラなどでは硬度0ppm（イオン交換水）が必要である。

第2節　静止している水の性質

2.1　大気圧

圧力とは，流体が単位面積に及ぼす力で，面積1m²当たり1N（ニュートン）の力が働くときの圧力を基準にとり，1Pa（パスカル＝N／m²）と表す。

我々の生活している地上は，地球の表面を覆っている空気層の底に相当する。したがって地上のものは，常に空気の圧力を受けている。図1-1のように，液体を満たした容器の中に，長いガラス管を立てて，その頂部から真空ポンプで空気を吸い出していくと，液体はガラス管内を昇ってくる（トリチェリーの実験）。ガラス管内の空気を全部排除できて，完全に真空になったとき，液体が上昇して静止した高さをH（m）とする。

ここで力のつりあいを考えてみると，容器内の液体の表面は，空気の圧力（大気圧）で押されている。この押す力を1m²当たりP_0（N）とすると，容器内の液面の近くの液体は押しつぶされないために，あらゆる方向に1m²当たりP_0（N）の力で押し返しているはずである。したがって，ガラス管内で容器の液面と同じ高さにあるⒶ点の液体も同じP_0（Pa）の力で押している。この状態で液体が静止（力が平衡を保っている。）しているならば，Ⓐ点では下から押す力と，その上から押す力が同じでなければならないが，このとき上から押す力は，Ⓐ点から上にある液体の重さにほかならない。したがって，Ⓐ点から上にあるガラス管内の液体の重さは，大気の圧力に等しいことになる。Ⓐ点において，水平な単位面積（1m²）を考えると，下から上向きに押している力はP_0（Pa），上から下向きの力は液柱の高さHに密度ρと重力の加速度gを乗じたものになる。

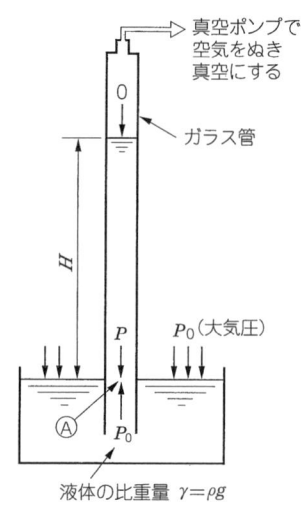

図1-1　トリチェリーの実験

式で書くと，

$$P_0 \text{（Pa）} = H \text{（m）} \times \rho \text{（kg／m}^3\text{）} \times g \text{（m／s}^2\text{）} \quad \cdots\cdots\cdots (1-2)$$

となる。液体が水の場合は$H=10.33$m，水銀のときは$H=0.76$mとなる。

したがって，大気圧P_0(Pa)は，

$P_0 = 10.33$m$\times 1000$kg／m$^3\times 9.8$m／s^2

$= 1.013\times 10^5$Pa$=0.1013$MPa ………………（水柱の場合）

又は，$P_0 = 0.76$m$\times 13.6\times 10^3$kg／m$^3\times 9.8$m／s^2

$= 0.1013$MPa ………………………………（水銀柱の場合）

となる。これを標準大気圧という。

2．2　圧力の伝達

密閉された容器内の水（液体）の一部に加えられた圧力（単位面積に一様に加えられる力を圧力という。）は，液体を通じてすべての方向に，一様に伝えられる。これはパスカルによって発見された原理で，**パスカルの原理**と呼ばれる。

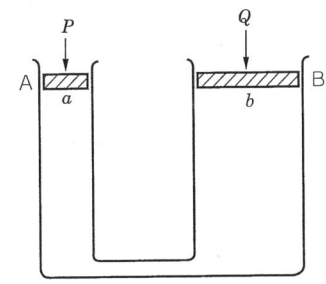

図1－2　ピストンのあるU字管

いま，図1－2のようなU字管に水を満たす。A円筒のピストンの面積をa(m^2)とし，B円筒のピストンの面積をb(m^2)とする。Aピストンに力P(N)を加えると，水に働く圧力は$\dfrac{P}{a}$で，この圧力がすべての方向に一様に伝わる。したがって，Aピストンの力P(N)につりあうBピストンに加える力をQ(N)とすると，Bピストンに接する圧力$\dfrac{Q}{b}$は$\dfrac{P}{a}$に等しい。即ち

$$\dfrac{Q}{b} = \dfrac{P}{a} \quad \therefore Q = \dfrac{P}{a}b \quad \text{………………（1－3）}$$

そこで，aに比べてbの面積を極端に大きくすると，小さい力Pにより，大きな力Qをつくりだすことができる。水圧機はこの原理を応用したもので，非常に大きな力を発生させることができる。

2．3　水頭と水圧

地上で図1－3のような容器に，水をH(m)の高さまで入れた場合を考えると，容器の底に加わる圧力は，上からの大気圧P_0(Pa)と水の重さによる圧力とがある。式にすると，

P_0(Pa)$+ H$(m)$\times \rho$(kg／m^3)$\times g$(m／s^2)

$= P_0$(Pa)$+ \rho gH$(Pa) ………………（1－4）

一方，容器の底には，下からも大気圧P_0(Pa)が加えられているので，上下方向の大気圧は打ち消され，水の重さによる圧力だけを考えればよい。したがって，底に加えられる圧力は上からのρgH(Pa)である。このHは水面から底までの重力の方向に測った長さ（即ち高さ）であって，途中の形がどのような形状でも関係なく，底面に加わる圧力は水の高さだけで決まる。この高さH(m)を**圧力水頭**，又は**静水頭**と呼ぶ。静水頭と水圧との関係は前述のように，水圧$P=1000$(kg／

m³）×9.8（m／s²）×H（m）＝9.8HkPaとなる。

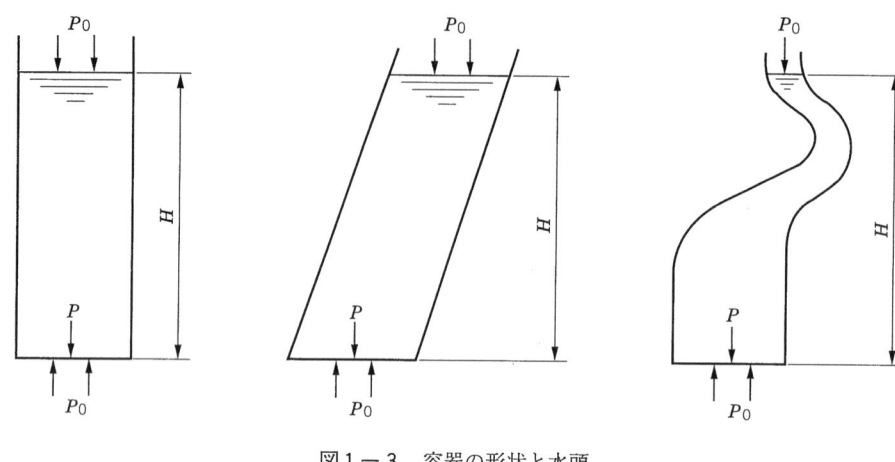

図1－3　容器の形状と水頭

2．4　サイホン作用

　図1－4のような曲がり管に水を満たして、その両端を指で押さえたまま短脚の端部を水の中に入れ、両端の指を離すと、A容器の水は短脚を吸い上がって長脚のほうへ流れる。これをサイホン作用といい、この曲がり管をサイホン管という。サイホンというのは、吸い上げるという意味であるが、短脚管を吸い上げる原理は、圧力の差によるものである。

　曲がり管の頂部M点において垂直な面を想定し、この面の両側に作用する圧力を考える。まず、A、B両容器の水面に作用する大気圧P_0は相等しい。M点の左側の圧力はa点の大気圧から短脚管の静水頭$\rho g h_1$を差し引いた（$P_0 - \rho g h_1$）であり、同様にM点の右側の圧力は（$P_0 - \rho g h_2$）である。

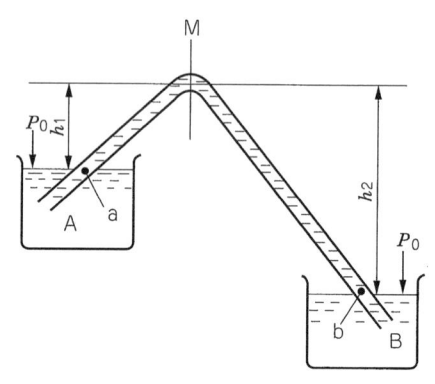

図1－4　サイホン作用

　そして、$h_2 > h_1$であるから、

$$(P_0 - \rho g h_1) > (P_0 - \rho g h_2)$$

となり、水は圧力の高い方（短脚側）から低い方（長脚側）に流れる。

2．5　圧力の測定

（1）圧　力　計

　圧力の強さを測定する計器を圧力計という。このうち、大気圧以下の圧力、つまり真空圧力の強さを測定するものを真空計という。

圧力計は密閉した容器や配管の途中に取り付け，その指針の読みによって，ただちに，圧力MPaを知ることができる。普通に用いる圧力計は，弾性圧力計に属するブルドン管圧力計で，その構造を図1-5に示す。その主要部分は，だ円形の断面を持った弓形に曲がった管で，この管の内部に下端から測定しようとする圧力を導入すると，だ円は円に近づき，管はまっすぐ伸びようとする。このため，その自由端は測定すべき圧力に応じて動き，指針用渦巻きばねの弾力性に抗してレバーを動かし，これが目盛り上の指針を動かすのである。

一般の圧力計は測定すべき容器内の圧力と，圧力計周囲の大気圧との差を指示するものである。この読みを**ゲージ圧力**という。これに対して完全真空状態を基準として測った圧力を，**絶対圧力**という。絶対圧力を求めるには，ゲージ圧力と気圧計の示す圧力（大気圧）との和，又は，概算値としてゲージ圧力に標準大気圧0.1013MPaを加える。

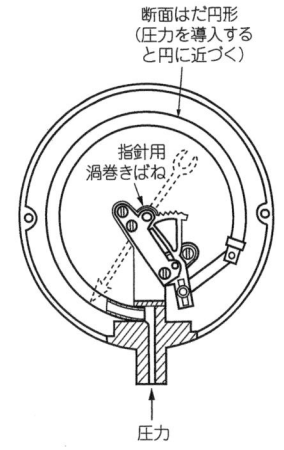

図1-5　ブルドン管圧力計

(2) マノメータ

図1-6に示すように，U字形のガラス管によって圧力を測定する装置をマノメータという。一方の管端は開いており，他端は測定しようとする容器や配管に連結する。図(a)は水柱hを測定することによって，$P=\rho g h$によりPが求められる。水圧に限らず，ダクト内の空気の圧力なども測定できる。圧力が高くなれば，hが高くなって，ガラス管の長いものを必要とし，実用上，不便であるから，図(b)に示すように，水銀を入れて使用する。またごく小さい圧力を測るには，図(c)のようにマノメータを傾斜させ，水柱の長さlを測定して，

$$P = \rho g l \sin \theta \quad \cdots\cdots\cdots\cdots\cdots\cdots\cdots (1-5)$$

によって水圧Pを計算する。

図(b)の場合，圧力取出点の圧力Pは，M，Nの点の圧力が同じなので，

$P = \rho_M g h - \rho g h_1$　となる。ただし，ρ_Mは水銀の密度（kg／m³），Pは水の密度（kg／m³）である。

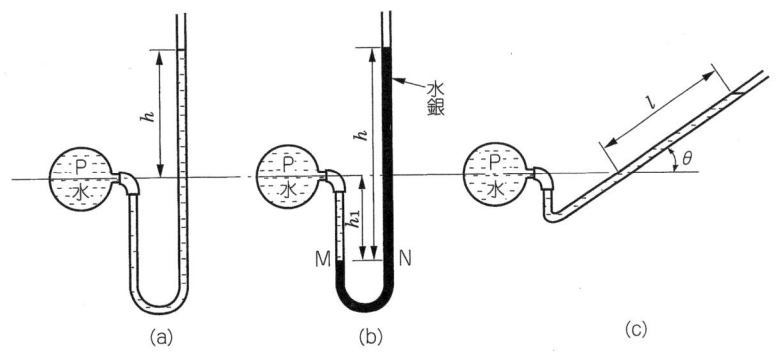

図1-6　マノメータ

第3節　流動している水の性質

3．1　層流及び乱流

（1）層　　流

　管の中を流れる水が乱れてなく整然とした流れを層流という。すなわち、流水の中の任意の複数個の水の微粒子を考えた場合、それらの各微粒子の相互間の位置が流れとともに変わらない流れが層流で、例えば、幅の広い川にゆっくりと水が流れている場合に、水面に浮かんだ小さないくつかのごみは、それぞれの相対的な関係を同じに保ったまま川下へ流れていく。この水面付近の水流の様相は層流といえる。

（2）乱　　流

　層流に対して、水の微粒子の相対的位置が流れとともに、変化している流れを乱流という。速度の速い川の流れや一般の配管中の水流はほとんど乱流である。

（3）臨界レイノルズ数

　レイノルズは、ガラス管の中の水の流れで実験を行い、水の速度がある速度以下であると水の流れは層流になり、その値を超えると流れは乱流になることを発見した。この層流から乱流に変わる速度を臨界速度という。流体の流れの状態を表す無次元数にレイノルズ数がある。管内を流れる液体のレイノルズ数 Re は、次式で表される。

$$Re = v\frac{d}{\nu} \quad \cdots\cdots\cdots\cdots\cdots\cdots\cdots\cdots\cdots\cdots (1-6)$$

　　　v：管内の水速（m／s）
　　　d：管の内径（m）
　　　ν：流体の動粘性係数（m²／s）

　レイノルズ数が大きいほど、流れの乱れは大となる。流れが臨界速度にあるときのレイノルズ数を「臨界レイノルズ数」という。

　一般に管内の流れに対する臨界レイノルズ数は約2300である。

　管内径25mmの場合、レイノルズ数が2300になる流速は水の場合0.08m／s（温度20℃の $\nu = 1.00 \times 10^{-6}$ m²／s）、油の場合1.6m／s（温度60℃のタービン油の $\nu = 2 \times 10^{-5}$ m²／s）となる。

3．2　流速と流量

（1）流　　速

　水の流れの横断面上の各点において流速を測ってみると、各点の流速が同じでなく、水路に接する点が最小で、中央が最大の流速となる。例えば、管の中を流れる水の各点における流速は、図

1-7 (a) に示す管の内壁に接する水の部分は, 内壁との摩擦によって流動が妨げられ, その流速は最小となり, これに隣りあって流動する部分は, 速度の落ちた周壁近くの水の部分との内部摩擦によって, 流動が妨げられる。このように, 次々に影響して, 中心線C, C′において最大流速となる。図 (b) のような開きょ又は河川断面においては, 流速の等しい点を結ぶ等速度線は, 図のようになって最大流速は, 水面から (0.1～0.4) Hの深さのところに現れる。しかし, 実用上水流の横断面における流速をいうときは, その横断面の平均流速をもっていい表すが, 普通はこれを単に流速という。平均流速は式1-7によって求められる。

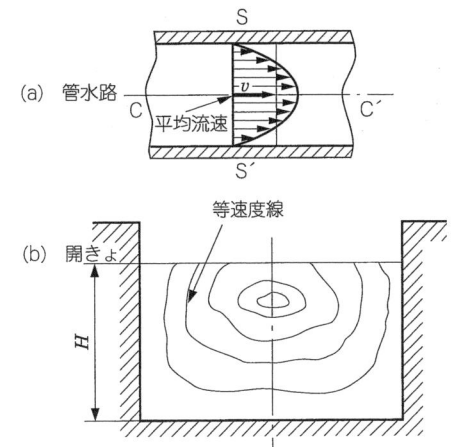

図1-7　管と開きょの流速分布

（2）流　　量

水流のある断面を横切って, 単位時間（1秒間とすることが多い。）に通過する水の量を, その断面における**流量**という。水流の横断面積をAm²とすると, 流量Q（m³／s）は, 平均流速v（m／s）に, 断面積Am²を乗じて求められる。

$$Q = vA$$
$$\therefore \quad v = \frac{Q}{A} \quad \cdots\cdots\cdots\cdots\cdots\cdots\cdots\cdots\cdots\cdots\cdots (1-7)$$

【例題】　内径200mmの鉄管を用いて, 毎分2.4m³の水を送るとき, 鉄管内を流れる水の速度はいくらか。

＜解＞　断面積 $A = \frac{\pi}{4}d^2 = \frac{\pi \times 0.2^2}{4} = \frac{\pi \times 0.04}{4} = 0.01\pi = 0.0314$

流量 $Q = 2.4$（m³／min）$= \frac{2.4}{60} = 0.04$（m³／s）

$\therefore \quad v = \frac{Q}{A} = \frac{0.04}{0.0314} \fallingdotseq 1.27$（m／s）

3．3　位置エネルギーと運動エネルギー

図1-8のように基準の水面から, ある高さHmの位置にある水を考えた場合, この水は何も仕事をしていないが, もし弁を開いたとすれば, 水はある速度で基準水面に向かって落下する。この

とき，途中に水車を置けば水車を回し，岩石を置けばそれを砕くような仕事をする。すなわち，上にある水は仕事をする能力（エネルギー）を潜在的に持っていることになる。このエネルギーを**位置エネルギー**という。位置エネルギーは，水に限らず何でも高い所にあって，それが低い所へ落ちることのできるものであれば，位置エネルギーを持っている。例えば，山の上にある石でも同様である。逆にいえば，低い所から高い所へ，石でも水でも運び上げるためには，仕事が必要であり，その仕事エネルギーが高い所に運ばれた物の位置エネルギーに変わるのである。したがって，位置エネルギーは，高さHが大きいほど大となる。式で表せば，次のようになる。

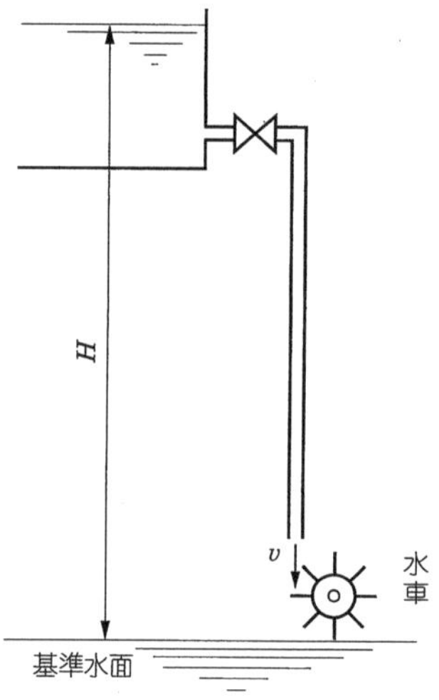

$$位置エネルギー = mgH \quad \cdots\cdots\cdots\cdots (1-8)$$

m：高さHmにある水の質量（kg）
g：重力の加速度（m/s²）
H：高さ（m）

図1-8 位置エネルギーと運動エネルギー

位置エネルギーが静的なエネルギーであるのに対して，**運動エネルギー**は物体が速度v(m/s)で動いているときに持っているエネルギーである。図1-8の水が水車の羽根に当たって水車を回すのは，水の持っていた位置エネルギーが，運動エネルギーに変わって仕事をしたものである。

$$運動エネルギー = \frac{mv^2}{2} \quad \cdots\cdots\cdots\cdots\cdots\cdots (1-9)$$

m：単位時間に流れた水の質量（kg）
v：水の流速（m/s）

3.4　ベルヌーイの定理

図1-9のような水の流れている1つの系を考えた場合，①，②における基準面からの高さをh_1(m)，h_2(m)，水の速度をv_1(m/s)，v_2(m/s)，それぞれの点の圧力をP_1(Pa)，P_2(Pa)とする。いまこの流水系に管路の抵抗がないものと仮定すると，**エネルギー保存則**がなりたつ。したがって，①，②における位置エネルギー，運動エネルギー及び圧力のエネルギーは，元の水槽の水が持っていた位置エネルギーが変化したもので，それらの総和は等しくなければならない。

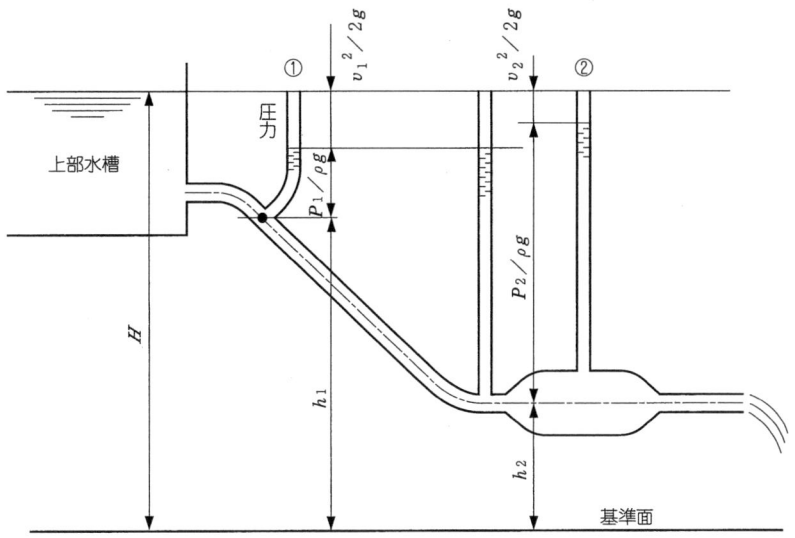

図1-9 全水頭・位置水頭・圧力水頭・速度水頭

いま水の密度をρとすると，それぞれの点における（単位体積当たりの）エネルギーの総和は，

$$\rho g H = \rho g h_1 + \frac{\rho v_1^2}{2} + P_1 = \rho g h_2 + \frac{\rho v_2^2}{2} + P_2 \quad \cdots\cdots\cdots (1-10)$$

また，

$$\rho g H = \rho g h + \frac{\rho v^2}{2} + P \quad \cdots\cdots\cdots\cdots\cdots\cdots\cdots\cdots (1-11)$$

と表すこともできる。

$\rho g h$，$\frac{\rho v^2}{2}$，Pはすべて単位体積当たりのエネルギーで，J／m³（＝N／m²＝Pa）の次元を持ち，それぞれ位置エネルギー，速度エネルギー，圧力エネルギーという。

式（1-11）をρg（単位体積当たりの重量）で割ると，

$$H = h + \frac{v^2}{2g} + \frac{P}{\rho g} \quad \cdots\cdots\cdots\cdots\cdots\cdots\cdots\cdots (1-12)$$

となる。

ここに，h，$\frac{v^2}{2g}$，$\frac{P}{\rho g}$，は単位重量当たりの位置，速度，圧力のエネルギーで長さの次元（m）を持ち，それぞれ位置水頭，速度水頭，圧力水頭といい，Hを全水頭という。
水頭（head）とは流体の力学的エネルギーを液柱の高さに換算したもので，英語に従ってヘッドとも呼ばれる。

式（1-12）の方が式（1-11）より直観的で分かり易いので，一般に式（1-12）が使われる。

式（1-11）はベルヌーイの定理を示すもので，言葉で表現すれば，「**完全流体*の流れにおいて**

---

* 完全流体：粘性による摩擦を無視できる仮想の流体のこと。

は1つの流動に沿って速度水頭，位置水頭，圧力水頭の総和は一定である。」となる。

これから学ぶベンチュリー管やピトー管の流速測定原理はこの定理によっている。

3．5　流量の測定

流量を測るにはいろいろな方法があり，代表的なものを以下に示す。

（1）　量水器による方法

量水器には，いろいろな様式のものが作られているが，我が国で，家庭の水道に広く用いられているのは，流速を測る羽根車式（図1－10）である。羽根車式は流れている水の速度により羽根車が回転し，その羽根車の回転速度が流れている水の速度と比例関係にあることを利用して水量を測るようにしたものである。

羽根の回転は，歯車によって伝えられ，指示部の数値（直読式），目盛板の回転指針，又はその併用によって表わされる（図1－11）。

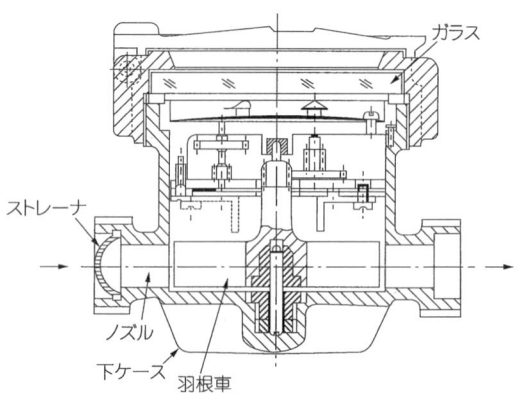

図1－10　羽根車式単箱量水器

(a) 直読（デジタル）式

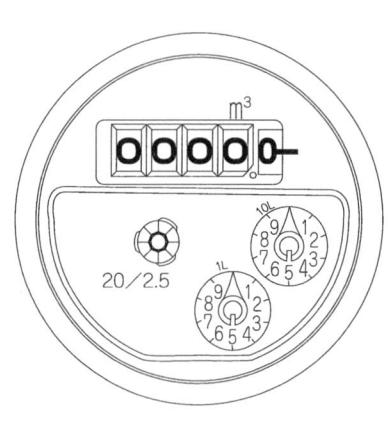

(b) 直読・指針併用式

図1－11　量水器・水量指示部

（2）容積を測って流量を知る方法

水道のじゃ口など管端から流れ出る水を一定量の容器に受けて，この容器がいっぱいになるまでに要した時間をストップウォッチで測定し，単位時間に流れた水の量を知る。

$$\frac{容器の容積 (m^3)}{満水するに要した時間 (s)} = 流量 (m^3/s) \quad \cdots (1-13)$$

(3) 重さを測って流量を知る方法

(2) の場合と同じように，管端から流出する水を容器に受け，同時に時間を測り，受水した容器をひょう（秤）量する。

$$\frac{[受水した容器の全質量 (kg) - 容器だけの質量 (kg)] \times \frac{1}{1000} (m^3/kg)}{受水に要した時間 (s)}$$

$$= 流量 (m^3/s) \quad \cdots\cdots\cdots\cdots\cdots\cdots (1-14)$$

これら (2)，(3) の方法は，水道のじゃ口から流れ出る水，その他小口径の管を流れる水量を測る場合は簡便で，比較的正確な値がでる。

(4) 三角せき（三角ノッチ）

水流を横切って設けた壁の上辺を，水がいつ（溢）流するとき，これをせきといい，壁の上辺を一部切り取って，この部分からいつ流させるとき，これをノッチ（切欠き又は欠き口）という。井戸のゆう（湧）水量やポンプの揚水量などを測るとき，これらの流水を図1-12に示すようなノッチ箱に受け，これを三角ノッチからいつ流させ，流れの高さh (m) を測定して，次の式より流量を算出することができる。

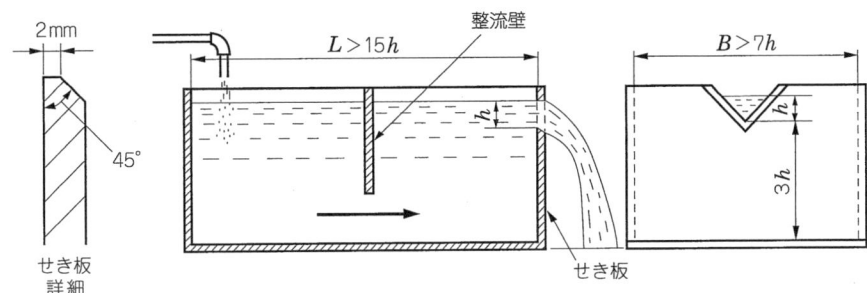

図1-12 三角ノッチ箱

$$流量 Q = ch^{\frac{5}{2}} \quad \cdots\cdots\cdots\cdots\cdots\cdots (1-15)$$

高さhを測るには，欠き口より$4h$以上，上流において測定する。c（流出係数）の値は約1.4である。

【例題】 直角三角形の欠き口を有するノッチ箱に，ポンプの吐出し口から送水し，欠き口からのいつ流水の高さは，数回測定した平均値が255mmであった。このポンプの揚水量はいくらか。

<解> $Q = 1.4 \times 0.255^{\frac{5}{2}} = 4.59 \times 10^{-2} = 0.0459 \, m^3/s$

（5） 四角せき

流量の多いときは，四角せきを使用する。大形ポンプの揚水量を測るときなどにも用いる。四角せきの流量式は，

$$Q = c\,b\,h^{\frac{3}{2}} \ (\mathrm{m^3/s}) \quad \cdots\cdots\cdots\cdots\cdots\cdots (1-16)$$

b は切欠きの幅，h はせきの上辺より水面までの高さ。

c は約1.84である。

（6） ピトー管

図1-13（a）のような2本の管を流速v，密度ρの水の流れに立てる。流れの正面の穴①と，壁の穴②におけるエネルギーは，ベルヌーイの定理から，

$$\frac{v_1^2}{2g} + \frac{P_1}{\rho g} = \frac{v_2^2}{2g} + \frac{P_2}{\rho g}$$

正面の穴①では，流れが止まり$v_1 = 0$となるから，

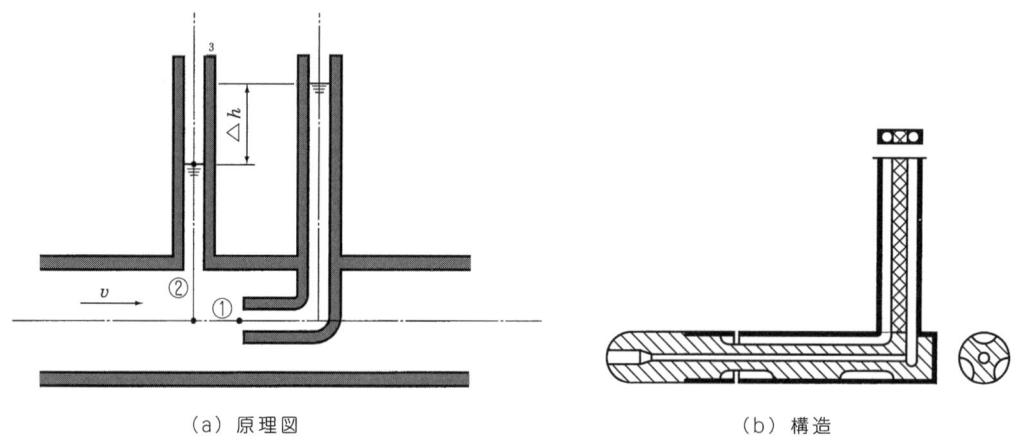

(a) 原理図　　　　　　(b) 構造

図1-13　ピトー管

$$\frac{P_1}{\rho g} = \frac{v_2^2}{2g} + \frac{P_2}{\rho g}$$

$$\frac{v^2}{2g} = \frac{(P_1 - P_2)}{\rho g} = \Delta h$$

$v_2 = v$ とし，変形して，

$$v = \sqrt{2g\Delta h} \ (\mathrm{m/s}) \quad \cdots\cdots\cdots\cdots\cdots (1-17)$$

したがって，水柱の高さの差Δhを測り流速vを求めることができる。

実際のピトー管は，この2本の管を1つにまとめた図1-13（b）のようなL字形をした構造のものが製作されている。

（7） ベンチュリー管

ベンチュリー管は，図1-14のような一部が細くくびれた管で，点①と点②にベルヌーイの式と連続の式（$Q=A_1 v_1 = A_2 v_2$）を適用すると次式が得られる。

$$Q = \frac{A_1 \cdot A_2}{\sqrt{A_1^2 - A_2^2}} \sqrt{2g\Delta h} \quad \cdots\cdots (1-18)$$

ここに Q はベンチュリー管内を流れる流量（m³／s），A_1，A_2 は点①，点②の各通過面積（m²）である。

実際にはくびれの部分に抵抗損失があるため，下式を用いる。

$$Q = \frac{CA_1 \cdot A_2}{\sqrt{A_1^2 - A_2^2}} \sqrt{2g\Delta h} \quad \cdots\cdots (1-19)$$

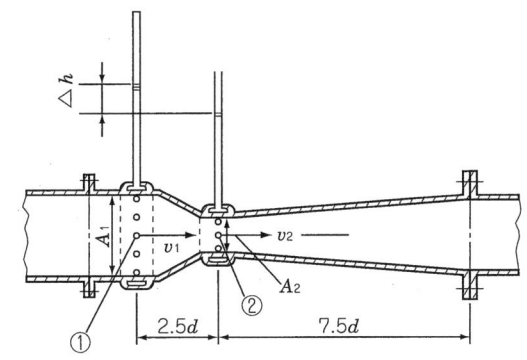

図1-14　ベンチュリー管

ここに，C：流量係数（0.98〜0.99）

（8） オリフィス

オリフィスは，図1-15のように管路に孔のあいた仕切板又は壁を置いて，流量を測るものである。前述のピトー管やベンチュリー管に比べて，抵抗損失が大きくなる欠点がある。

この流量 Q（m³／s）はオリフィス前後の圧力差を h（m）水柱とするとき，

$$Q = cA_2 \sqrt{2gh} \quad \cdots\cdots (1-20)$$

で与えられる。

A_2：絞り部の断面積（m²）
h　：圧力差水頭（m）
c　：流出係数……普通0.6〜0.8程度

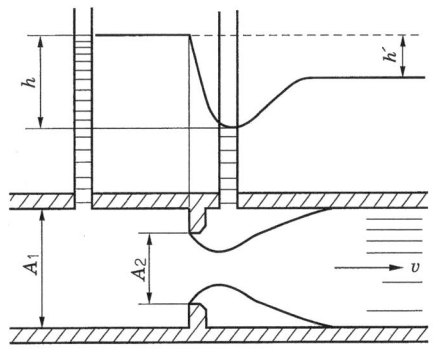

図1-15　オリフィス

（注）一般にこれらの差圧を測るのは，マノメータに水銀を入れて測ることが多い。したがって，読みとった差圧を水頭圧に変換することを忘れてはならない。
　この場合，マノメータの水銀柱の差を H（m）とすると，相当する水頭差 h は図1-6（b）の例のように，
$h = (13.6 - 1) \times H$（m）となる。

第4節　管　水　路

4．1　流体の摩擦

　管の中を流れる水の速度分布は，図1－16に示すように管壁に密着している部分では$v=0$であり，管壁から離れるに従って次第に速くなり，管中央部で最大となる。管壁から管中心までの間，離れた距離に応じて速度が変化しているので，$\frac{\Delta v}{\Delta y}$が速度変化の割合，すなわち，速度こう配である。管壁に近い側の水の速度は遅く，それより内側の隣り合った水の速度は速いので，互いにひきずり合う力が働く。この力のことを粘性力といい，Fで表すと，通常の水や空気など（ニュートン流体という）ではFは速度こう配に比例する。すなわち，

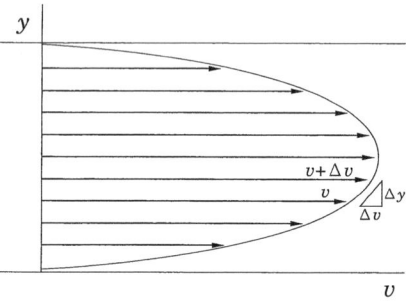

図1－16　速度分布と速度こう配

$$F = \mu \frac{\Delta v}{\Delta y} \quad \cdots\cdots\cdots\cdots\cdots\cdots (1-21)$$

となる。

　ここで比例定数μを**粘度**又は**粘性係数**と呼び，ねばねばしたものほどこの値は大きい。また同じ流体でも温度によって変化し，液体の場合は温度が高いほど小さい。油配管などで油の温度を高くしてやると，流れやすいのはその例である。

4．2　管路の流れに生じる損失

（1）　管内面との摩擦損失水頭

　水が管内を流れるときに，管内壁と水の分子との摩擦によって生じる損失水頭を，**摩擦損失水頭**と呼ぶ。長い配管系においては，全損失水頭の大部分をこの摩擦損失水頭が占める場合がある。

　管との摩擦損失水頭は，一般に，ダルシー・ワイスバッハの式が用いられる。

$$h = f \cdot \frac{l}{d} \cdot \frac{v^2}{2g} \quad \cdots\cdots\cdots\cdots\cdots\cdots (1-22)$$

　　　h：摩擦損失水頭（m）
　　　l：配管の全長（m）
　　　d：管の内径（m）
　　　v：流速（m／s）

g：重力の加速度（m／s²）

f：摩擦係数

fの値は，管内面の粗さによって非常に差があり，新しい鉄管に対しては一般に$f=0.02$，古い鉄管では$f=0.04$くらいである。これはさびなどによって内面抵抗が増すためで，銅管やビニル管はさびが出ることがないので，$f=0.02$を用いてよい。

上式で分かるように摩擦損失は，

① 配管の長さlに比例する。
② 流速vの2乗に比例する。
③ 管の内径に反比例する。
④ 摩擦係数に比例する。

ものである。

(2) 給水管の摩擦損失水頭

管径13〜75mmくらいの内面が滑らかな小管径給水管の摩擦損失水頭の計算には，ウェストンにより発表された次の実験公式が用いられる。

$$h=\left(0.0126+\frac{0.01739-0.1087d}{\sqrt{v}}\right)\frac{l}{d}\cdot\frac{v^2}{2g}$$

$$Q=\frac{\pi d^2}{4}\cdot v \quad\cdots\cdots\cdots\cdots\cdots\cdots\cdots（1-23）$$

h：管の摩擦損失水頭（m）
v：管内平均流速（m／s）
l：給水管の長さ（m）
d：給水管の実内径（m）
g：重力の加速度（9.8 m／s²）
Q：流量（m³／s）

ヘイゼン・ウイリアムスの式による摩擦損失ΔP（Pa）は次式で表される。

$$\Delta P=\frac{104.6\,Q^{1.85}L}{C^{1.85}\cdot D^{4.87}}\times10^3 \quad\cdots\cdots（1-24）$$

ここに　Q：流量（m³／s）
　　　　L：管延長（m）
　　　　C：流量係数
　　　　D：管径（m）

また，ヘイゼン・ウイリアムスの式による硬質塩化ビニルライニング鋼管の流量線図（$C=130$）を図1-17に示す。

16　配管概論

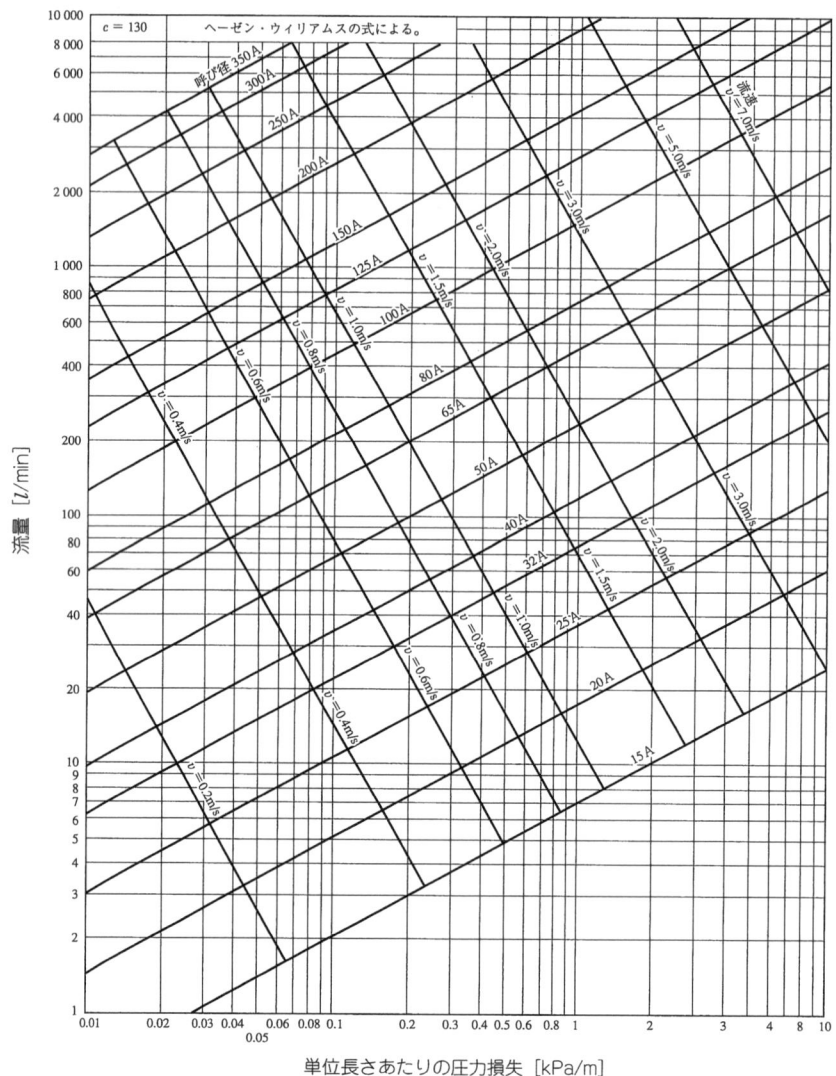

図1-17　ヘイゼン・ウイリアムスの式による硬質塩化ビニルライニング鋼管流量線図
($C=130$)（SHASE-S 206-2000）

（3）　曲がり部，分岐部などの局部損失水頭

水流の方向を急激に変えたり，管路の断面形状を急に変えたりすると，渦などの発生があって流動の抵抗になる。これには式（1-22）と同じように，損失係数が与えられて求める場合(注)と，抵抗を等価な直管の長さl'（相当長さという。）に置き換えて，実際の配管の長さに局部抵抗の相当長さを加えて，$l=$（実際の配管長さ＋局部の相当長さ）を，式（1-22）に代入して直管部と一緒に計算する場合とがある。

（注）$h=K\dfrac{v^2}{2g}$　ここでKは損失係数である。

(4) 流入損失水頭

水槽から管に流入するときは，図1-18のように，いったん縮流し，再び管いっぱいに広がって流れる。このために損失する。この流入損失 ΔP は次式で与えられる。

$$\Delta P = K_1 \frac{v^2}{2g} \quad \cdots\cdots\cdots\cdots\cdots (1-25)$$

この式の K_1 は流入損失係数で，この K_1 の値は図1-19に示すように，管の入口の形状によって著しく差ができる。屋上タンクの給水管取出口などに，ソケット又はフランジ付き短管を溶接するとき，図(d)のように，タンク内に突き出すことは，流入損失を著しく増すことになる。

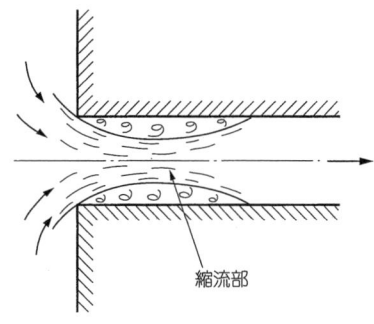

図1-18 流入損失

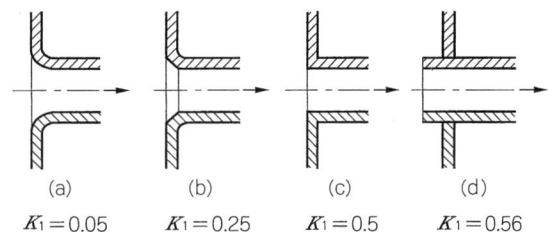

(a) $K_1=0.05$ (b) $K_1=0.25$ (c) $K_1=0.5$ (d) $K_1=0.56$

図1-19 流入口の形状と K_1

4．3 動水こう配

図1-20に示すように管路に v (m/s) で水が流れているとき，各点の水位を結んだ線を**動水こう配線**という。

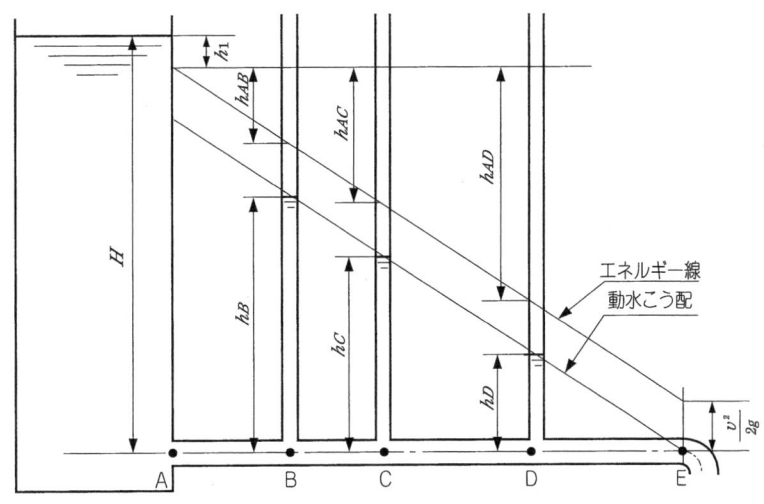

図1-20 損失水頭と動水こう配線

この図のh_{AB}，h_{AC}，h_{AD}はA点より各点までの損失を示している。

水柱の高さ（m）にρgを掛けると圧力（Pa）になる。ここに，ρは水の密度（1000kg／m³），gは重力の加速度（9.8m／s²）である。

管路途中から分岐をとり所定の水量を流すときは，損失水頭が岐点の動水こう配線から求められる水位より小さくなければならない。分岐管の損失水頭がその分岐点の圧力より大きい場合には，分岐管には所定の水量が流れないことになる。

このようなことを調べるためにも，配管系について動水こう配線を描くことは必要なことである。

4．4　開きょ

建物の給水管や上水道管などのように，管の中の水が満水状態で流水管の周壁全部に圧力をおよぼしているものを，**管水路**というのに対して，下水管のように管の一部分を流れるものを**開水路**という。開水路のうち，河川のように上部が開いているものを**開きょ**，周辺全部が閉じているものを**暗きょ**という。

（1）　流体平均深さ

図1－21のように断面が一様な開きょであった場合，平均流速v（m／s）は次のマニングの式で求められる。

$$v = \frac{1}{n} R^{\frac{2}{3}} i^{\frac{1}{2}} \quad \cdots\cdots\cdots\cdots (1-26)$$

n：マニングの粗度係数

R：流体平均深さ＝$\dfrac{A}{S}$

A：流れの断面積

S：ぬれ縁の長さ

i：流れのこう配＝$\dfrac{h_1}{l}$

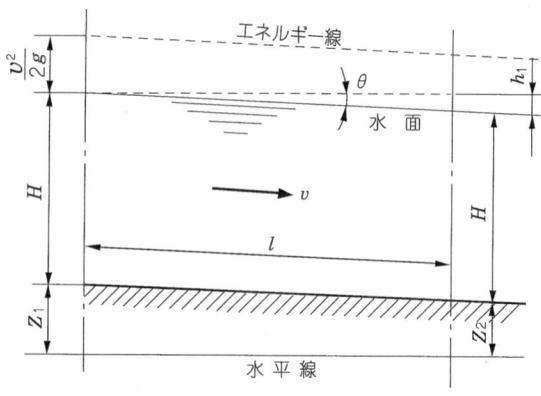

図1－21　開きょの流れ

マニングの粗度係数は滑らかなコンクリート水路の場合0.015程度である。

ここで，流体平均深さRは流れの断面積Aとぬれ縁の長さ（流体と水路壁面の接触している長さ）Sの比である。

図1－22に示すような開きょについて，流体平均深さRを求めてみると，表1－1のようになる。

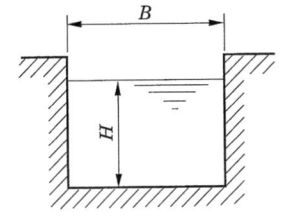 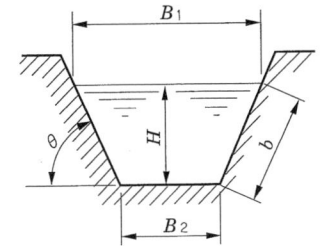 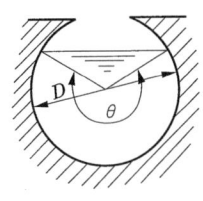

図1-22 開きょの断面

表1-1 流体平均深さ（θ はラジアン）

断面形状	流れの断面積（A）	ぬれ縁の長さ（S）	流体平均深さ$R=\left(\dfrac{A}{S}\right)$
長方形	$B \times H$	$B+2H$	$BH/(B+2H)$
台形	$H(B_1+B_2)/2$	B_2+2b	$H(B_1+B_2)/2(B_2+2b)$
円形	$D^2(\theta-\sin\theta)/8$	$D\theta/2$	$D(1-\sin\theta/\theta)/4$

（2）開きょの断面

マニングの式（1-26）からも分かるように断面積が一定の開きょでは，流体平均深さRが大きいほど流速は大きい。

したがって，最大流量を得るための適正な断面形状は，

長方形では，$B=2H$ のときが最も流速が大きい。

台形では，$\theta=60°$　$H=\sqrt{A/1.732}$　（ただし，$B_2=b$）

円形開きょでは，$\theta=257.5°$ のときvが最大となる。

第1章の学習のまとめ

この章では次のことについて学んだ。

1. 密閉容器内の液体の一部に加えられた圧力は液体を通して，すべての方向に一様に伝達される。………パスカルの原理

2. 1つの流動に沿って，速度水頭，位置水頭，圧力水頭の総和は一定である。
　　　　　………ベルヌーイの定理

3. 管路の摩擦損失水頭はダルシー・ワイスバッハの式により求めることができる。

【練 習 問 題】

流量180m³／hの水を流す管内径200mm（呼び径200Ａ，肉厚8.1mm），配管長さ150mの管の摩擦損失を，ダルシー・ワイスバッハの式と，ヘイゼン・ウイリアムスの式を使って求めなさい。

ただし，式中のfは0.02，C_Hは130とする。

第2章　熱力学の基礎

　この章では，物体が熱を吸収，放散することによって，その状態をどのように変化させるのか，そして自然界を支配する熱力学の第1法則と第2法則を，更に我々の生活に切っても切り離せない蒸気の性質と状態変化について学ぶ。

第1節　熱の性質

1.1　温　度

　熱はエネルギーの一種であって，物体に熱が伝わって物体内部の熱エネルギーが増加した結果，その物体は熱くなる。逆に熱を失った物体は冷たくなる。この熱さや冷たさを数量的に表したものが温度である。温度を測るには温度計（液体膨張を利用した棒状温度計，電気抵抗温度計，熱電対，高温放射温度計など）を用いるが，基準点のとり方でセルシウス温度，熱力学温度がある。

（1）セルシウス温度

　日常，我々が使用している温度の基準で，標準大気圧（1013hPa）のもとで純水の凍る温度を0度，沸騰するときの温度を100度とし，その間を100等分したもので"℃"と表す。摂氏温度（せっしおんど）とも呼ばれる。

（2）熱力学温度

　絶対温度とも呼ばれる。シャルルの実験によると，大気圧のもとにおける気体は，温度が1℃変化するごとに0℃のときの体積の$\frac{1}{273}$ずつ変化する。すなわち，0℃から温度が1℃下がると体積は$\frac{272}{273}$に収縮する。したがって，0℃から温度が下がって零下273℃（−273℃と書く。）になったときには，理論的に気体は存在しないことになる。この−273℃を基準にしたものが**熱力学温度**で，273℃を0K（ケルビン）とする。熱力学温度T（K）とセルシウス温度t（℃）との間には，$T = t + 273$（K）の関係があるから，0℃は273K，気温25℃は298Kとなる。この熱力学温度は，熱力学で扱う気体の膨張，収縮には重要な温度である。

1.2　熱量及び比熱

（1）　熱量の単位

　熱量の単位はJ（ジュール）で，1N（ニュートン）の力が働いて物体を1m動かすのに要する仕事をいう。

(2) 比　熱

ある物質に熱量 Q（J）を加えると，そのときの温度上昇 ΔT（K）は，Q に比例し，物体の質量 m kg に反比例する。

$$Q = cm\Delta T = C\Delta T$$

ここで，c は物体の材質に関係した量で，これを**比熱**という。すなわち，比熱は物体の単位質量を温度 1 K 上昇させるのに必要な熱量である。比熱の単位は，J／(kg・K) となる。また，$C = cm$ は質量 m kg の物体を温度 1 K 上昇させるのに必要な熱量で，これを**熱容量**という。表 2-1 は種々の物質の比熱を示す。水の比熱は液体の中でも特に大きい。固体の比熱はいずれも小さく，気体の中には，水素のように比熱が 14 kJ／(kg・K) 以上のものもある。

表 2-1　比　熱

（P = 0.1013 MPa，T = 300 K）

固　体	比熱, c kJ/(kg・K)	液　体	定圧比熱 c_p (注) kJ/(kg・K)	気　体	定圧比熱 c_p (注) kJ/(kg・K)
ねずみ鋳鉄	0.503	水	4.179	空　気	1.007
鉛	0.130	海　水	4.02	二酸化炭素	0.8517
銅	0.386	エタノール	2.451	酸　素	0.920
アルミニウム	0.905	アンモニア	4.814	水　素	14.31
ソーダガラス	0.80	フロンR12	0.915	二酸化硫黄	0.621
氷 （T = 273 K）	2.0	（T = 260 K） ガソリン	 2.09	水 蒸 気 （T = 400 K）	2.000

（注）比熱容量は液体・気体の場合，温度が変化するときの条件によって数値が異なり，圧力を一定として温度変化させたときの値を定圧比熱 c_p，体積を一定として温度変化させたときの値を定容比熱（Cv）という。

1.3 熱伝導

長い鉄管の一端を火に入れておくと，だんだん熱が伝わって，鉄管全体が熱くなる。このように次々と隣りの部分に熱が伝わっていく現象を，**熱伝導**という。

このとき単位時間に移動する熱量 Q（J）は，温度差 ΔT（K）と，伝熱面の面積 S（m²）に比例し，材料の厚さ l（m）に反比例する。すなわち，

$$Q = \frac{\lambda S \Delta T}{l} \quad \cdots\cdots\cdots\cdots\cdots\cdots\cdots\cdots (2-1)$$

ここで λ は材料の種類によって決定される比例定数で，**熱伝導率**という。熱伝導率の単位は，W／(m・K)＊である。図2－1に熱伝導における温度差を，表2－2に種々の熱伝導率を示す。

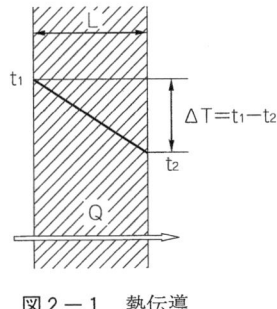

図2－1 熱伝導

表2－2 材料の熱伝導率

	材　料	温度 (K)	熱伝導率 W／(m・K)
固体	しんちゅう (70Cu+30Zn)	300	121
	銅	300	398
	鉛	300	35.2
	ねずみ鋳鉄	300	42.8
	鋼鉄（S35C）	300	43.0
	アルミニウム	300	237
	ソーダガラス	300	1.03
	グラスウール	300	0.040
	羊毛フェルト	300	0.052
	アスベスト	300	0.15
	おがくず（乾燥）	300	0.52
	木材	300	0.087～0.15
	コンクリート	300	0.8～1.4
液体	空気	300	0.026
	空気	400	0.033
	水	300	0.610
	蒸気	380	0.025
	蒸気	420	0.029

＊ W（ワット）：仕事率の単位である。熱量（エネルギー）の単位Jとの間には，1J＝1N・m＝1W・s（sは時間の単位）の関係がある。

1.4 熱伝達

水や空気を下部から熱すると，その部分が熱によって膨張して，軽くなるので上昇し，上部のまだ温まっていない重い部分が降下する。

このような対流を**自然対流（自由対流）**と呼ぶ。これに対して，送風機などを用いて強制的につくられる流れを，**強制対流**という。

このような対流によって物体の持っている熱エネルギーも移動する。これを**熱伝達**と呼んでいる。

例えば，暖房用放熱器内の蒸気又は温水の熱は主に対流によって放熱器の鉄に伝わる。鉄の内部では熱は伝導により表面に伝わる。さらにこの熱は，鉄の表面に接する空気に対流によって伝わっていく。このようにして熱が伝わる現象を**熱通過**（又は**熱貫流**）という。伝熱現象では，熱伝導と熱伝達が同時におこっていることも多い。

1.5 熱放射

一般に，物体から出た熱が，途中の物質によらず，直接に移る現象を**熱放射（ふく射）**という。例えば，ストーブに向かって立っていると，身体の前面は暑さを覚えるが，背部はさほどではない。これは，高温度のストーブ表面からの放射熱（放射線）が直進して，体の前面に当たるが，背面には当たらないからである。このとき，ストーブに接する空気は熱せられ，対流作用によって，室内空気全体が一様の温度になっている。身体の前面は，その他に，放射熱を受けていることになる。

第2節 熱による状態の変化

2.1 蒸発・沸騰・液化

一般に，物体は，熱によってその温度が変わるが，熱を加えても温度は変わらないで，蒸発して気体になったり，溶けて液体になったりすることがある。

このような現象を**状態の変化**という。図2-2に温度と水の状態の変化について示す。

開放された容器に水を入れて熱すると，水の温度が上がるにつれて，水面からの蒸発は次第に盛んになる。一般に，液体が蒸発して気体になることを**気化**という。これをさらに

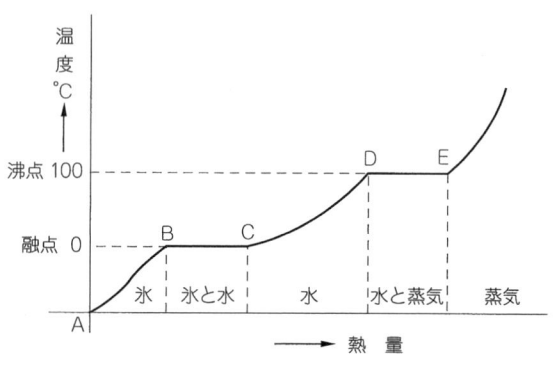

図2-2 温度と水の状態の変化

加熱し続けると，だんだん温度は上がる。ところが，標準大気圧においては，100℃（図2－2におけるD点）になると，加熱を続けても，水の温度は上がらなくなる。このときの温度を**沸騰点**又は**沸点**という。この状態においては，水面から蒸発するばかりではなく，水中からも蒸発し，気泡が上がるようになる。この現象を**沸騰**という。水の沸点は100℃であるが，その他の物質の沸点を表2－3に示す。

表2－3　物質の沸点と気化熱

物　質	沸　点（K）	気化熱（kJ/kg）
水	373.15　（100℃）	2257
エタノール	351.7　（78.5℃）	855
ジエチルエーテル	307.8　（34.6℃）	392
アンモニア	239.8　（−33.4℃）	119
フロンR－22	232.3　（−40.9℃）	205

沸点は水面に作用する圧力の大きさ，水中の溶解物質，浮遊物などの程度によっても違ってくる。

水が100℃で沸騰するというのは，純水を1気圧のもとで加熱したときのことである。水面に作用する圧力が高くなれば，沸騰点も高くなり，逆に低くなれば，80℃でも50℃でも沸騰するのである。水面に作用する圧力と沸騰点との関係を表2－4に示す。

液化は，気化の逆の現象で，気体が同物質の液体になることをいい，一般には，気体を冷却して熱をとると液化する。

表2－4　圧力と沸騰点との関係

絶対圧力（MPa）	沸点（℃）
0.001	6.97
0.01	45.81
0.1013	100.00
0.20	120.23
0.40	143.62
0.60	158.84
0.80	170.41
1.00	179.88

2.2　潜熱と顕熱

水を熱すると，沸騰点に達するまでは，水に加えられた熱量は温度の上昇となって現れる（図2－2・C－D）。これを**顕熱**（けんねつ）という。例えば1kgの水を16℃から100℃まで上げるのに必要な顕熱Qは表2－1からCp=4.179kJ／（kg・K）であるので，

　$Q=Cp(100-16)=4.179\times84=351$kJ　である。

100℃の熱水を大気圧のもとで，さらに加熱していくと，沸騰が起こる。このときの水の温度は100℃以上に上がらず（図2－2・D－E），発生する蒸気もやはり100℃である。すなわち，加えられた熱量は，温度上昇ではなく水を蒸気に変えるために費やされたのである。蒸気はそれだけの熱を吸収し保有している。これを**気化熱**，**蒸発熱**，**蒸発潜熱**又は単に**潜熱**という。

標準気圧において、温度100℃、1kgの水が、全部100℃の蒸気になるのに、2257kJの熱量を必要とする。したがって、水の気化熱は2257kJ／kgである。

これとは逆に、蒸気が同温度の水になる場合は、気体の保有する熱を外部に放出する。つまり、液化するには、蒸気を冷やす必要がある。例えば、蒸気暖房において、100℃の蒸気が全部100℃の凝縮水になって放出する熱量は2257kJ／kgで、これだけの熱量を放熱器から放散する。この熱を**液化熱**又は**凝縮熱**という。同じ物質の気化熱と凝縮熱とは相等しく、一般には気化熱が多く使われる。表2－3に種々の物質の気化熱を示す。水の気化熱は特に大きい。これは暖房における熱媒として水蒸気が使われる大きな理由である。冷凍装置はアンモニアやフロンなどの冷媒の気化熱を利用して、物を冷やす装置である。

フロンは冷媒として優れた性質を有するが、大気に放出すると成層圏にあるオゾン層を破壊するので、2000年にフロンガスの放出を禁じ、回収を義務づける法が施行された。現在オゾン層を破壊しない代替フロンが使われているが、地球温暖化の原因になるので、フロンに代わる冷媒の出現が待たれる。

2．3 融解及び凝固

0℃以下の氷を室内に放置しておくと、氷の温度は室内空気の熱を受けて、図2－2の曲線A－Bに沿って上がってくる。氷の温度がBになると、氷が溶けはじめるが、氷の温度は一定で（B－C）、氷が溶け終わると水の温度は上昇しはじめる（C－D）。水を冷却して氷にするときは、D－C－B－Aに沿って温度が下がる。一般に固体が液体になることを融解、液体が固体になることを凝固というが、B－C間の一定温度を**融点**又は**凝固点**という。そして、氷が溶けて水になるのに必要な熱量を**融解熱**、水が凍って氷になるとき、奪い取る熱量を凝固熱といい、両者は等しく、333kJ／kgである。

表2－5に各種の物質の融点と融解熱を示す。

表2－5 融点と融解熱

物　　質	融　点（K）	融解熱（kJ／kg）
氷	273.15　（0℃）	333
エタノール	159.05（－114.1℃）	109
水　銀	234.28　（－38.9℃）	11.5
白　金	2045　（1772℃）	101
鉄	1808　（1535℃）	267
銅	1357　（1084℃）	205
鉛	600.7　（327.5℃）	24.7
アルミニウム	933.5　（660.0℃）	395

2．4　湿度及びその測定法

（1）湿　　度

空気中に存在する水蒸気圧力と，そのときの温度において，空気が含みうる水蒸気の最大圧力，つまり，飽和水蒸気圧との比を％で表して，これを**相対湿度**，**関係湿度**又は単に，**湿度**という。相対湿度に似たものに比較湿度又は飽和度と呼ばれるものがある。これは相対湿度における「水蒸気圧」を「水蒸気の質量」に置き換えたものである。

相対湿度，飽和度に対して，空気（湿り空気）中の水蒸気の質量と，その水蒸気を除いた空気（乾き空気）の質量の比を絶対湿度という（体積1 m³の空気中に含まれている水蒸気量をグラム単位で表したものを絶対湿度という場合もある）。

（2）湿度の測定法

相対湿度を測るには，2本の温度計の温度差から求める乾湿球湿度計と，直接読みとる毛髪湿度計などがある。

a．乾湿球湿度計

湿度を測るのに，一般に用いられるのは，乾湿球湿度計（乾湿計）である。図2－3はオーガスト乾湿計で，2本温度計を並べて，その中の1本の温度計の球部をぬれ布で包み，その端を，水に入れた容器の中に浸しておく。これを**湿球温度**という。湿球はぬれ布からの蒸発によって蒸発熱を奪われるので，乾球よりも，その温度指示は低くなる。空気が乾燥していて，蒸発が盛んに行われているほど，この温度差（乾球温度と湿球温度の差）が大きくなる。より正確に湿度を測るため，感温部に風速5 m／s程の風を送ることのできるアスマン通風乾湿計（図2－4）もある。

b．毛髪湿度計，自記湿度計

毛髪は，繊維類と同じように，湿潤すると伸び，乾燥すると縮む性質がある。このわずかの伸縮を拡大して指針を動かし，湿度目盛りで読めるようにしたものが**毛髪湿度計**である。この指針の動きを，時計仕掛けで徐々に回転する記録紙の上に記録するようにした**自記湿度計**もある。

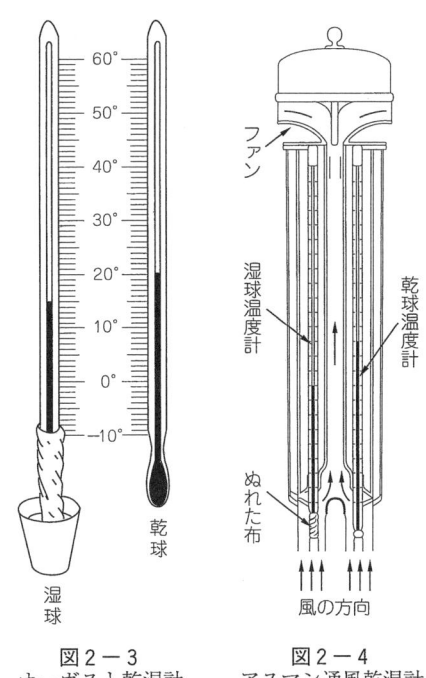

図2－3　オーガスト乾湿計

図2－4　アスマン通風乾湿計

湿度計にはこのほか，サーミスタ湿度センサを用いたもの，塩化リチウム湿度センサを用いたもの，感湿セラミックセンサを用いたもの，抵抗形・容量形高分子膜センサを用いたもの，水晶湿度

センサを用いたもの，マイクロ波湿度センサを用いたものなど，多くの種類がある。

2.5 露点温度

水蒸気の形で水が空気に混入できる量は，温度が低くなるほど少なくなる。

何％かの湿度を持った空気を冷やして，温度を下げていくと，空気中に含まれる水蒸気が結露したり霧を発生させる。このときの温度を**露点温度**又は**露点**という。氷水を入れたコップの表面に水滴がつくのは，コップの表面に接する空気が露点温度になって，空気中の水蒸気が結露したものである。夜間，地球表面の温度が下がると，これに接する空気中の水蒸気が凝結して露になる。このとき，気温が非常に低いと，露のかわりに霜ができる。

空調設備の冷却除湿装置は冷却コイルで空気を冷却することにより，水分を凝結させ水として分離して除湿を行う装置である。

2.6 熱膨張

(1) 固体の膨張

一般に，物体は温度が上がると，内部の熱エネルギーが増加するので，物質を構成している分子の運動が活発になり，分子間の距離が多少大きくなる。その結果，物質全体の大きさが大きくなり膨張する。鉄道のレールの継ぎ目が少しずつすき間のあるのは，夏気温が高くなったとき，レールが膨張して長くなったときの余裕である。

膨張係数は単位長さ（又は体積）のものが，温度1K上昇したときの膨張量（長さ又は体積）をいう。

すなわち，

$$\text{線膨張係数} = \frac{L-l}{l} = \frac{\Delta l}{l} \quad \cdots\cdots (2-2)$$

l：元の長さ
L：温度1K上昇したときの長さ
Δl：温度1K上昇したときの膨張量

$$\text{体膨張係数} = \frac{\Delta V}{V} \quad \cdots\cdots (2-3)$$

V：元の体積
ΔV：温度1K上昇したときの膨張量

表2-6 各種管の線膨張係数

鋼 管	0.000011
鋳 鉄 管	0.000011
銅 管	0.000017
鉛 管	0.000029
硬質塩化ビニル管	0.00007

各種管の線膨張係数を表2-6に示す。

配管工事で膨張を考える必要があるのは，管の中を水が流れたり蒸気が流れたりするときに，管の長さが変化することで，この変化量を吸収する方法を考慮しておかないと，管が曲がったり折れたりするからである。

【例題】20℃の気温のときに,配管した長さ150mの鋼管に0.2MPaの圧力を持った飽和蒸気を通気するときの鋼管の長さはいくらか。

<解> 0.2MPaの飽和蒸気の温度は120℃,鋼管の線膨張係数は表2-6より0.11×10^{-4}である。

したがって膨張量は,

$150m\times0.11\times10^{-4}\times(120-20)=0.165m$

∴ 鋼管全長は,$150m+0.165m=150.165m$

レールや配管の場合は,長さ方向の膨張量だけを考えればよいが,体積が関係するときには,体積膨張(X,Y,Zの3軸方向への膨張)を考えなければならない。

(2) 液体の膨張

液体も一般には温度が上がると膨張する。[*1] この場合には固体のような特定の形を持っていないので,体膨張を考える。液体の場合には,体膨張係数で与えられている。

各種液体の体膨張係数を表2-7に示す。

表2-7 液体の体膨張係数

液体	温度範囲 (℃)	体膨張係数 $\times 10^{-3}$
アルコール(エチル)	20	1.12
エーテル	20	0.656
水銀	20	0.181
水	5～10	0.053
水	10～20	0.15
水	20～40	0.302
硫酸	20	0.558

(3) 気体の膨張

気体も液体と同様,体膨張を考えればよい。**シャルルの法則**[*2]にもあったように,気体の膨張は$\frac{1}{273}=36.6\times10^{-4}$すなわち,体膨張係数は$36.6\times10^{-4}$である。しかし圧力が十分高いときには,地球上に現存する気体はシャルルの法則どおりにはならない。どのような圧力でもシャルルの法則がなりたつような気体を仮想し,これを**理想気体**又は**完全ガス**と呼んでいる。

しかし,大気圧付近における一般の気体(空気,酸素など)及び温度の十分高い水蒸気などは,ほぼ理想気体に近い性質を持っているので,シャルルの法則がなりたつと考えて差し支えない。

[*1]: 水は例外で,4℃のときに体積が最小となり,それよりも温度が上がっても,下がっても膨張する。
[*2] シャルルの法則:気体の圧力が一定のときは,その体積は絶対温度に比例する。

第3節 熱力学

3.1 理想気体

固体や液体の膨張率は，物質が異なると違った値を示すが，気体は大気圧，常温付近ではほぼ一定の$\frac{1}{273}$の値を示す。熱力学でいろいろな変化の様子を考えるときに，上のような性質を完全に満たす気体があると非常に都合がよいので，このような気体を仮想しこれを理想気体と呼ぶ。ただし，実在の気体では，温度や圧力の条件が大きく変わると，膨張率や比熱も変わってくる。前にも述べたが，我々の日常の環境では，空気や酸素などはほぼ理想気体に近い性質を持っているので，理想気体として取り扱ってもよい。

3.2 理想気体の法則

(1) ボイル・シャルルの法則

温度が一定であれば，一定量の気体（理想気体）の体積vは，その圧力Pに反比例する。これを**ボイルの法則**という。

式で表せば，

$$Pv = 一定$$

気体の体積は圧力が一定であれば，温度が1℃上がるごとに0℃のときの$\frac{1}{273}$ずつ膨張する。これを**シャルルの法則**という。

式で表せば，

$$v = v_0 \left\{ 1 + \frac{t}{273} \right\} \quad \cdots\cdots\cdots\cdots\cdots\cdots\cdots\cdots (2-4)$$

v_0：0℃における気体の体積
v：温度t℃のときの気体の体積
t：そのときのセ氏温度

ボイルの法則とシャルルの法則を組み合わせた"ボイル・シャルルの法則"は，圧力や温度が変わったときの気体の状態を表すことができるので重要である。すなわち，

「一定量の理想気体では圧力Pと体積vの積は，絶対温度Tに比例する。」

式で表すと，

$$Pv = RT \quad \cdots\cdots\cdots\cdots\cdots\cdots\cdots\cdots\cdots\cdots (2-5)$$

Rは比例定数であるが，気体の種類が決まれば一定の値なので，**気体定数**（一般にはガス定数という）と呼ばれる。単位は，kJ／(kg・K)である。

(2) ダルトンの法則

2つ以上の異なる気体を1つの器に入れるときは，おのおのの気体はそれぞれが単独で，その器の中に存在するときと同じ圧力を呈する。そしてその混合気体の圧力は，それぞれの気体の示す圧力の和である。

これを混合気体に対する**ダルトンの法則**といい，気体が互いに化学反応しないときに成立する法則である。

ここに気体AがG_1kg，気体BがG_2kg，気体CがG_3kgあって，それを体積Vなる容器に入れたとする。気体AのG_1kgを体積Vなる容器に入れたときに，圧力はP_1Paであった。気体BではP_2Pa，気体CではP_3Paとすると，全部を同じ容器に入れて体積Vにしたときには，その混合ガスの示す圧力は，

$$P = P_1 + P_2 + P_3 \quad \cdots\cdots\cdots\cdots\cdots\cdots\cdots (2-6)$$

となる。したがって一般にn種類のガスを混合したときには，

$$P = P_1 + P_2 + \cdots\cdots + P_n \quad \cdots\cdots\cdots\cdots\cdots\cdots\cdots (2-7)$$

となる。$P_1 P_2 P_3 \cdots\cdots$をそれぞれの**気体の分圧力**という。

別の表現でいうと，混合気体の圧力は，それと同じ体積をおのおのの成分の気体が単独で占める場合の圧力の和に等しい。空気を例にとると，窒素の体積は空気の80%を占めるため，その中に含まれる窒素だけの圧力は0.08MPa（0.8気圧），酸素は0.02MPa（0.2気圧）その和である0.1MPa（1気圧）が空気の圧力である。

3.3 熱力学の法則

(1) 熱力学の第1法則

「熱と仕事はいずれもエネルギーの1つの形であって，仕事を熱に変えることもできるし，その逆もできる。」これを**熱力学の第1法則**という。

物体が外部から熱量QkJを受けて，その間に膨張などにより外部へ仕事LkJをするとき，この物体が静止しているとすれば，加えられた熱エネルギーは，一部が内部に蓄えられ，他の一部が外部への仕事に変化する。このとき物体の内部に蓄えられるエネルギーを**内部エネルギー**という。以上の熱量と仕事と内部エネルギーの関係は次式のように表される。

$$Q = U_2 - U_1 + L \quad \cdots\cdots\cdots\cdots\cdots\cdots\cdots (2-8)$$

U_1：物体の最初の状態の内部エネルギー（kJ）

U_2：物体の終わりの状態の内部エネルギー（kJ）

また，式（2-8）を質量1kg当たりの式にすると式（2-9）となる。

$$q = u_1 - u_2 + l \quad \cdots\cdots\cdots\cdots\cdots\cdots\cdots (2-9)$$

ここに，小文字記号は，式（2-8）の大文字記号のエネルギー量の，それぞれ質量1kg当たりの量である。

熱力学でよく使われる状態量にエンタルピーがある。エンタルピーh（kJ／kg）は，次式で定義される。

$$h = u + Pv \quad \cdots\cdots\cdots\cdots\cdots\cdots\cdots\cdots (2-10)$$

ここに，uは物体1kgが持っている内部エネルギー（kJ／kg），Pは物体の圧力（Pa），vは物体の比体積（m³／kg）である。

すなわち，**エンタルピーh**は通常のエネルギーである内部エネルギーuと仕事に大いに関係のあるPvをまとめたものである。

1kgの気体を器に入れ，体積が一定のままで，加熱，又は冷却するとき，気体の得る熱量は外部に何も仕事をしないので，すべて内部エネルギーの増加に使われる。このときの加えられた熱量と温度変化との割合である比熱を前述1.2（2）のように定容比熱c_vという。したがって，このとき受けた熱量をq_vkJ／kgとすると，

$$q_v = u_2 - u_1 = c_v (T_2 - T_1) \text{ kJ／kg} \cdots\cdots (2-11)$$

今度は，圧力一定のままで熱量を受けるときは，その一部は気体の膨張として使われ，一部は内部エネルギーとして蓄えられる。

したがって，与えられた熱量q_pは，**定圧比熱**をc_pとすると，
式（2-8），式（2-9）より

$$q_p = c_p (T_2 - T_1) = u_2 - u_1 + l = u_2 - u_1 + P(v_2 - v_1) = h_2 - h_1 \cdots\cdots (2-12)$$

上記において$P(v_2 - v_1)$は気体が一定圧力Pのもとにv_1からv_2に膨張するときになす仕事である。
理想気体では，$Pv = RT$なる関係があるので，式（2-11），式（2-12）から，

$$c_p (T_2 - T_1) = c_v (T_2 - T_1) + R(T_2 - T_1) \quad \cdots\cdots\cdots\cdots\cdots\cdots (2-13)$$

が得られる。ゆえに，

$$c_p = c_v + R \quad c_p - c_v = R \quad \cdots\cdots\cdots\cdots\cdots\cdots (2-14)$$

となり，定圧比熱のほうが常にガス定数Rだけ大きい。
なお，$R = IR／M$ここにIR：一般ガス定数（＝8.314kJ／kmol・K）
M：ガスの分子量

また，このc_pとc_vの比を比熱比κと呼ぶ。

$$\kappa = \frac{c_p}{c_v}$$

空気は$\kappa = 1.400$，酸素では1.397である。

（2） 熱力学の第2法則

自然界では，コップに入れた熱い湯は，次第に冷めて周囲の室内の温度に等しくなり，水の中に落とした赤インクは徐々に広がり，最終的には水とインクが完全に混じりあった状態になる。いずれの場合も整頓された秩序ある状態から，均一化した状態（平衡状態）に向かって移行していく。

そしていずれの場合も，逆の方向，すなわち均一化した状態から，元の秩序ある状態に，自然に戻すことは不可能である。つまり自然界の変化のおこり方には，一定の方向性がある。これは自然界において経験的に得られた法則である。

熱についていえば，「熱はそれ自体では，低温の物体から高温の物体へ移動することができない」ということができる。これを熱力学の第2法則という。

3.4 空気線図

(1) 湿り空気

地上の空気の成分は，表2－8に示すようなものである。この表では，水蒸気成分が含まれていないが，このように水蒸気を含まないものを**乾き空気**といい，水蒸気を含むものを**湿り空気**と呼んでいる。通常の気温の範囲内では湿り空気は，乾き空気と水蒸気が理想気体として混合したものと

表2－8　空気の成分

組　　成	N_2	O_2	A_r	CO_2
体　積　比	0.7809	0.2096	0.0093	0.0003
分　子　量	28.006	32.000	39.948	43.990

考えて差し支えない。いま，大気圧をP Pa，乾き空気の分圧をP_a Pa，水蒸気の分圧をP_w Pa，とすれば，

$$P = P_a + P_w$$

乾き空気の比容積をv_a m³／kg，絶対温度をT Kとすれば，

$$P_a v_a = R_a T \quad となる。$$

水蒸気も同様に，

$$P_w v_w = R_w T$$

となり，各分子量，ガス定数は，

空気の相当分子量　　$M_a = 28.96$ kg／kmol
空気のガス定数　　　$R_a = 0.287$ kJ／(kg・K)
水蒸気の相当分子量　$M_w = 18.01$ kg／kmol
水蒸気のガス定数　　$R_w = 0.462$ kJ／(kg・K)　である。

(2) 湿り空気線図

湿り空気の各状態量の間には一定の関係がある。これらの状態量の関係を式で示さず，図で示したものを**湿り空気線図**と呼んでいる。状態量としてよく使用されるものには，乾球温度t，湿球温度t'，相対湿度ϕ，露点温度t''，比エンタルピー（質量1kg当たりのエンタルピー）h，絶対湿度x，水蒸気分圧P_wなどがあるが，線図の軸にどの状態量をとるかにより線図の形が変わってくる。例と

して，代表的な線図 $h-x$ 線図と呼ばれるものを図2-5に示す。

なお，図中にkg (DA) とあるのは「乾き空気1kg当たり」を意味する。

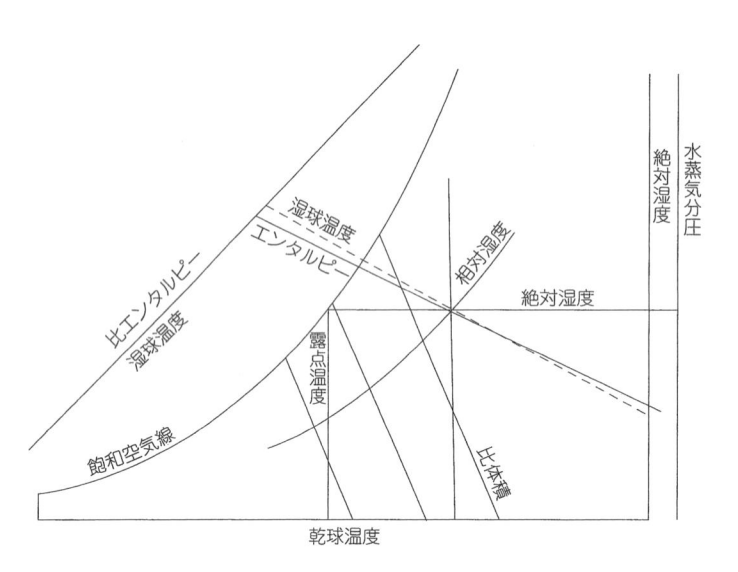

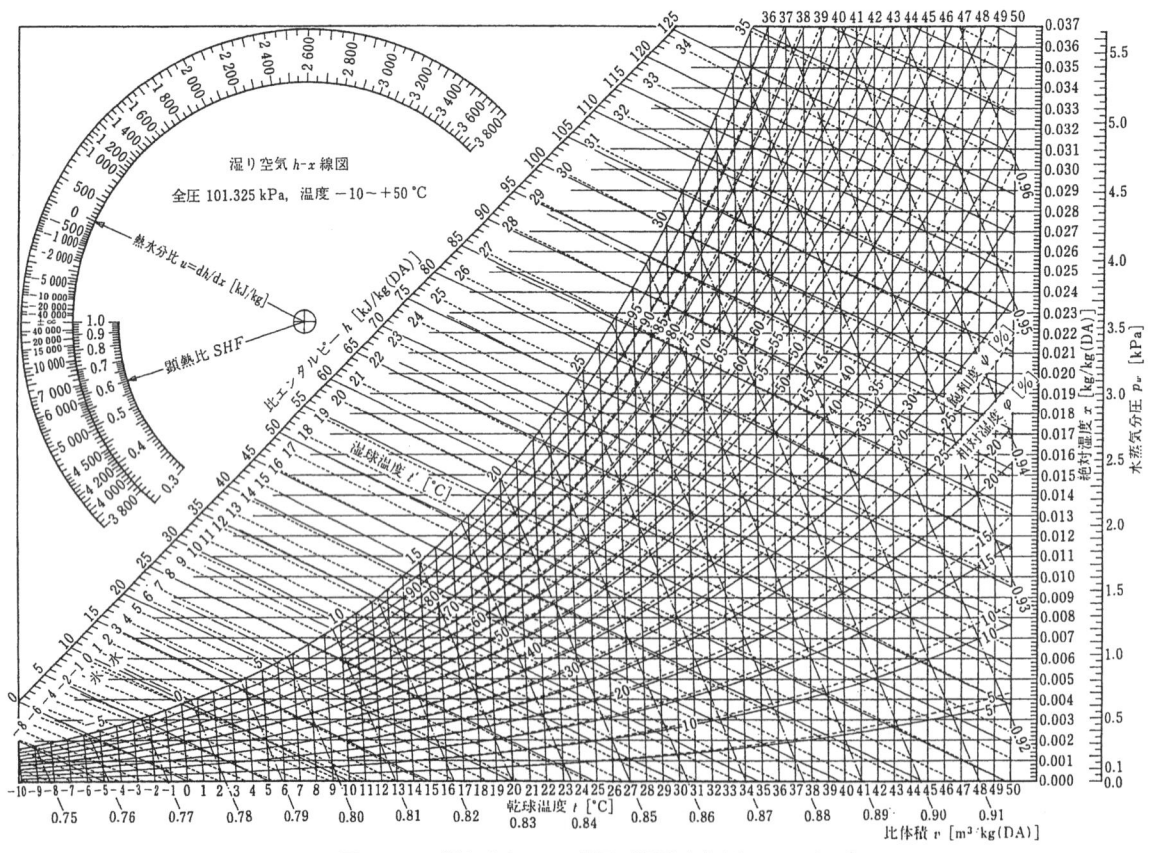

図2-5　湿り空気 $h-x$ 線図（標準大気圧 101.325kPa）

a．各状態量

例えば，乾球温度27℃，相対湿度50％と2つの状態量が与えられた湿り空気は，図2－6で乾球温度27℃，相対湿度50％の交点A点で示され，他の状態量も図から$x=0.0112$ kg／kg（DA），$t''=15.8$℃，$t'=19.4$℃，$v=0.865$ m³／kg，$h=55.1$ kJ／kg，$Pw=1.80$ kPaと読むことができる。

b．水蒸気量の変化がない加熱又は冷却

いま乾球温度10℃，相対湿度90％の空気を加熱し，それが乾球温度28℃になって出てきた場合を考えてみる。図2－7でA点が最初の空気状態を示し，これから水蒸気量の変化がなく加熱されるため，絶対湿度に変化はなく，横軸に平行に空気の状態は移動し，出口は乾球温度28℃の交点Bで示される。冷却の場合は，これと反対に左方に横軸に平行に移動することになる。なお水蒸気量が変化する場合は，縦軸方向の移動が伴うことになる。

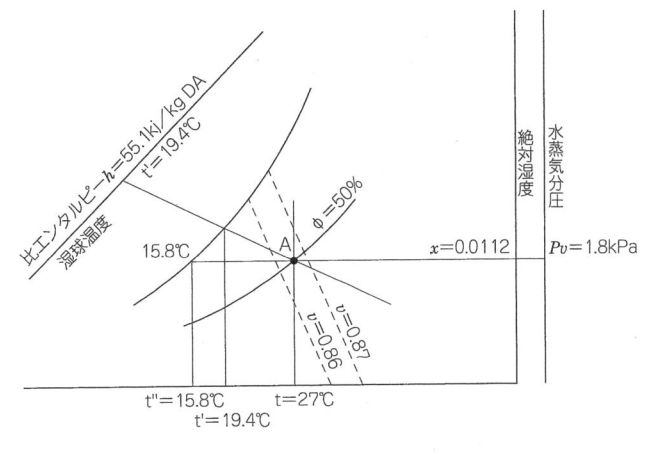

図2－6　各状態量の読み方

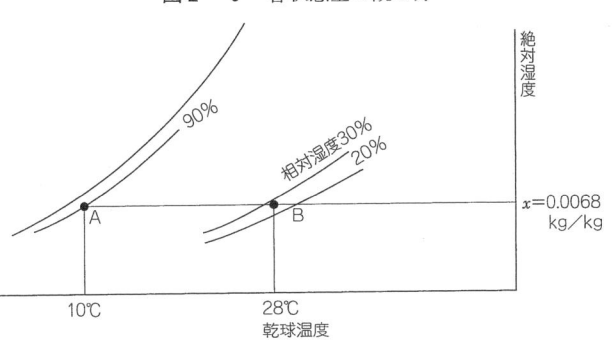

図2－7　水蒸気量の変化がない加熱

c．空気の混合

図2－8で乾球温度t_A，絶対湿度x_AのA点で示される空気と，乾球温度t_B，絶対湿度x_BのB点の空気を$m:n$の比で混合した場合，混合によって顕熱量全体は変化しないから，混合後の乾球温度をt_Cとすれば，

$$(m+n)\ t_C = mt_A + nt_B$$

$$t_C = \frac{mt_A + nt_B}{m+n} \quad \cdots (2-15)$$

また，絶対湿度x_Cも，水蒸気量は変化しないので，同様にして，

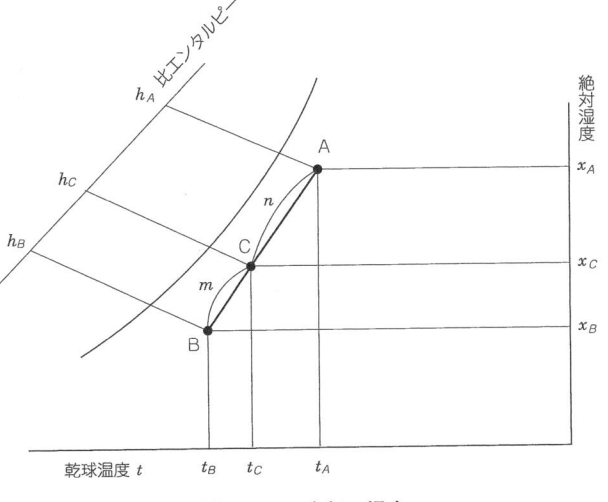

図2－8　空気の混合

$$x_C = \frac{mx_A + nx_B}{m+n} \cdots\cdots (2-16)$$

この両式は，混合後の状態CがA，B 2点を$m:n$の比に内分した点であることを示している。

3．5　理想気体の状態変化

（1）等温変化

理想気体の温度が一定で，外部から熱量（又は仕事）を与えられたときの変化を等温変化という。式（2－5），$Pv=RT$におけるTが一定であるから，$Pv=$一定の関係がある。ピストン中の空気をゆっくり圧縮するような場合が等温変化である。

式（2－8）

$Q=U_2-U_1+L$において，等温変化の場合，内部エネルギーは変化しないので，$U_2=U_1$，したがって$Q=L$となり，与えられた熱量（仕事）はすべて仕事（熱量）となる。

仕事Lは，

$$L = RT\log_e\frac{v_2}{v_1} = RT\log_e\frac{P_1}{P_2} \cdots\cdots (2-17)$$

（2）定圧変化

理想気体の圧力が一定で，外部から熱量（又は仕事）を与えられたときの変化を定圧変化（又は等圧変化）という。式（2－5），$Pv=RT$におけるPが一定であるから，$\frac{T}{v}=$一定の関係がある。風船に空気を閉じこめ，外部から加熱するような場合が定圧変化である。

仕事Lは，

$$L = P(v_2-v_1) = R(T_2-T_1) \cdots\cdots (2-18)$$

となり，外部からの熱量は全部エンタルピーの増加になる。

（3）定容変化

理想気体の体積が一定で，外部から熱量（又は仕事）を与えられたときの変化を定容変化（又は等容変化）という。式（2－5），$Pv=RT$におけるvが一定であるから，$\frac{T}{P}=$一定の関係がある。鉄の箱に空気を閉じこめ，外部から加熱するような場合が定容変化である。

この場合は，$v=$一定，$\frac{P}{T}=$一定となる。

仕事は，

$$L = 0 \cdots\cdots (2-19)$$

外部から加えられた熱量は，すべて内部エネルギーの増加となる。

（4）断熱変化

外部と全く熱の出入りを伴わず，急激に圧力又は体積が変化することを断熱変化という。ピストン中の空気を急速に圧縮するような場合が断熱変化である。

理想気体の断熱変化には，次のような関係がある。

$$Pv^\kappa = 一定$$

κ を断熱指数といい，空気の場合約1.4である。上式に $Pv = RT$ の関係を代入すると，

$$Tv^{\kappa-1} = 一定$$

$$\frac{P^{\frac{\kappa-1}{\kappa}}}{T} = 一定$$

が得られる。$Q = U_2 - U_1 + L$ において，断熱変化では

$Q = 0$ であるから，

$$L = U_1 - U_2$$

すなわち，断熱変化においては物体がする仕事は内部エネルギーの変化量に等しい。また，

$$L = u_1 - u_2 = c_v(T_1 - T_2) = \frac{c_v}{R}(P_1 v_1 - P_2 v_2) \quad \cdots\cdots\cdots\cdots (2-20)$$

が成立する。

(5) 冷凍サイクル

図2-9に冷凍サイクルにおける冷凍装置の構成例を示す。

冷媒は次のような状態変化をくり返す。

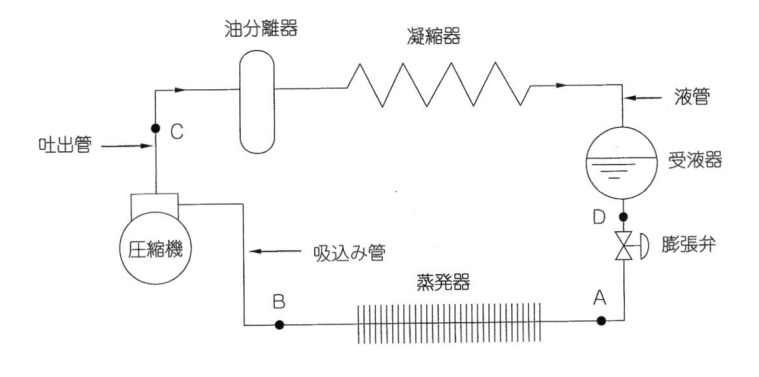

図2-9 冷凍サイクル

① D→A　膨張　高圧の液冷媒は膨張弁で減圧膨張する。
② A→B　蒸発　蒸発器に入り，周囲から熱を奪い，自ら蒸発する。
③ B→C　凝縮

蒸発した冷媒ガスは，圧縮機に吸入，圧縮され，高温，高圧の蒸気として吐出される。吐出された冷媒ガスには冷凍機油が含まれており，油分離器で大部分の油が分離される。分離された冷凍機油は圧縮機のクランクケースに戻る。

④ C→D　冷却

油分離器を出た冷媒ガスは，凝縮器に入り，冷却水又は空気により冷却され，液化して高圧

液冷媒となり，受液器に集められる。

第4節 蒸　　　気

4．1　蒸気の一般的性質

図2－10に蒸気の圧力Pと比体積vを直交軸として，状態を示すPv線図を示す。

いま，d_1の状態の蒸気を温度T_1のもとで圧縮すれば，$d_1 \rightarrow c_1$と変化し，c_1の点の圧力のもとでは，蒸気は液化を始め，b_1の点で全部が液体になる。この間圧力は変化しない。b_1点からさらに等温で圧縮すれば，$b_1 \rightarrow a_1$の変化をする。

図に示す$c_1 c_2$……の曲線を**飽和蒸気線**と呼び，飽和蒸気線から右側の部分にある状態の蒸気を**過熱蒸気**という。$b_1 b_2$……の曲線を**飽和液線**と呼び，この線より左側の状態のものはすべて液体である。飽和蒸気線と飽和液線の間は，一部蒸気，一部液体の状態が共存しているもので，この範囲を**湿り蒸気**と呼ぶ。

圧力を次第に高くしていくと，飽和液線と飽和蒸気線は次第に近づき，ついに1点で合する。この点cを**臨界点**といい，その圧力，温度，比体積を**臨界圧力，臨界温度，臨界比体積**という。臨界温度T_cの過熱蒸気を等温で圧縮することを考えて

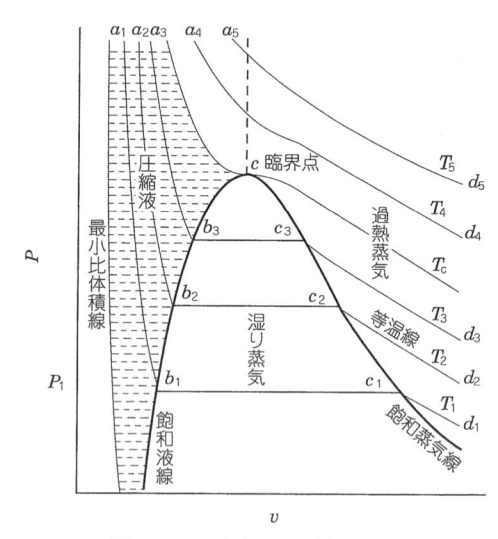

図2－10　蒸気のPv線図

みると，圧力が臨界点cに達したとき過熱蒸気からただちに液体となる。また，臨界温度より高い温度の蒸気はどのように圧力を高めても液体になることはない。

温度がさらに高くなって，図のT_4 T_5になると，等温線が双曲線に近くなる。すなわち，完全気体の$Pv=$一定の性質に近づくことを示している。

図2－11はモリエ線図と呼ばれる圧力－エンタルピー線図である。この線図では，圧力P，比体積v，温度t，乾き度x及び比エンタルピーh並びに比エントロピーSの値を，線図上で直接読むことができる。

図2－11に3．5（5）で述べた冷凍サイクルが描かれている。ここで，

　　D→Aが蒸発（等圧変化）

　　A→Bが圧縮（断熱変化）

　　B→Cが冷却・凝縮・過冷却（等圧変化）

C→Dが膨張（等エンタルピー変化）

である。

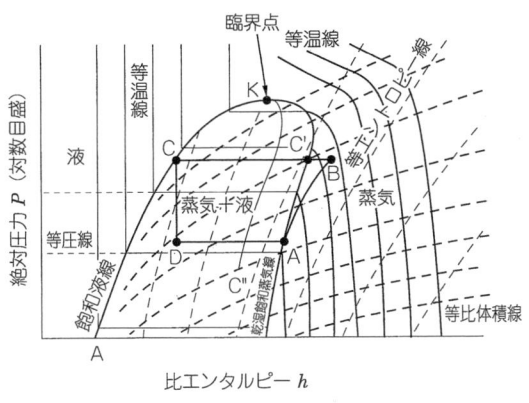

図2－11　モリエ線図上の冷却サイクル

4.2　飽和蒸気

飽和蒸気はPv線図上の飽和液線と，飽和蒸気線で囲まれた範囲の状態のものをいう。

この間では，圧力Pと温度Tの間は，一定の関係があって，一方が決まれば他方は決まった値を示す。例えば，圧力が0.1013MPa（1気圧）のときは，$T=100℃=373K$である。

飽和蒸気は，蒸気と液体が共存している状態のもので，その液体の多少を表すのに，**乾き度**（x）や**湿り度**（$1-x$）が用いられる。いま，1kgの飽和蒸気の中に，気体が$x$kg，液体が（$1-x$）kgあるとすれば，この飽和蒸気の乾き度はxであり，湿り度は$1-x$である。飽和蒸気線上の状態のものは，乾き度$x=1$であり，これを**乾き飽和蒸気**といい，それより左側の，水分を含んだものを**湿り飽和蒸気**と呼ぶ。飽和液線上のものは乾き度$x=0$である。

飽和液を熱して，乾き飽和蒸気をつくる間に，加えられた熱量はすべて，蒸発の潜熱となって，これは液の状態を変える（液体→気体への変化）ための内部エネルギーの増加と体積膨張による外部への仕事エネルギーとなる。したがって，与えられた熱量は式（2－12）から計算できる。式（2－12）において"最初の状態"が飽和液の状態で，"終りの状態"から乾き飽和蒸気の状態に相当するので，飽和蒸気の各状態量（比体積，内部エネルギー，エンタルピーなど）は，その乾き度xに関係しているので，使用するに当たっては，乾き度xを測定しなければならない。

乾き度を測る計器としては，液体と蒸気を分離して測る分離熱量計と，断熱膨張させて過熱蒸気の状態をつくり，蒸気表からエントロピー一定の変化として，元の状態を求める絞り熱量計とがある。2.4項にあげた各種湿度計に対し，これらは絶対測定方法と呼ばれる。

4.3 過熱蒸気

理想気体の状態式は $Pv=RT$ であり,蒸気を十分高く過熱させている場合は,この状態式が使える。しかし,過熱度が低く飽和状態に近づくに従って,その特性は複雑になり上式では表せなくなる。ゆえに,工業上用いられる蒸気の特性式は,上記の理想気体の式になんらかの補正が必要となる。これに対して,種々な式がつくられたが,ファン・デル・ワールス (Van der Waals) は,次のように表した。

$$\left(P+\frac{a}{v^2}\right)(v-b) = RT \quad \cdots\cdots\cdots\cdots\cdots\cdots (2-21)$$

a 及び b は定数である。この式はあまり精度はないが,臨界点を含む広い範囲に適用されている。ファン・デル・ワールスの式において,$T=$一定として,図2-12のように Pv 線図上に等温線を描いてみると,M-A-C-E-D-B-Nのような曲線になる。すなわち,上式は1つの P に対して v が3つの値をとる。

しかし,次第に圧力を高くしていくと,この3つの値がだんだん近づき,直線部が点になってしまうCに達する。Cが臨界点で,そのときの圧力,温度,比容積が臨界圧力 Pc,臨界温度 Tc,臨界比容積 Vc である。臨界点Cでは等温線は水平でかつ変曲点になるので,この二つの条件を満たす式 (2-21) の各常数を求めると

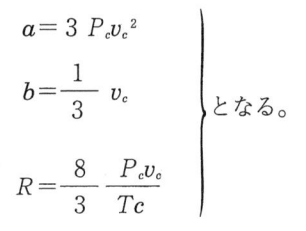

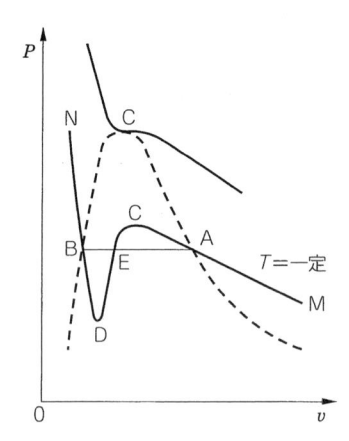

$$\left.\begin{array}{l} a = 3\ P_c v_c^2 \\ b = \dfrac{1}{3}\ v_c \\ R = \dfrac{8}{3}\dfrac{P_c v_c}{Tc} \end{array}\right\} \text{となる。}$$

図2-12 Pv 線図上の等温線

第2章の学習のまとめ

この章では次のことについて学んだ。

1. 熱の伝わり方には，熱伝導，熱伝達，熱放射がある。
2. 一定量の理想気体の圧力と体積の積は絶対温度に比例する。
　　　　　………ボイル・シャルルの法則
3. 湿り空気の各状態量を図で示したものが湿り空気線図である。
4. 理想気体の状態変化には，等温変化，定圧変化，断熱変化がある。
5. 蒸気には湿り蒸気，飽和蒸気，過熱蒸気の3つの状態がある。

【練 習 問 題】

次の文章で正しいものには○，間違っているものには×をつけ，正しい文章に直しなさい。

(1) 鋼鉄，アルミニウム，銅の中で最も熱伝導率のよいものは，アルミニウムである。

(2) 水の気化熱は，エタノール，アンモニアなどの液体に比べて小さい。

(3) 25℃の気体を50℃に加熱すれば，体積は2倍になる。

第3章　配管材料及び付属品

　配管材料は，流体搬送のための配管系路を構成する管材，それらを接続したり分岐又は屈曲したりするときに用いる管継手，それらの付属品である弁類，トラップ，阻集器，ストレーナなどから成り立っている。この章では，これら製品の種類，特徴などについて学ぶ。

第1節　配管材料に要求される条件

　今日，これらの目的に使用される管材などの材質は，鋳鉄，普通鋼，ステンレス鋼，銅，黄銅，鉛などの金属類をはじめ，塩化ビニル，ポリエチレン，コンクリートなどの非金属類に至るまで，多岐にわたっている。ところで，配管材料に要求される材質，構造，施工性などの具備すべき必要条件を挙げると，次のようになる。

① 水密性・気密性であること。
② 耐食性であること。
③ 飲用系統に用いるものは，衛生面で悪影響を及ぼさないものであること。
④ 排水に用いるものは，下流に向かって内面が滑らかであること。
⑤ 耐震性・耐圧性であること。
⑥ 抜け出し防止対策を考慮してあること。
⑦ 接続が容易で，熟練度を必要としないこと。
⑧ 施工が迅速，かつ均一に行えること。
⑨ 他の管種との接続が可能であること。
⑩ 安全に作業が行えること。
⑪ 接合材料費が安いこと。

　また，配管計画に際しては，その計画に適応した管種や継手を選択する必要がある。特に，次の点に留意する。

① 取り扱う流体の最高使用圧力と，管材などの許容圧力範囲の限界。
② 取り扱う流体の最高又は最低使用温度と，管材などの許容温度範囲の限界。
③ 取り扱う流体の腐食性と，管材などの耐食性の良否。
④ 管材などの材質が流体に溶解して，流体に汚染を与えないか。
⑤ 地中埋設の際に，外圧，衝撃などの外力に耐える強度があるか。

第2節　管

配管に用いられる管材を材質によって分類すると，鋼管，鋳鉄管，非鉄金属管，非金属管の4つになる。種類ごとに多くの規格が定められており，主要なものを表3－1に示す。

表3－1　管材の規格と使用区分

区分	管種	名称	規格	蒸気	高温水	冷温水	冷却水	冷媒	油	給水	給湯	排水	通気	消火	備考
	鋳鉄管	水道用ダクタイル鋳鉄管	JWWA G 113							○				○	
		排水用鋳鉄管　ダクタイル鋳鉄管	JIS G 5527									○	○		
		下水道用ダクタイル鋳鉄管	JSWAS G－1									○			
金属管	鋼管	水配管用亜鉛めっき鋼管	JIS G 3442			○	○	○				○	○	○	*1)～*3)の蒸気・高温水・冷媒用は黒管を，その他は白管とする。◎はスケジュール（40）管
		配管用炭素鋼鋼管*1)	JIS G 3452	○	○	○	○	○				○	○		
		圧力配管用炭素鋼鋼管*2)	JIS G 3454	○	◎	○	○	○							
		高圧配管用炭素鋼鋼管*3)	JIS G 3455	○	○										
	ステンレス鋼管	一般配管用ステンレス鋼管	JIS G 3448		○	○				○	○				SUS304/SUS316
		配管用ステンレス鋼管	JIS G 3459	○	○	○				○	○				スケジュール5～160s
		水道用ステンレス鋼管	JWWA G 115							○					A：SUS304
		水道用波状ステンレス鋼管	JWWA G 119							○					B：SUS316 変位吸収性・耐震性
	ライニング鋼管	水道用耐熱性硬質塩化ビニルライニング鋼管	JWWA K 140			○					○				SGP－HVA
		水道用硬質塩化ビニルライニング鋼管	JWWA K 116							○					SGP－VA/VB/VD
		フランジ付き硬質塩化ビニルライニング鋼管	WSP 011							○					F－VA/VB/VD
		水道用ポリエチレン粉体ライニング鋼管	JWWA K 132							○					SGP－PA/PB/PD
		フランジ付きポリエチレン粉体ライニング鋼管	WSP 039							○					F－PA/PB/PD
		排水用タールエポキシ塗装鋼管	WSP 032									○			SGP－TA
		排水用硬質塩化ビニルライニング鋼管	WSP 042									○			D－VA
		消火用硬質塩化ビニル外面被覆鋼管	WSP 041											○	VS：埋設配管用
		消火用ポリエチレン外面被覆鋼管	WSP 044											○	PS：埋設配管用
	鉛管	水道用ポリエチレン複合鉛管	JIS H 4312							○					
		排水・通気用鉛管	SHASE S 203									○	○		
	銅管	銅及び銅合金継目無管	JIS H 3300		○	○		○	○	○	○	●	●	◎	銅管はC 1020またはC 1220のK，L，Mとする（ただし，冷却水はC 1220とする） ●は小便器系統の使用は除く ◎はスプリンクラ系統呼び径65以下に限定使用する。
		水道用銅管	JWWA H 101							○					
非金属管	プラスチック管	硬質塩化ビニル管	JIS K 6741			○				○	○				VP
		水道用硬質塩化ビニル管	JIS K 6742							○					VP/HIVP
		水道用ポリエチレン管二層管	JIS K 6762							○				◎	◎はスプリンクラ系統のアラーム弁以降の2次側，呼び径50以下で使用
		架橋ポリエチレン管	JIS K 6769			○				○	○			◎	
		ポリブテン管	JIS K 6778			○				○	○			◎	
		耐熱性硬質塩化ビニル管	JIS K 6776								○			◎	
		水道用架橋ポリエチレン管	JIS K 6787							○	○				
		水道用ポリブテン管	JIS K 6792							○	○				
		水道用ゴム輪型硬質塩化ビニル管	JWWA K 127							○					I型・II型
		水道用ゴム輪型耐衝撃性硬質塩化ビニル管	JWWA K 129							○					I型・II型
	管	水路用遠心力鉄筋コンクリート管	JIS A 5372									○			
		プレキャストプレストレストコンクリート管	JIS A 5373									○			
		陶管	JIS R 1201									○			
		下水道用陶管	JSWAS R－2									○			

SHASE(注) S 010「空気調和・衛生設備工事標準仕様書」2000年版より
（注）SHASE：空気調和・衛生工学会規格

2.1 鋼管及び鋳鉄管

(1) 鋼 管

a. 配管用炭素鋼鋼管

低圧の配管に使われ，JIS G 3452で規定されており，記号はSGPで表される。呼び径は6～500mmであるが，10mm以下は需要が少ないため流通量がほとんどない。

防せい処理を施さないものを黒管，内外面に亜鉛めっきを施し，防せい処理したものを白管という。水（水道用を除く）・ガス・空気・油・蒸気など，腐食性の少ない流体で，圧力は約1MPa以下，温度約－10～300℃の範囲で使用される。

b. 圧力配管用炭素鋼鋼管

SGPより高い圧力の流体輸送用に使われる（温度範囲はSGPと同程度）。記号STPG（JIS G 3454）。STPG370，410の2種があり，前者の引張強さは370N／mm²，後者は410N／mm²となっている。この管には耐圧と管厚を表す**スケジュール**という番号があって，10から80まで6段階になっており，下式の関係がある。

$$\text{スケジュールNo.} = (最高使用圧力\text{MPa}) \times 安全係数 \times 1000 / 引張強さ(\text{MPa}) \quad \cdots(3-1)$$

例えば，最高使用圧力5MPa，安全係数4，STPG370を使用すると，上式から

$$(5 \times 4 \times 1000) / 370 = 54.1$$

すなわち，スケジュール60を使用すればよいことになる。

c. 水配管用亜鉛めっき鋼管

記号はSGPW（JIS G3442）。前記の白管と似ているが，亜鉛の付着量が大で，前処理法，試験方法が異なる（表3－2参照）。黒管を原管とし，これに溶融亜鉛めっきを施して製作する。最高使用圧力1MPa以下の水配管（上水道を除く）として規定されたものであるが，白管より耐食性がよいので，その他の用途にも用いられている。

表3-2　SGP(白管)とSGPWとのJIS規格上の比較

項目		JIS G 3452 配管用炭素鋼鋼管(白管)	JIS G 3442 水配管用亜鉛めっき鋼管
1．亜鉛めっきの前処理		サンドブラスト又は酸洗い	アルカリ洗い 水洗い 酸洗い フラックス処理
2．亜鉛めっき試験	亜鉛めっき付着量	400g/m²以上	平均600g/m²以上 最小550g/m²以上
	硫酸銅試験（浸せき回数）	5回以上	6回以上
	アルカリ試験 （気泡発生停止までの時間）	規定なし	100分以上
	曲げ試験	規定なし	内側半径8×D（Dは管の外径） 角度90度 （ただし，2B以下の管のみ）
3．表示		JISマーク	JISマーク

d．水道用硬質塩化ビニルライニング鋼管

管の内面に硬質塩化ビニル被覆を施したもの。原管はガス管又は水配管用亜鉛めっき鋼管で，管の内面に塩化ビニル管を挿入し加熱膨張（又は原管を縮径）して製作される。直管（JWWA K 116）とフランジ付き（WSP 011）の両規格があり，前者では原管と外面の処理方法によって次の3種に分類される（表3-3）。

表3-3　水道用硬質塩化ビニルライニング鋼管の種類

記号	原管	外面処理	適用例（参考）
SGP-VA	G3452の黒管	一次防せい塗装	屋内配管
SGP-VB	G3442の管	亜鉛めっき	屋内配管，屋外露出配管
SGP-VD	G3452の黒管	硬質塩化ビニル被覆	地中埋設管，屋外露出配管

（注）地中埋設配管にする場合，SGP-PD以外は防食対策（防食テープ，ポリエチレンスリーブなどの被覆を施す）を講じなければならない。

いずれも呼び径は15～150mm，内面のライニングの厚さは1.5mm（呼び径15mm）～2.5mm（呼び径150mm）である。

なお，水道用以外に給湯用塩化ビニルライニング鋼管（WSP 043），排水用硬質塩化ビニルライニング鋼管（WSP 042）も規格化されている。

e．水道用ポリエチレン粉体ライニング鋼管

G3452の黒管を原管として（JWWA K 132），内面を酸洗い，化成処理，プライマーなどを施した後（SGP-PBはさらに外面を亜鉛めっきした後）加熱し，管内面にポリエチレン粉体を圧送又は吸引させて送り込み融着させる。前記d．と同様直管（JWWA K 132）とフランジ付き（WSP 039）の両規格があり，前者では外面の処理方法によって次の3種類に分類される（表3-4）。

表3-4　水道用ポリエチレン粉体ライニング鋼管の種類

記号	外面処理	適用例（参考）
ＳＧＰ－ＰＡ	一次防せい塗装	屋内配管
ＳＧＰ－ＰＢ	亜鉛めっき	屋内配管，屋外露出配管
ＳＧＰ－ＰＤ	ポリエチレン被覆	埋設

（注）地中埋設配管にする場合，ＳＧＰ－ＰＤ以外は防食対策（防食テープ，ポリエチレンスリーブなどの被覆を施す）を講じなければならない。

呼び径はいずれも15〜100mm，内面ライニングの厚さは0.3mm以上（呼び径15mm）〜0.4mm（呼び径100 mm）である。

f．ポリエチレン被覆鋼管

管の外面をライニングしたものでJIS G 3469「ポリエチレン被覆鋼管」は，主にガス・油・水の地中埋設用として用いられる。原管は黒管，圧力配管用炭素鋼鋼管などで，呼び径は，15〜2000mmである。原管の外面を加熱し，接着剤又は粘着剤を塗布してから押出し機で加熱・溶融したポリエチレンをかぶせたものである。

g．排水用タールエポキシ塗装鋼管

黒管の内面にタールエポキシ樹脂を塗装したもの（WSP 032）で，外面は一次防せい塗装が施されている。屋内専用の汚水・雑排水用に使用される。呼び径は32〜350mm，塗膜の厚さは0.3mm以上である。原管は黒管を用いる。

h．消火用硬質塩化ビニル外面被覆鋼管

消火管などに使用する管で，原管は白管又は亜鉛めっきした圧力配管用炭素鋼鋼管を使用する。呼び径は15〜150mm，被覆の厚さは1.2mm〜1.5mm以上である。原管に接着剤を塗布して押出成形機で溶融・混練されたビニル樹脂を被覆するか，硬質塩化ビニル管を接着剤を塗布した原管にかぶせ，加熱収縮させる。

i．ステンレス鋼管

ステンレス鋼管は，耐食性と高・低温特性が優れていることから，上水道のほか，工場，研究所などで多く使用される。各種の規格があり，表3-5のとおりである。

表3-5　ステンレス鋼管の種類

規格番号	名　　称	記　　号	適用外径（mm）
JIS G 3448	一般配管用ステンレス鋼管	ＳＵＳ－ＴＰＤ	9.52〜318.5
JWWA G 115	水道用ステンレス鋼管	ＳＳＰ－ＳＵＳ	15.88〜48.60
JIS G 3459	配管用ステンレス鋼管	ＳＵＳ－ＴＰ	10.5〜660.4
JIS G 3463	ボイラ・熱交換器用ステンレス鋼管	ＳＵＳ－ＴＢ	15.9〜139.8
JIS G 3446	機械構造用ステンレス鋼管	ＳＵＳ－ＴＫ	────
JIS G 3447	ステンレス鋼サニタリー管	ＳＵＳ－ＴＢＳ	25.4〜165.2
JIS G 3468	配管用溶接大径ステンレス鋼管	ＳＵＳ－ＴＰＹ	165.2〜1016

このうち，一般に多く使用されるものの使い分けは次のとおりである。

一般配管用ステンレス鋼管‥‥‥‥‥最高使用圧力1MPa以下の給水，給湯，排水，冷温水配管用。

配管用ステンレス鋼管‥‥‥‥‥‥‥耐食，低・高温用。上の一般配管用より機械的性質，化学成分が細かく規定されている。

ステンレス鋼サニタリー管‥‥‥‥‥食品，酪農工業用配管に使用される。

（2） ダクタイル鋳鉄管

鋳鉄管は極めて古くから使用されており，海外では300年以上の歴史を持つが，国内では明治26年から製造が開始された。当初はいわゆる普通鋳鉄のものであったが，その後引張強さなどを改善した高級鋳鉄に代わり，さらに現在はマグネシウムやその他の合金を添加して遠心力法で製造されたダクタイル鋳鉄管が主流となっており，上・下水道管をはじめほとんどがこれを使用しており，排水管としてわずかにねずみ鋳鉄製のものが使用されている。

管種・寸法・機械的性質などの一般的な事項を定めた規格はJIS G 5526「ダクタイル鋳鉄管」で，それによると特に指定のない限り内面にモルタルライニングを施してスケールの発生を防止することになっている。この規格では，管の厚さによって1種から4.5種まで0.5おきに8段階に分類されており，番号の小さいものが厚くなっている。

また，接合部の形状によって表3－6に示すような種類に分けられ，後述する異径管はこれにフランジ形が追加され合計11種となっている。

図3－1に各接合部の構造を示す。

表3－6 接合形式及び呼び径

接合形式	呼び径mm
K形	75～2600
T形	75～2000
U形	700～2600
KF形	300～900
UF形	700～2600
SH形	75～450
S形	500～2600
US形	700～2600
PI形	300～1350
PH形	300～1350

一般的に多く使用されているのはK，T形で，KF，UF形のようにロックリングで固定するようなものは曲管の前後のように，管どうしが抜け出す恐れのある箇所に用いられる。また，PⅡ，S，SⅡ形などは地震時のように管路が曲げられたり，伸縮されたりしたときに，ある程度それに追随して伸縮・曲がりができるが，抜け出すことがないように考えられたものである。

JIS G 5526は用途を特定せず上水道，下水道，工業用水道，農業用水道などあらゆる用途に適合するものであるが，用途を限定したJIS以外の規格に水道用として日本水道協会規格JWWA G 113「水道用ダクタイル鋳鉄管」がある。これはJISより早く制定されたものが，平成2年にJISと整合するための改正が行われて，寸法・機械的性質などは，JISと同じとなったが許容値の設定などはJISより細かくなっている。

下水道用としては日本下水道協会規格JSWAS G－1「下水道用ダクタイル鋳鉄管」があり，こ

れによると管厚に5種管が追加されて合計9段階となっている。また，接合部は図3-1のK形，T形，U形と，フランジ形を加えた5種としており，管内面の仕上げは前述のモルタルライニングのほか，タールエポキシ樹脂塗装，エポキシ樹脂粉体塗装を行う場合についての基準を定めている。

接合形式	接　合　部	呼び径	接合形式	接　合　部	呼び径
K形	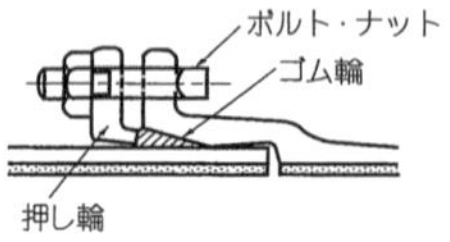	75〜2600	SⅡ形	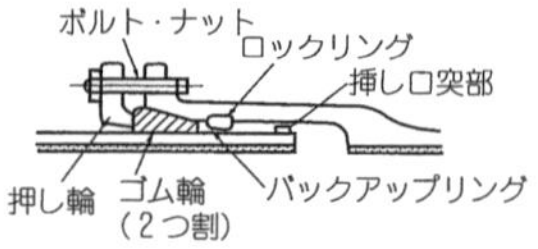	100〜450
T形	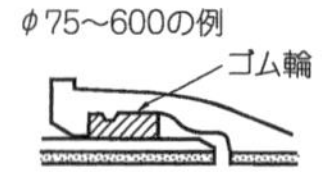	75〜2000	S形	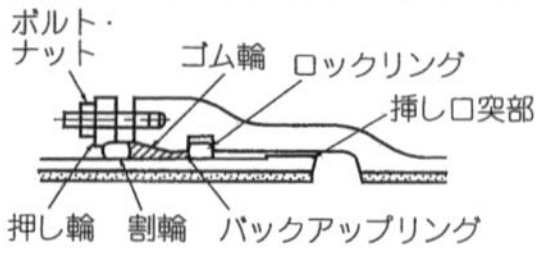	500〜2600
U形	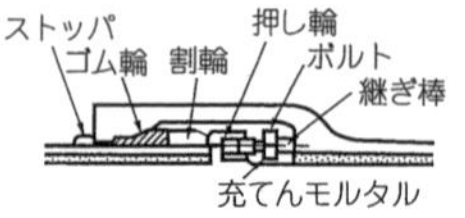	700〜2600	US形	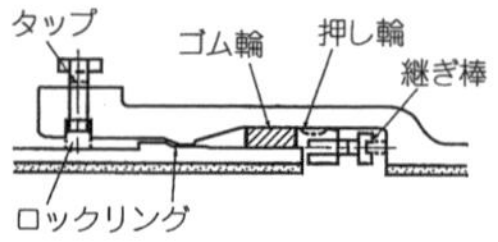	700〜2600
KF形	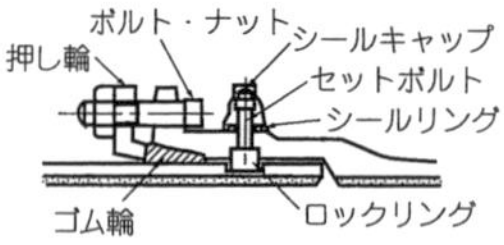	300〜900	PI形 呼び径 700〜1100の場合	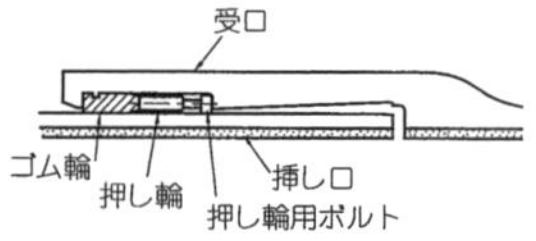	300〜1350
UF形	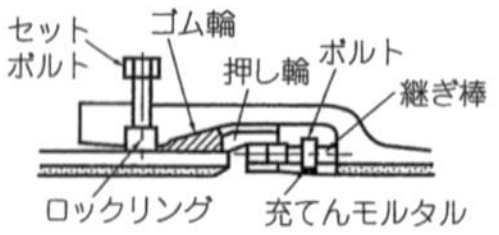	700〜2600	PⅡ形 呼び径 300〜600の場合	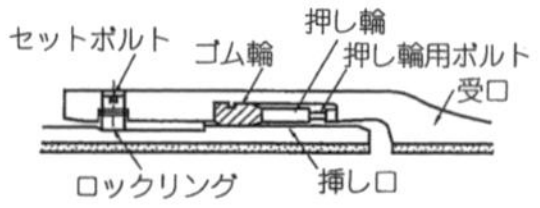	300〜1350
	ロックリング		フランジ形	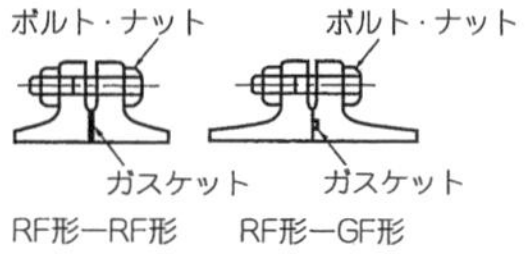 RF形-RF形　RF形-GF形	75〜2600

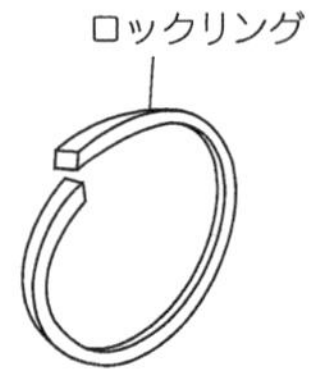

図3-1　ダクタイル鋳鉄管の接合部の形式（JIS G 5527）

2．2　非鉄金属管

（1）　銅管及び銅合金管

　銅管は，JIS H 3300「銅及び銅合金継目無管」とJIS H 3320「銅及び銅合金溶接管」で規定されている。

　JIS H 3300で分類されている種類・記号・用途は表3-7のとおりである。このうち一般配管

に用いられるのは，C 1220に相当するりん脱酸銅で，Cu 99.90％以上，P 0.015～0.040 ％の成分のものとなっている。管厚から，次の３種に分類されており，Lタイプ，Mタイプの市場性が高い。表３－８に配管用銅管（C 1220）の肉厚による種類を示す。

表３－７ 銅管の種類，等級及びそれらの記号　　（JIS H 3300：1997抜粋）

種類		等級	記号	参考	
合金番号	形状			名称	特色及び用途例
C 1020	管	普通級	C 1020T	無酸素銅	電気・熱の伝導性，展延性・絞り加工性に優れ，溶接性・耐食性・耐候性がよい。還元性雰囲気中で高温に加熱しても水素ぜい化を起こさない。熱交換器用，電気用，化学工業用など。
		特殊級	C 1020TS		
C 1100	管	普通級	C 1100T	タフピッチ銅	電気・熱の伝導性に優れ，絞り性・耐食性・耐候性がよい。電気部品など。
		特殊級	C 1100TS		
C 1201	管	普通級	C 1201T	りん脱酸銅	押広げ性・曲げ性・絞り加工性・溶接性・耐食性・耐候性・熱伝導性がよい。C 1220は還元性雰囲気中で高温に加熱しても水素ぜい化を起こすおそれがない。C 1201は，C 1220より電気の伝導性はよい。熱交換器用，化学工業用，ガス用など。ただし，C 1220については，水道用及び給湯用にも使用可能。
		特殊級	C 1201TS		
C 1220	管	普通級	C 1220T		
		特殊級	C 1220TS		
C 2200	管	普通級	C 2200T	丹銅	色沢が美しく，押広げ性・曲げ性・絞り性・耐候性がよい。化粧品ケース，給排水管，継手など。
		特殊級	C 2200TS		
C 2300	管	普通級	C 2300T		
		特殊級	C 2300TS		
C 2600	管	普通級	C 2600T	黄銅	押広げ性・曲げ性・絞り性・めっき性がよい。熱交換器，カーテンレール，衛生管，諸機器部品，アンテナなど。 C 2800は強度が高い。 精糖用，船舶用，諸機器部品など。
		特殊級	C 2600TS		
C 2700	管	普通級	C 2700T		
		特殊級	C 2700TS		
C 2800	管	普通級	C 2800T		
		特殊級	C 2800TS		

表３－８ 配管用銅管（C 1220）の肉厚による種類

タイプ	呼び径（mm）	厚さ	用途
K	8～50	厚い	高圧配管
L	8～150	中位	医療配管，ガス・給排水・給湯・冷暖房配管
M	10～150	薄い	ガス・給排水・給湯・冷暖房配管

銅管はまた，加工と熱処理によって機械的性質を変えることができ，軟質材（O，OL），半硬質材（½H），硬質材（H）に分類されるが，設備配管用としてはOLとHが目的によって使い分けられている。

銅管の長所は，耐食性が良好なこと，曲げ・押広げなどの加工が容易なこと，柔軟性があることなどであるが，酸性水などでは腐食することもある。

JIS H 3320は，JIS H 3300のうち，C 1220，C 2600などを高周波誘導加熱溶接で製造する場合

（2） 鉛　　管

　鉛管は，最近他の資材に圧迫されて需要が減少しているが，柔軟性があり加工が容易であることから，曲がりの多い大小便器・ちゅう房回りの排水管に使用されている。欠点としては，重いこと，アルカリに弱いこと，強度が小さいことなどである。

　水道用は，JIS H 4312「水道用ポリエチレン複合鉛管」による内面ポリエチレンライニング，外面ポリエチレンライニング被覆を施した複合鉛管が用いられる。特種・1種・2種の合計3種類の管があって，主に使用されているのは1種及び2種，内径は13〜25mmのものである。

　排水用は，JIS H 4311「一般工業用鉛及び鉛合金管」による一般工業用鉛，鉛合金管とSHASE S 203による排水・通気用鉛管の規格があり（表3−9），前者は内径20〜150mm，工業用鉛管1種・2種・テルル鉛管・硬鉛管4種・6種に分類され，それぞれ成分が若干相異する。SHASE S 203は内径30〜100mmで，こちらは内径に応じて管厚が定まっている。

表3−9　排水・通気用鉛管の寸法
（SHASE S 203−1998　抜粋）

内径（mm）	厚さ（mm）	1m当たりの質量（kg）
30	3.0	3.5
40	3.0	4.6
50	3.0	5.7
65	3.0	7.3
75	4.5	12.7
100	4.5	16.8

2．3　非金属管

（1）　塩化ビニル管

　塩化ビニル管には，JIS K 6741「硬質塩化ビニル管」，JIS K 6742「水道用硬質塩化ビニル管」，JIS K 6771「軟質ビニル管」などがあり，給水管，排水管，通気管，海水管，薬液輸送管などに広く使われている。

　このうち，水道用硬質塩化ビニル管は可塑剤を添加しないこと，安定剤にカドミウム系のものを使用しないことなどの，衛生上の配慮を行っており，溶解試験を行い，濁度，色度，過マンガン酸カリウム消費量などが規定以内であることを義務づけている。

　排水管，通気管などに使用するのはJIS K 6741による硬質塩化ビニル管のほうで，管の種類は，呼び径と厚さの組み合わせによってVP，VM及びVUの3種類がある。管を内圧のある輸送管路に用いる場合，流体が水としての使用圧力（ゲージ圧力）はVPが0MPa〜1.0MPa，VMが0MPa〜0.8MPa，VUが0MPa〜0.6MPaである。

軟質ビニル管は薬液輸送などに使用されるが一般の設備配管などにはあまり用いられない。

塩化ビニル管は，金属管に比べて，次のような特徴を持っている。

① 酸，アルカリに強く，海水，薬品（溶剤を除く）などにも侵されにくい。
② 電気絶縁性が大きく，金属管のように電食作用の心配がない。
③ 比重は1.4，引張強さは15℃のとき49MPa以上で，軽くて強じんである。
④ 軟化温度は70～80℃，ぜい化温度は－18℃で，50℃以上の高温又は－10℃以下の低温では使えない（ただし，耐熱性硬質塩化ビニル管は95℃まで）。
⑤ 屈曲，接合，溶接などの加工は容易である。
⑥ 熱の不良導体で，熱伝導率は，鉄の $\frac{1}{350}$ ぐらいである。
⑦ 熱膨張率は大きく，鉄の7～8倍で，温度変化の激しい所では，伸縮継手を必要とする。

（2）ポリエチレン管

ポリエチレン管には，主に地中に埋設されて使われる水道用，ガス用のポリエチレン管と，主に給水から給湯までの広い温度範囲に使われる架橋ポリエチレンとがある。

水道用ポリエチレン管を代表するJIS K 6762「水道用ポリエチレン二層管」には1種管（低密度の軟質管，一般にLDPEという）と2種管（高密度の硬質管，HDPEという）の2種類があるが，実際使われるのはほとんどが1種管である。JISのほかにJWWA K 144「水道用配水用ポリエチレン」や配水用ポリエチレン管協会の規格がある。1種管は，重合された後のポリエチレン樹脂は，安定剤を添加して加熱・成形し管となる。水道用と一般用の相違は，前記の硬質塩化ビニル管と同様，水道用は溶解試験を行ってこれに合格することを義務づけられている。

ガス用ポリエチレン管は，中密度ポリエチレン（MDPEと称す）と呼ばれ，軟質と硬質の中間にあたる特性を持っており，両者の長所をあわせ持つように考えられたもので，JIS K 6774「ガスポリエチレン管」の規格がある。

給水・給湯・床暖房など広範囲に使われる架橋ポリエチレンは中密度，高密度のポリエチレンを架橋反応＊させることで，熱水の温度における強度を向上させる管である。規格としてJIS K 6769「架橋ポリエチレン管」がある。

塩化ビニル管と比較して，ポリエチレン管の長所は次のとおりである。

① 軽量である。比重は0.91～0.93（軟質管），0.94～0.96（硬質管）で，塩化ビニル管（比重1.4）の $\frac{2}{3}$ となっている。
② 可とう（撓）性が大きい。したがって，小口径の管はコイル状に巻いて運搬することが可能で，長距離を少ない継手で配管することができる。
③ 衝撃に強く，耐寒性に優れている。－60℃においてもぜい（脆）化せず，管内の水が凍結しても管が破壊しないので寒冷地の配管に適している。

＊ 架橋反応：鎖状高分子のところどころを結合させ網目状の立体構造に変化させる反応をいう。

（3） コンクリート管

コンクリート管には，JIS A 5372「プレキャスト鉄筋コンクリート製品」による水路用遠心力鉄筋コンクリート管と水路用鉄筋コンクリート管，JIS A 5373「プレキャストプレストレストコンクリート製品」による管がある。

水路用遠心力鉄筋コンクリート管は発明者の名からヒューム管とも呼ばれ，型枠に鉄筋のかごを入れて，型枠を回転させながらコンクリートを投入し，高速回転により生じる遠心力で締め固めて成形する。用途及び埋設方法により，外圧管，内圧管及び推進管に分類される。一般に内圧管は送水路，導水管など圧力管路に使われ，種類として2k，4k，6kがある。外圧管は下水道，排水管などに使われ，種類として1種，2種，3種がある。このほか，管の後方から力を加えて，管を地中に押し込んで管の埋設を行う推進工法用の管，推進管がJSWAS（日本下水道協会規格）に定められている。

水路用鉄筋コンクリート管は，遠心力を利用しないで成形したもので，普通管と外圧管とがあり，外圧管は遠心力鉄筋コンクリート1種管とほぼ同程度の強度があり，普通管はそれよりやや弱い。遠心力鉄筋コンクリート管の外圧管と同様，排水管に使用される。

プレキャストプレストレストコンクリート管はPC管と呼ばれ，鋼製の縦筋（軸方向筋）を型枠に取り付けた後コンクリートを投入して遠心力又はロール転圧方式で管に成型する。この状態をコアコンクリート管という。これを養生させた後，縦筋を引張り，長手方向の管強度を増加させる。次に円周方向に鋼線を引張りながら巻き付け，その外周にジェット吹付け機でコンクリートを吹付け硬化仕上げる。高圧1～3種，1～5種の8種類がある。

（4） 陶　　　管

セラミックパイプとも呼ばれ，管継手とともに，JIS R 1201「陶管」とJSWAS R－2「下水道用陶管」で定められている。陶管は粘土を主原料とし，管や異形管の形に成形し，1100～1200℃の高温で焼き上げた陶器質の管である。管の種類に円形管，卵型管，推進管があり，円形管にはⅠ類，Ⅱ類の2種類がある。一般的に下水道，排水用に使われる。陶管の長さは，推進管が200mm，それ以外の管は100mm以下で，接合部が多くなるので，汚水排水管には不向きで，雨水配管に多く用いられる。

第3節　管継手及び伸縮管継手

3.1　管　継　手

管接続用管継手には，各種類のものがある。管継手は，配管を分岐するとき，管路を屈曲するとき，管径が異なるとき，異種管と接続するときなどに使うものである。鋼管用，鋳鉄管用，銅管用，ビニル管用など，管の種類に応じた管継手がある。表3－10に，用途別区分を示す。

表3-10 管継手の規格と使用区分 (SHASE S 010：2000 抜粋)

区分	管種	名称	規格	蒸気	高温水	冷温水	冷却水	冷媒	油	給水	給湯	排水	通気	消火	備考
金属管	鋳鉄管	水道用ダクタイル鋳鉄異形管	JWWA G 114							○		○		○	
		ダクタイル鋳鉄異形管	JIS G 5527							○	○				
	鋼管	鋼製溶接式管フランジ	JIS B 2220	○		○	○	○		●	●			○	●は樹脂コーティングを施したもの
		ねじ込み式可鍛鋳鉄製管継手	JIS B 2301	○						●	●	○	○		
		ねじ込み式鋼管製管継手	JIS B 2302	○											
		ねじ込み式排水管継手	JIS B 2303									○			
		一般配管用鋼製突合せ溶接式管継手	JIS B 2311	○		○	○	○						○	
		配管用鋼製突合せ溶接式管継手	JIS B 2312	○	○	○	○	○						○	
		配管用鋼板製突合せ溶接式管継手	JIS B 2313	○	○	○	○	○						○	
		配管用鋼製差込み溶接式管継手	JIS B 2316	○	○	○	○	○						○	
		鋼製管フランジ通則[*1)]	JIS B 2238	○		○	○	○		○	○			○	*1) *2) は亜鉛めっきを施したもの 溶接フランジはJIS B 2220を使用
		鋳鉄製管フランジ通則[*2)]	JIS B 2239	○		○	○	○		○	○			○	
	ステンレス鋼管	水道用ステンレス鋼管継手	JWWA G 116			○	○			○	○				
	ライニング鋼管	水道用樹脂コーティング管継手	JWWA K 117							○					
		水道用耐熱性硬質塩化ビニルライニング鋼管用管端防食形継手	JWWA K 141			○				○					
	銅管	銅及び銅合金の管継手	JIS H 3401			○ ○				○ ○					
		水道用銅管継手	JWWA H 102			○ ○				○ ○					
		冷媒用フレア及びろう付け管継手	JIS B 8607					○							
非金属管	プラスチック管	排水用硬質塩化ビニル管継手	JIS K 6739									○	○		
		水道用硬質塩化ビニル管継手	JIS K 6743			○				○					VP/HIVP
		架橋ポリエチレン管用クランプ式管継手	JIS B 2354			○				○	○				
		架橋ポリエチレン管継手	JIS K 6770			○				○	○				
		耐熱性硬質塩化ビニル管継手	JIS K 6777			○				○	○				
		ポリブテン管継手	JIS K 6779			○				○	○				
		水道用ポリエチレン管金属継手	JWWA B 116							○					
		水道用ポリブテン管継手	JIS K 6793							○	○				
		水道用架橋ポリエチレン管継手	JIS K 6788							○	○				

(注) 鋼製差込み溶接式管継手・鋼製突合せ溶接式管継手などを給水・給湯管に使用する場合は，加工工場などで溶接し，かつ，防せい処理を十分に行ったものとする。

(1) 鋼管用継手

配管用炭素鋼鋼管のねじ接合には，ねじ込み式可鍛鋳鉄製管継手とねじ込み式鋼管製管継手があり，一般に使われている。

鋼管継手類の主な使用箇所は，次のとおりである。

① 配管を屈曲するとき

② 配管を分岐するとき

③ 直管部を接合するとき

④ 管径を異にする管を接合するとき

⑤ 配管の終末端

a．ねじ込み式可鍛鋳鉄製管継手

可鍛鋳鉄は，マレアブル鋳鉄（malleable cast iron）とも呼ばれ，鋳鉄を熱処理してその酸化作用により普通鋳鉄より粘り強く衝撃に耐えるようにしたもので，黒心可鍛鋳鉄（記号　FCMB），白心可鍛鋳鉄（FCMW，FCMWP）の2種類がある。一般にはFCMBが多く生産されるが，これらで製作された管継手はJIS B 2301で規定されている。

形状の一部を図3－2に示す。図中のエルボ，ベンドは，「90°エルボ」，「90°ベンド」のことで，90°を省略して呼ぶ約束になっている。ねじ部は一般にJIS B 0203による管用テーパねじが切られ（図3－3），内面を樹脂コーティング，外面を樹脂被覆したものも製作されている。

| エルボ | 45°エルボ | 径違いエルボ | T | 径違いT |

| 偏心径違いソケット | 径違いT | クロス | ソケット | 径違いソケット |

| キャップ | ブッシング | ロックナット | プラグ | ニップル | 径違いニップル |

| ユニオン | 組みフランジ | めすおすロングベンド | 45°めすおすロングベンド | 返しベンド（リターンベンド） |

図3－2　ねじ込み式可鍛鋳鉄製管継手

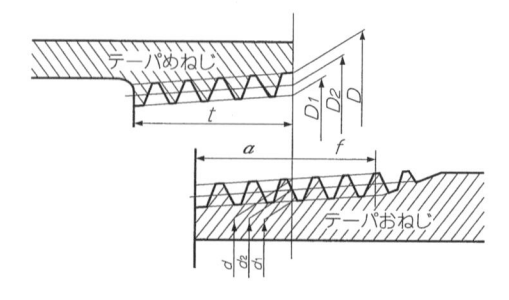

図3－3　管用テーパねじの形状

b．ねじ込み式鋼管製管継手

鋼管製の管継手で，JIS B 2302に規定されている。めっきなし，めっき，樹脂コーティングの3種があり，樹脂コーティングを行ったものは主として水道用樹脂ライニング鋼管の管継手として使用する。

バレルニップル，クローズニップル，ロングニップル及びソケットの4種類があって，ソケットは管用平行ねじ，その他は管用テーパねじを切ってある。外観を図3－4に示す。

(a) バレルニップル　(b) クローズニップル　(c) ロングニップル　(d) ソケット

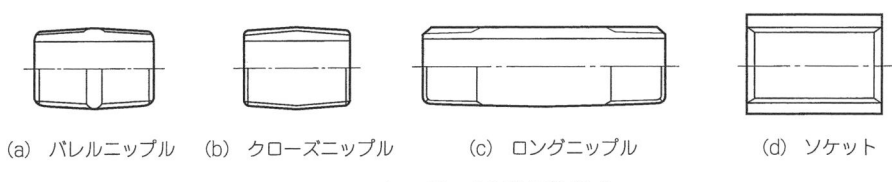

図3－4　ねじ込み式鋼管製管継手

c．溶接式管継手

溶接式管継手は直管と管継手を溶接によって接合する方式のものであって，鋼製で溶接端面（ベベルエンド）は，一般に外開先を取ることになっている（図3－5）。

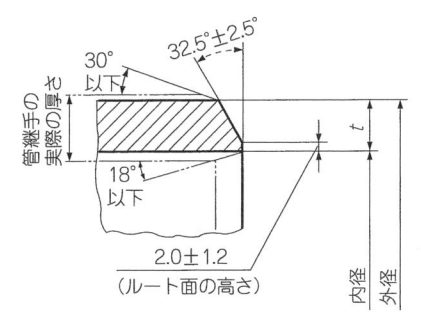

図3－5　溶接式管継手のベベルエンド形状（JIS B 2311）

JIS B 2311「一般配管用鋼製突合せ溶接式管継手」，B 2312「配管用鋼製突合せ溶接式管継手」，B 2313「配管用鋼板製突合せ溶接式管継手」などがある。このうちB 2311は配管用炭素鋼鋼管用で，水，油，ガス，空気などの比較的低圧な用途のもの，B 2312は高温・高圧配管，ステンレス鋼管用のもの，B 2313は同じく高温・高圧用であって鋼板溶接で管継手が作られているものである。

いずれも，形状は表3－11に示す10種類から成っている。

外観の一例を図3－6に示す。

表3－11　溶接式管継手の種類

45°エルボ	ロング
90°エルボ	ロング
	ショート
180°エルボ	ロング
	ショート
レジューサ	同心
	偏心
T	同径
	径違い
キャップ	－

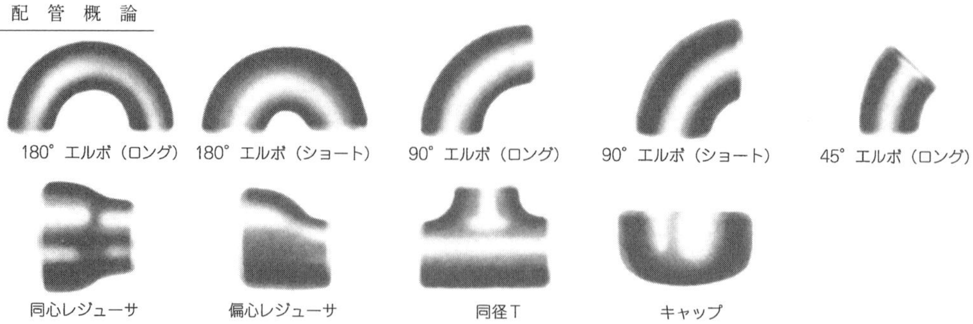

180°エルボ（ロング）　180°エルボ（ショート）　90°エルボ（ロング）　90°エルボ（ショート）　45°エルボ（ロング）

同心レジューサ　　偏心レジューサ　　同径T　　キャップ

図3－6　溶接式管継手

d．ねじ込み式排水管継手

配管用鋼管（ガス管）を排水管として用いる場合に使用される管継手でドレネージ継手とも呼ばれる。ねじ部の形状を図3－7に示す。材質は鋳鉄製と可鍛鋳鉄製の2種がある（JIS B 2303）。

ねじは管用テーパねじで，エルボ，T，90°Yなどはねじ込んだとき水平管が1°10′のこう配がつくようになっている。また，ねじの切り終わりの部分にリセスという逃げ溝があるので，管をねじ込んだとき，管端とリセスの肩との間にわずかなすき間があるようにねじ込む。

JIS規格にある管継手の形状の一部を図3－8に示す。

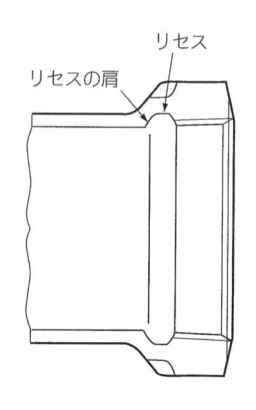

図3－7　ねじ部の形状

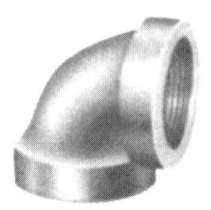

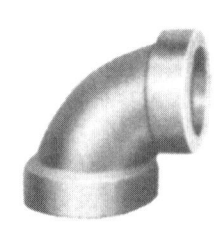

(a) 90°エルボ　　(b) 90°大曲がりエルボ　　(c) 22°1/2エルボ

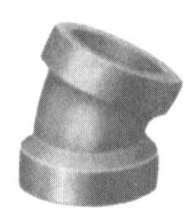

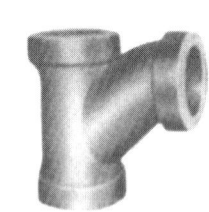

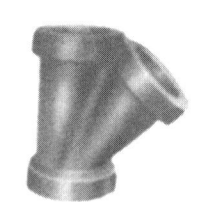

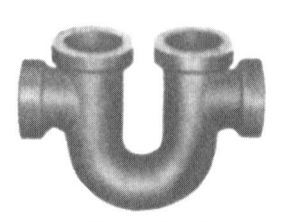

(d) 90°Y　　(e) 90°大曲がりY　　(f) 45°Y

(g) ソケット　　(h) タッカ　　(i) Uトラップ

図3－8　ねじ込み式排水管継手

e．フランジ

各種のバルブ，ポンプ類などのフランジ付き機器と接続する場合，このフランジ接合を行う。

管とフランジの取付け方法によって，ねじ込み式，溶接式の2種に分かれるが，ねじ込み式の場合はa．で述べた可鍛鋳鉄製管継手の中にある組みフランジをねじ込んで使用する場合と，それぞれのバルブ，ポンプの圧力にあった合フランジをねじ込んで使用する場合とがある。

溶接式の場合はJIS B 2220「鋼製溶接式管フランジ」の規格があって，使用する圧力と管の呼び径によって形状が相違し，表3－12のようになっている。

表中，「ハブ」とはフランジの合わせ面の反対側にある突起部分のことで，これがないと単なる板フランジとなる。また，呼び圧力とは使用圧力の一種の目安で，例えば呼び圧力10Kのフランジは常温の水であると最高1.37MPaまで使用してよいことになっている（JIS B 2201）。

表3－12　鋼製溶接式フランジの形状（JIS B 2220：2001抜粋）

呼び圧力(記号)	差込み溶接式フランジの形状及び呼び径					突合せ溶接式フランジの形状及び呼び径
	板フランジ	ハブフランジ				
	全面座	ハブ側開先なし	ハブ側開先付き			
		全面座	A形	B形	C形	
5K	10～1500	450～1500				
10K 薄形	10～400	10～400				
10K 並形	10～1500	250～1500				
16K		10～600				
20K			10～600	10～50	65～600	
30K			10～400	10～50	65～400	15～400

（2）ダクタイル鋳鉄異形管

鋼管の管継手に相当するものを，ダクタイル鋳鉄管では異形管と呼んでいる。接合形式によって若干種類は増減するが，K形（図3－1参照）に例をとると，18種類の異形管がJIS G 5527「ダクタイル鋳鉄異形管」で規定されている。その形状の一部を図3－9に示す。

58　配管概論

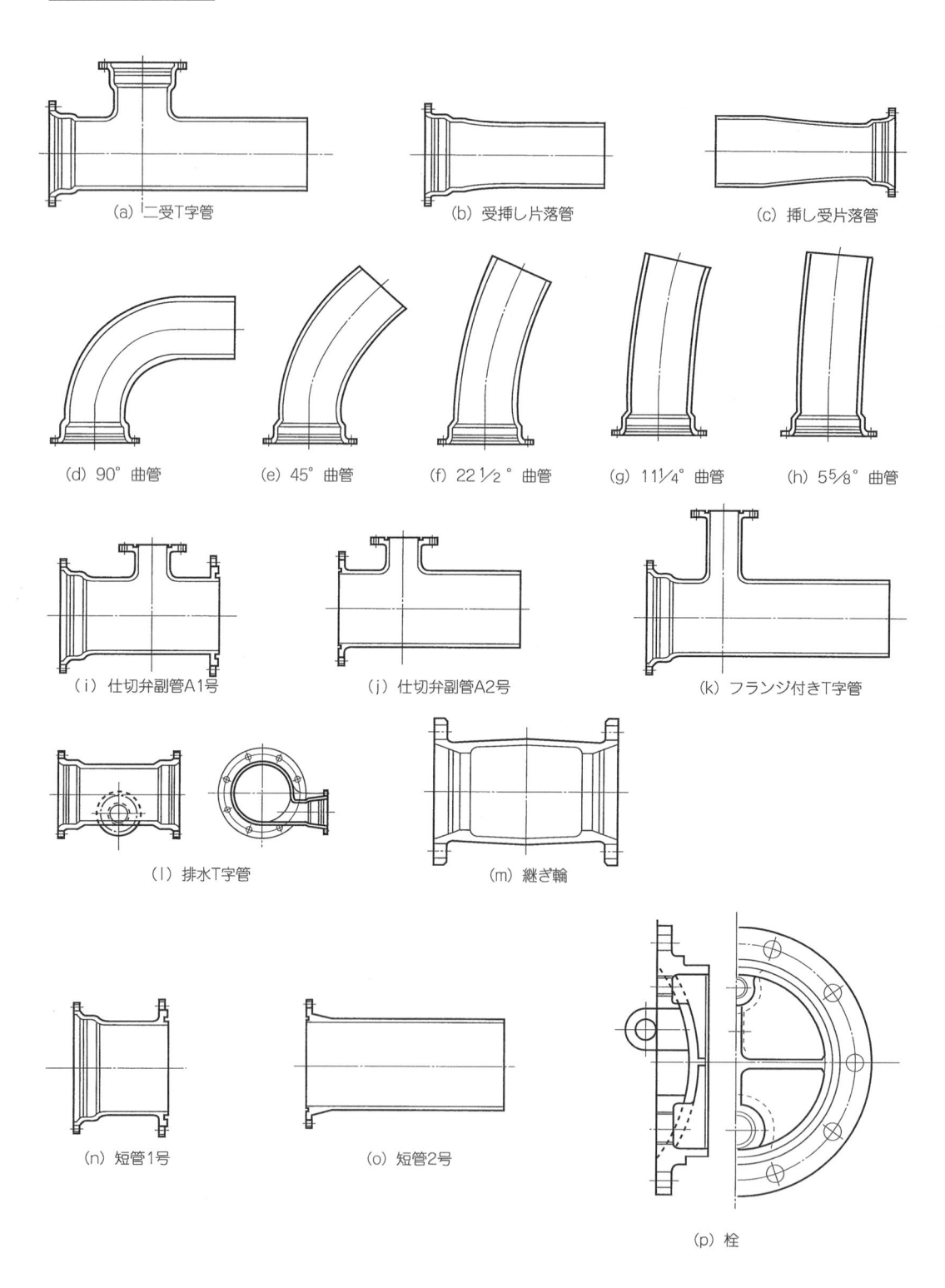

(a) 二受T字管
(b) 受挿し片落管
(c) 挿し受片落管
(d) 90°曲管
(e) 45°曲管
(f) 22 1/2°曲管
(g) 11 1/4°曲管
(h) 5 5/8°曲管
(i) 仕切弁副管A1号
(j) 仕切弁副管A2号
(k) フランジ付きT字管
(l) 排水T字管
(m) 継ぎ輪
(n) 短管1号
(o) 短管2号
(p) 栓

図3－9　ダクタイル鋳鉄異形管（K形）
（JIS G 5527）

(3) 銅管用管継手

銅管用管継手は，りん脱酸銅 C 1220を材料とした継目のない筒状の管継手で，配管用銅管をこれに差し込み，さしろう付又ははんだ付で接合するもので，JIS H 3401「銅及び銅合金の管継手」に銅管用管継手が規定されており，JIS H 3401では1種と2種の2種類があって，内・外径が多少相違する。種類は7種類でその形状を図3-10に示す。

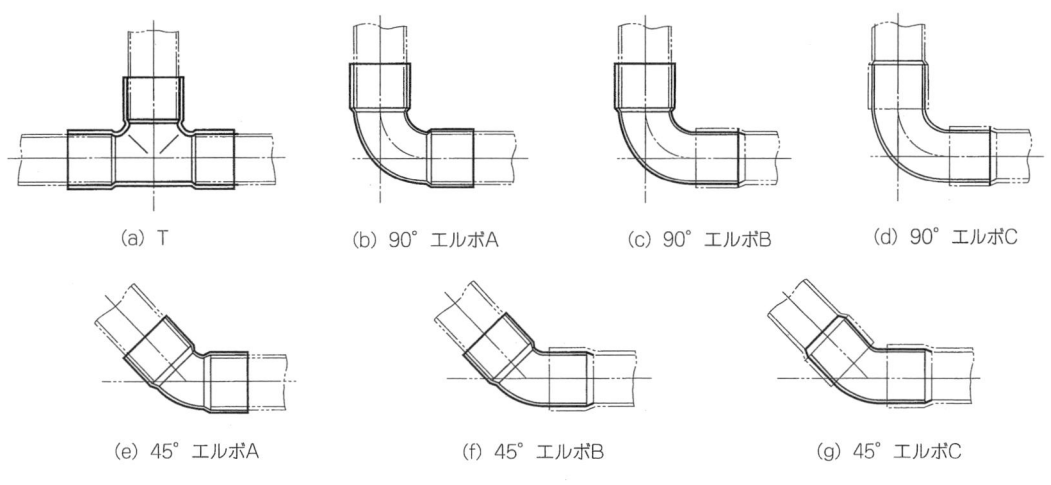

(a) T　　(b) 90°エルボA　　(c) 90°エルボB　　(d) 90°エルボC

(e) 45°エルボA　　(f) 45°エルボB　　(g) 45°エルボC

図3-10　銅管用管継手（JIS H 3401）

(4) 鉛管用継手

鉛管のところで述べたSHASE S 203には，内径30～100mmのベンド管とベローズ管が定められている。

(5) 非金属管用継手

a．塩化ビニル管継手

塩化ビニル管継手には，JIS K 6743で規定されている「水道用硬質塩化ビニル管継手」と，JIS K 6739「排水用硬質塩化ビニル管継手」がある。

(a) 水道用硬質塩化ビニル管継手

これには，管継手自体が塩化ビニル製のものと，部分的に金属を使用しているものとがある。図3-11にこれら管継手の形状を示す。図中「インサート」と記した部分（パッキング部）は金属製（青銅）である。

塩化ビニル製（一部金属使用も含む）継手は，通常接着剤を塗った塩化ビニル管を継手に押し込んで接着接合する。

60 配管概論

ソケット

径違いソケット

VCソケット
（V側ビニル管、C側鋳鉄管）

テーパI/T
V側　C側

エルボ

45°エルボ
ガスケット溝

チーズ

バルブ用ソケット

ユニオンソケット

キャップ

90°ベンド

45°ベンド

22 $\frac{1}{2}$° ベンド

11 $\frac{1}{4}$° ベンド

5 $\frac{5}{8}$° ベンド

Sベンド

ゴム輪　六角又は八角

伸縮継手

インサート（青銅）

金属おねじ付バルブ用ソケット

インサート（青銅）　ガスケット溝

給水栓用エルボ

インサート　ガスケット溝

給水栓用ソケット

インサート　ガスケット溝

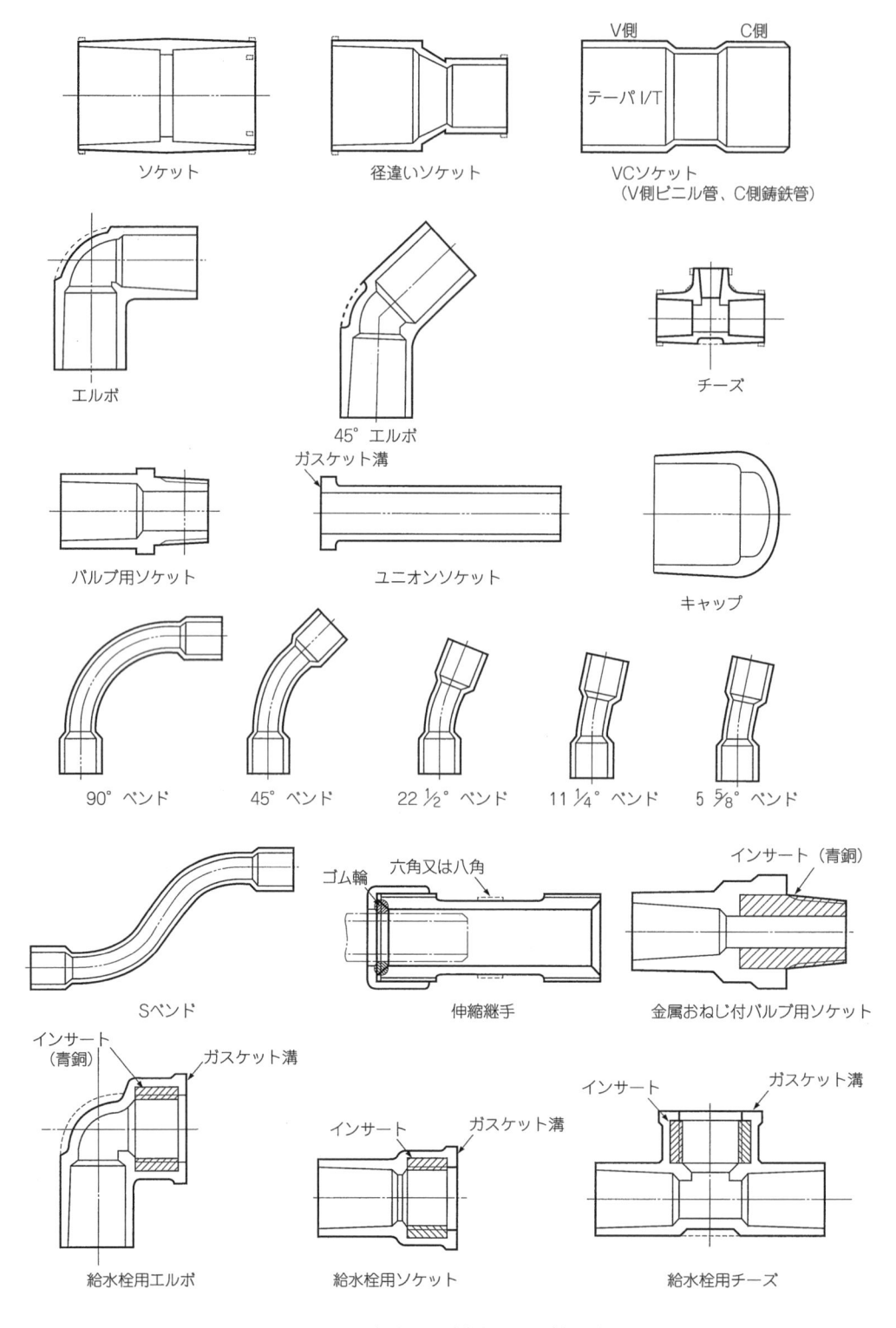

給水栓用チーズ

図3-11　水道用硬質塩化ビニル管継手
（JIS K 6743）

(b) 排水用硬質塩化ビニル管継手

排水用の継手は水道用と異なり，すべて塩化ビニル製で，接着剤を塗布した管を継手に押し込む接着接合方式である。また，エルボ，Ｙなどは接合したとき水平管が１°10′のこう配がつくようになっている。種類13種とその形状を図３－12に示す。

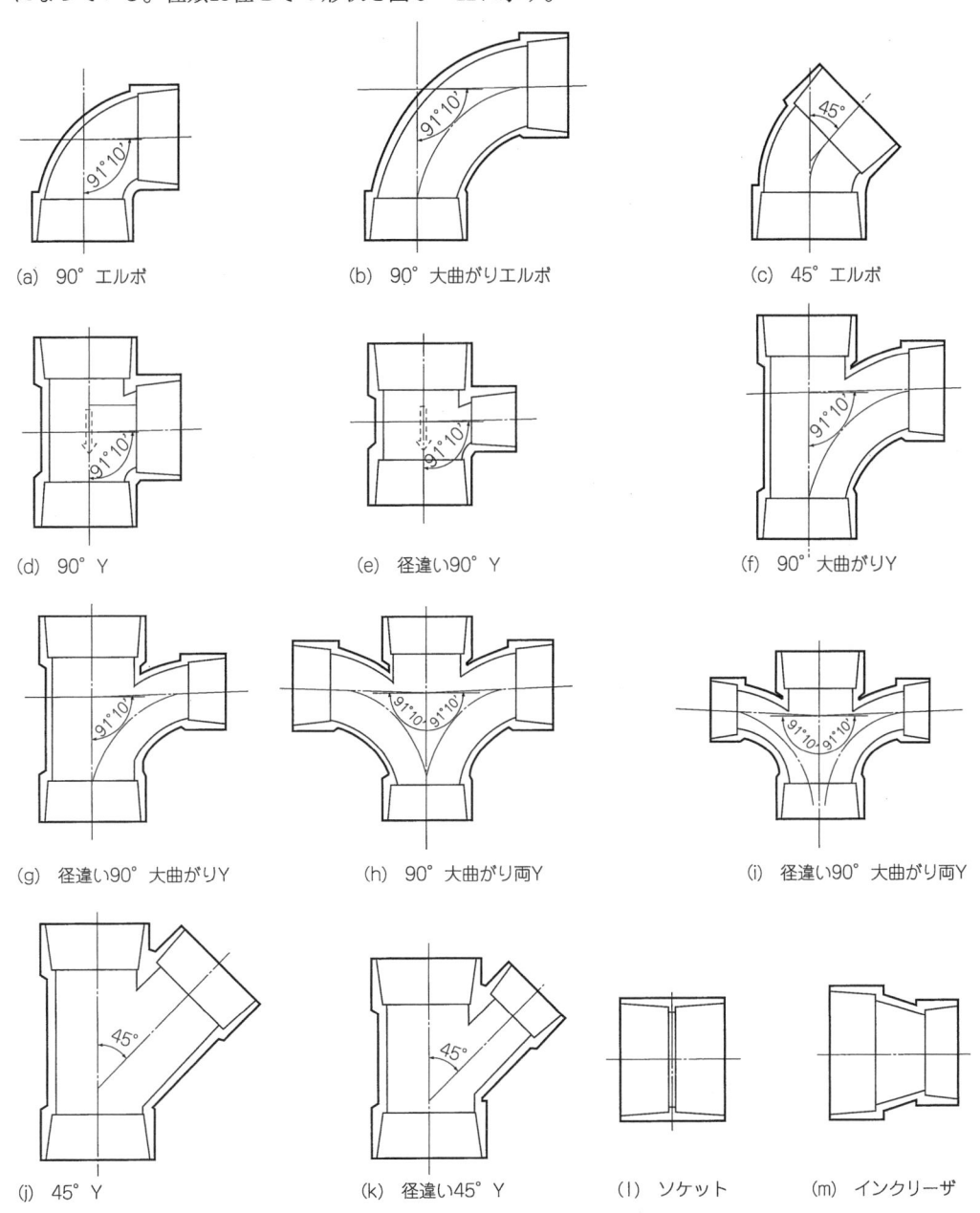

(a) 90°エルボ
(b) 90°大曲がりエルボ
(c) 45°エルボ
(d) 90°Ｙ
(e) 径違い90°Ｙ
(f) 90°大曲がりＹ
(g) 径違い90°大曲がりＹ
(h) 90°大曲がり両Ｙ
(i) 径違い90°大曲がり両Ｙ
(j) 45°Ｙ
(k) 径違い45°Ｙ
(l) ソケット
(m) インクリーザ

図３－12 排水用硬質塩化ビニル管継手（ＪＩＳ Ｋ 6739）

b．ポリエチレン管継手

水道用ポリエチレン管の接合は主に金属によるメカニカル式継手で接合される。

JWWAのメカニカル式継手を図3－13に示す。継手には可鍛鋳鉄製のA形と青銅製のB形とがあり，インコアと呼ばれる金具を管内に差し込み，外周を胴，袋ナット，リングで締め付けるものである。

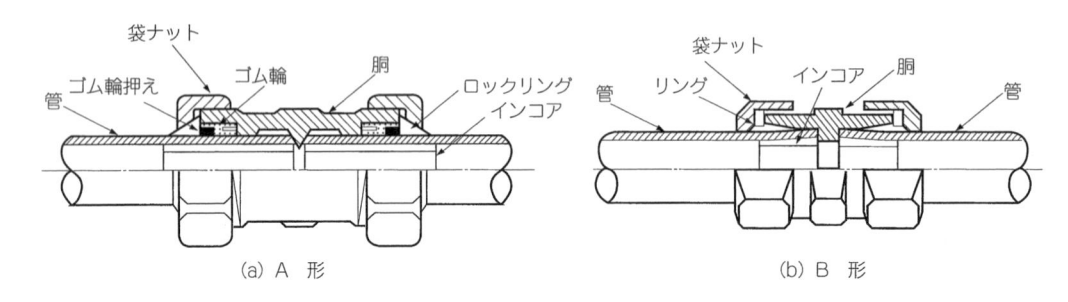

図3－13 水道用ポリエチレン管金属継手（JWWA）

JIS K 6775「ガス用ポリエチレン管継手」はHF継手とEF継手に大別される。

HF継手は専用のヒータを一定時間管と継手に押し当てて溶かし，ヒータを外したらすばやく管と継手を圧着（突合わせ接合継手）又は差込み（差込み接合継手）接合する（図3－14）。

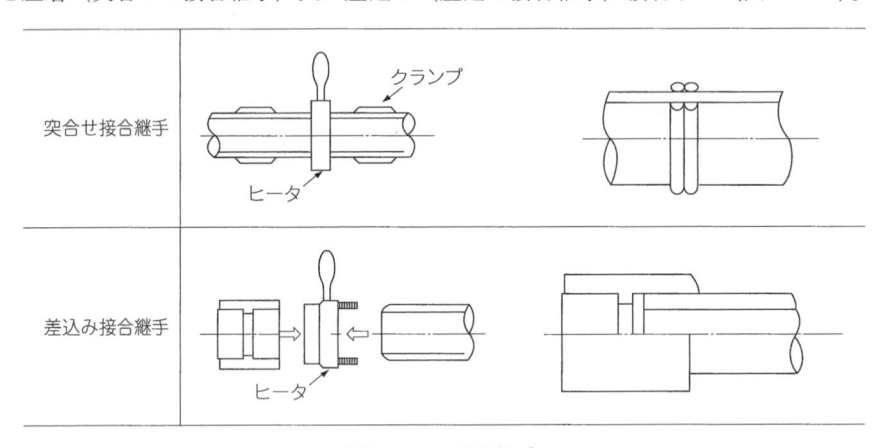

図3－14 HF継手

EF継手は継手自体に電熱線が内蔵されているもので，継手に管を挿入後，外部から電流を流して溶着させる。EF継手の外観を図3－15に示す。

(a) 接合前後

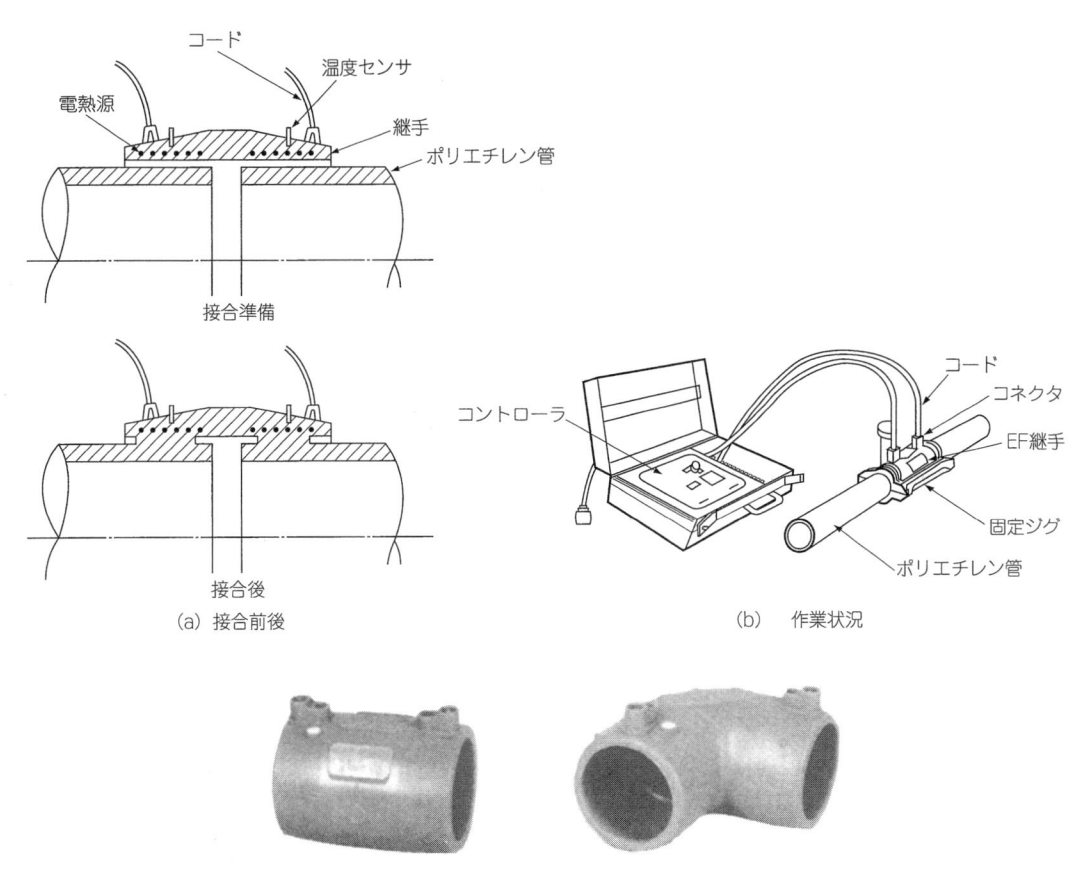

コード
温度センサ
電熱源
継手
ポリエチレン管
接合準備
接合後

(b) 作業状況

コントローラ
コード
コネクタ
EF継手
固定ジグ
ポリエチレン管

(c) 継手外観（スリーブ）

図3－15　EF継手

c．陶管用異形管

陶管用異形管は陶管と同じJIS R 1201とJSWASに定められている。陶管の接合はポリウレタン樹脂又は合成ゴムを用いた圧縮ジョイントが嵌合部（受け口と管がはまり合う部分）に工場で固着加工されている（図3－16）。接合の際，滑材を塗布するだけで，簡単に接合でき，接合後はジョイント材の弾性圧縮力により，可とう性と水密性が保持できる。陶管用異形管の一例を図3－17に示す。

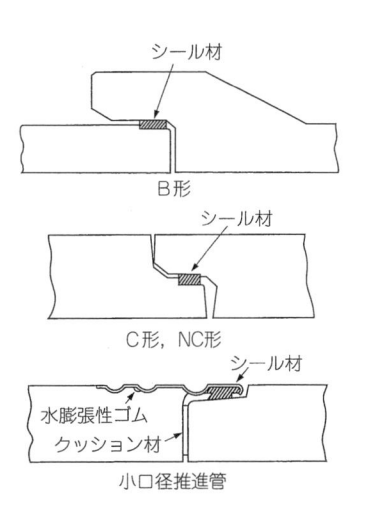

シール材
B形

シール材
C形，NC形

シール材
水膨張性ゴム
クッション材
小口径推進管

図3－16　圧縮ジョイント

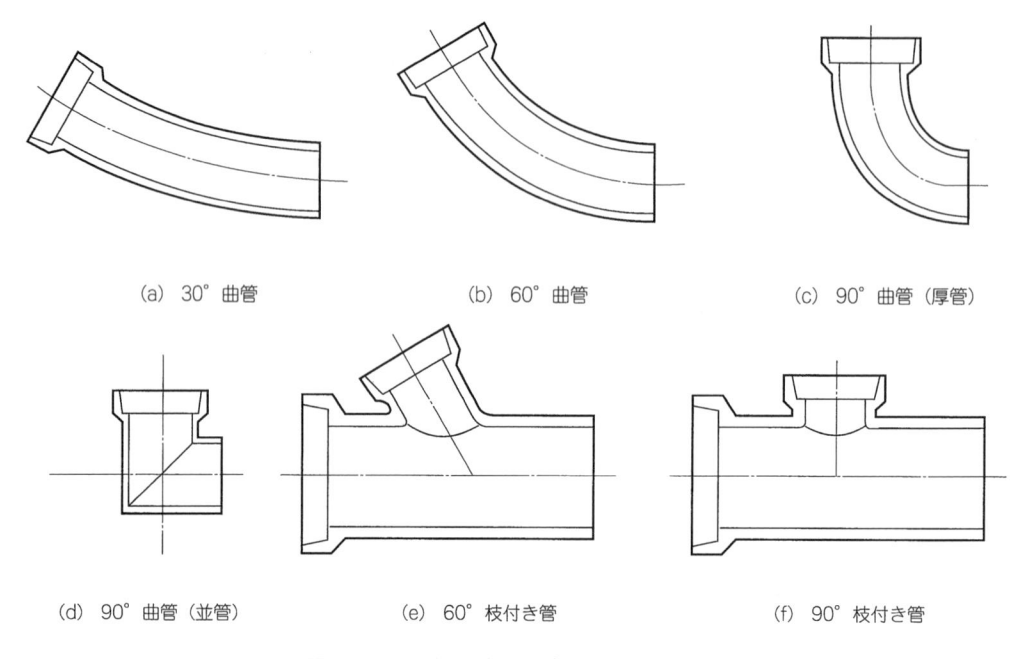

(a) 30°曲管　　(b) 60°曲管　　(c) 90°曲管（厚管）

(d) 90°曲管（並管）　　(e) 60°枝付き管　　(f) 90°枝付き管

図3-17　陶管用異形管（JIS R 1201）

d．コンクリート管用異形管

コンクリート管の管継手は水路用遠心力鉄筋コンクリート管と水路用鉄筋コンクリート管については JIS A 5372 に異形管の規定があり，プレキャストプレストレストコンクリート管に関しては規定がない。上記コンクリート管の継手は外圧管は5つの形式があり，外圧強さにより，各形式ごとに3種類に区分される。内圧管は3つの形式があり，外圧強さにより，各形式ごとに3種類に区分される。コンクリート管の接合を図3-18に示す。

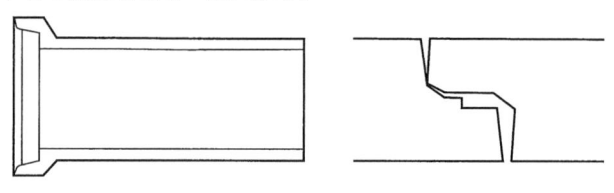

図3-18　コンクリート管の接合

異形管の形状の例を図3－19に示す。

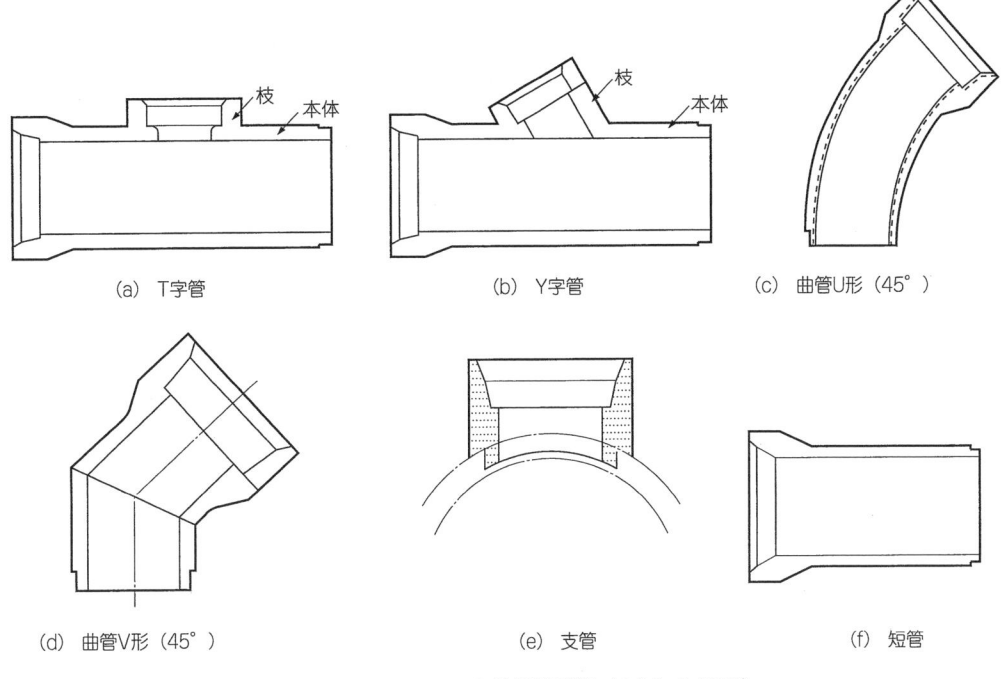

(a) T字管
(b) Y字管
(c) 曲管U形（45°）
(d) 曲管V形（45°）
(e) 支管
(f) 短管

図3－19　コンクリート管用異形管（JIS A 5372）

3．2　伸縮管継手

伸縮管継手は温度変化によって生じる管の軸方向の伸縮を吸収するため，配管の途中へ設置するもので，スリーブ形伸縮管継手，ベローズ形伸縮管継手，伸縮ベンド継手などがある。

（1）　スリーブ形伸縮管継手

滑り伸縮形管継手とも呼ばれる。図3－20に示すように，スリーブが本体の中を移動できるようになっており，パッキンで気密，水密を保つ構造である。単式と複式とがあり，複式は本体1個にスリーブ2本の構造で，一般に本体に固定脚を設ける。

小形の継手には，青銅ねじ込み式のものがあり，これは単式のみである。

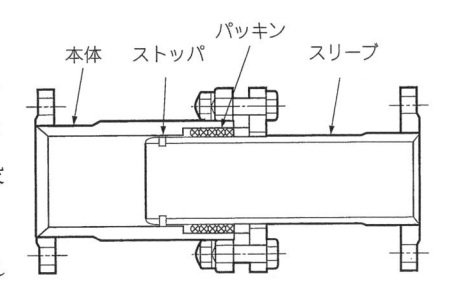

図3－20　スリーブ形伸縮管継手（単式）

（2）　ベローズ形伸縮管継手

ベローズは薄いステンレス鋼などで作った円筒をアコーディオン状に成形したもので，柔軟に伸び，屈曲する性質を有する。ベローズ形伸縮管継手はベローズの両端に，管と接続するための円筒部を取り付けたもので，ベローズの変形により配管などの伸縮を吸収するものである。（図3－21は

ベローズの両端にフランジ付き円筒を取り付けたものである。)
ベローズ部の厚さが薄いので，図3－22に示すような各種の保護を講じている。

図3－22（a）は軸方向の伸び過ぎを規制するリミットロッド付きのものである。

図（b）はベローズの外側に補強リングを装着し，内圧が高過ぎベローズが変形してしまうのを防止する構造となっている。

図（c）は外筒カバーでベローズを保護した構造で，曲げ方向の変形もある程度カバーで防止するように考えられている。

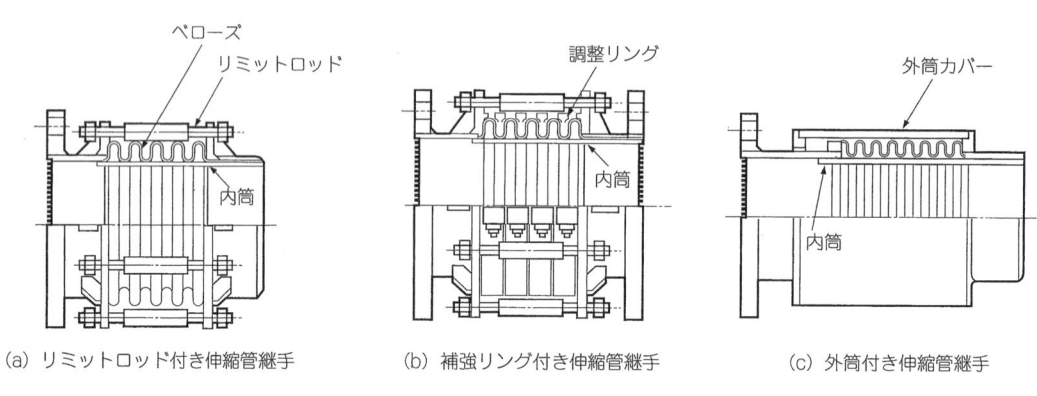

図3－21　ベローズ単体

(a) リミットロッド付き伸縮管継手　　(b) 補強リング付き伸縮管継手　　(c) 外筒付き伸縮管継手

図3－22　ベローズ形伸縮管継手

（3）伸縮ベンド

ループ形伸縮継手とも呼ばれる。図3－23に示すように，管の可とう（撓）性を利用して軸方向の伸縮を吸収するものである。構造が簡単で漏れがなく，高温・高圧にも使用されるが，取付けスペースを多く必要とするので屋内ではあまり使用されない。

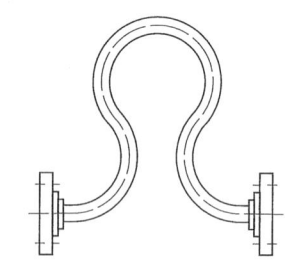

図3－23　伸縮ベンド

3.3　変位吸収管継手

前項の伸縮管継手は，温度変化による軸方向の伸縮を吸収するものであるが，本項の変位吸収管継手は地盤沈下，地震による相対変位，ポンプなどから発生する機器の振動などによって管の軸しん（芯）がずれることによる応力を逃がすもので，前項に出てくる各種継手もこの機能をある程度備えているが，ここでは特に変位吸収に重点を置いた継手について述べる。

（1）フレキシブルメタルホース

ベローズを用いた変位吸収管継手で，前項のベローズ形伸縮管継手と原理は同じであるが，こちらのほうは図3－24に示すようにベローズの外側がステンレス鋼の網になっており，軸しん（芯）のずれを吸収しやすくしている。

呼び径10～300mm程度まで製作される。

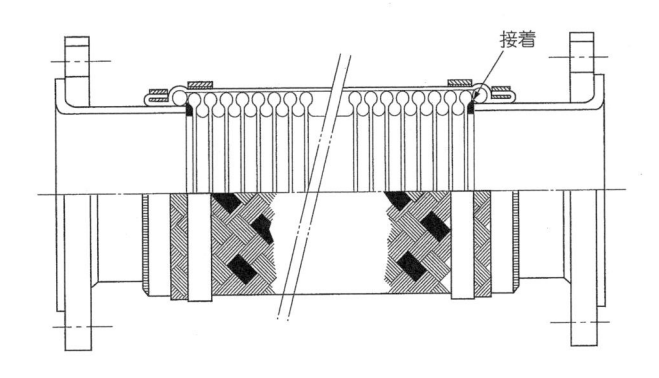

図3－24　フレキシブルメタルホース

(2) ボール管継手

図3－25に示すような構造のもので，単体で15°程度の首振りと360°の回転ができるが，通常はこれを2個用いて図3－26のように2個以上を連結して大きな変位にも対応できるようにする。

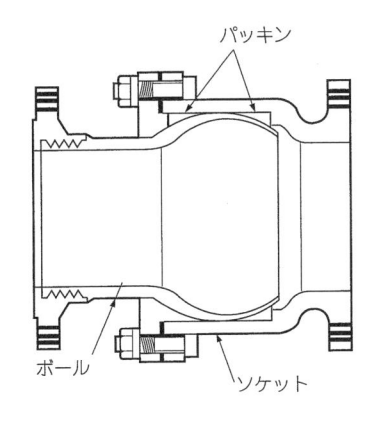

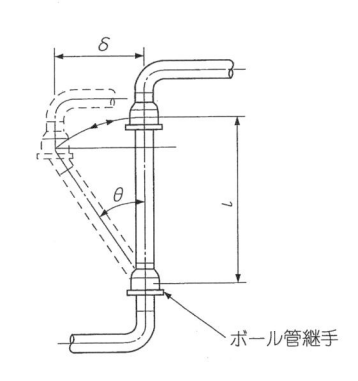

図3－25　ボール管継手　　　図3－26　ボール管継手の組合わせ接続

(3) フレキシブルジョイント

合成ゴム，テフロン樹脂などの可とう性を利用して軸しんのずれを吸収しようというもので（図3－27），ポンプ，冷凍機など，機器との接続部に多く用いられる。形状はかなり多様で，山数も1山から数山まで各種のものが製作されている。

ゴム可とう管と呼ばれることもある。

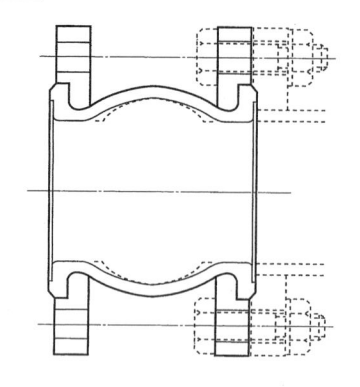

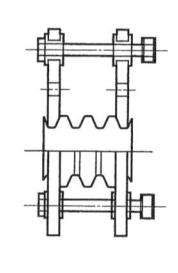

(a) 合成ゴム製防振用管継手　　(b) ふっ素樹脂製防振用管継手

図3－27　フレキシブルジョイント

（4）ハウジング形管継手

ゴムの可とう性を利用して，図3－28のような形状のゴム製ガスケットを2つ若しくは4つ割りのハウジングで押さえた構造である。元来は鋳鉄管用であったが，現在は鋼管その他にも使用されている。これを直列に2個組み合わせ，可とう性を大きくした製品も製作されている。

この構造を変形した管継手も数種ある。

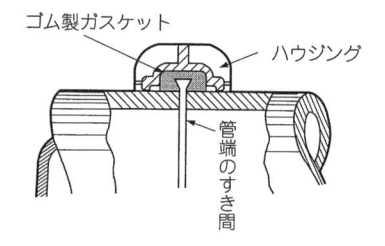

図3－28　ハウジング形管継手

第4節　弁及び水栓類

4.1　弁及びコック

（1）止め弁

弁体が弁棒によって直角な方向に作動する弁を止め弁又はストップ弁といい，玉形弁，アングル弁，Y形弁，ニードル弁などがこれに属している。

$$止め弁\begin{cases} 玉形弁（図3－29，図3－30）\\ アングル弁（図3－31）\\ Y形弁（図3－32）\\ ニードル弁（図3－34）\end{cases}$$

玉形弁とは，弁箱の形状が玉形であるところから名付けられたもので，バルブの中では，仕切弁とともに広く用いられる。

アングル弁は玉形弁の変形で，出口が入口に直角方向となったものである。

Y形弁は，玉形弁の流体抵抗を減らすため弁箱を斜めに倒した形状となっており，水平に取り付けたとき弁棒が管軸に対し45～60°傾斜する。

図 3-29 玉形弁

図 3-30 ソフトシート

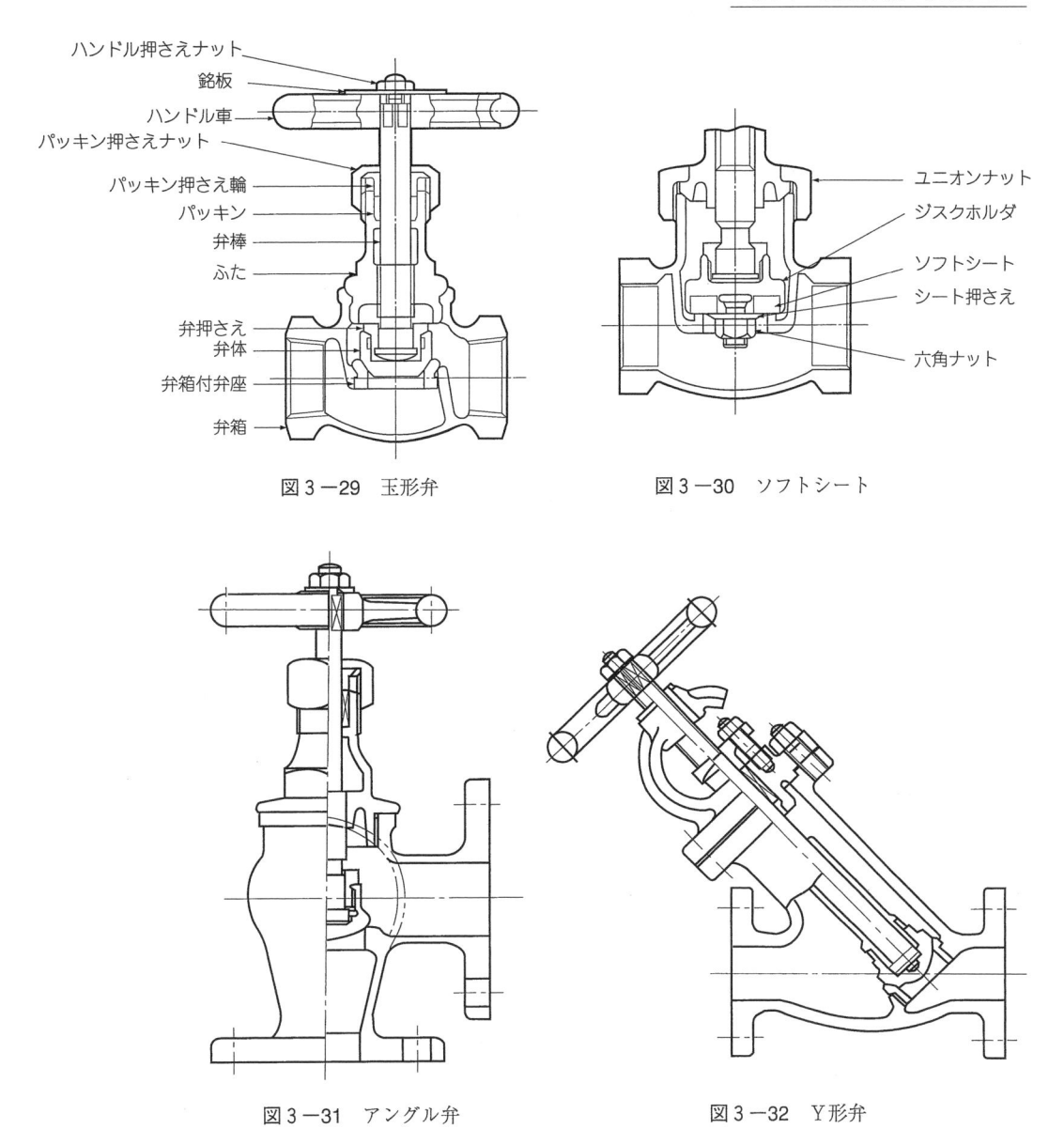

図 3-31 アングル弁

図 3-32 Y形弁

ニードル弁は通常弁と弁棒が一体で製作され,弁は円すい状となっており,先端の角度は15～60°である。この弁は図3-33に示すように,弁前後の圧力が一定であると,弁棒の上昇(リフト)と流量とがほぼ直線関係にあり,流量の調節に適している。

ただし,弁をわずかに開けた状態で長時間使用すると,わずかなすき間から水が高速で吹き出し,浸食されやすいので熱処理などを行って硬度を大きくすることが望ましい。

玉形弁の弁体の当たり面に,四ふっ化エチレン樹脂(テフロン)を圧入してナットで押さえた製品があって,これをソフトシートと呼び(図3-30),シートを交換することによって容易にシート漏れを解消することができる。

弁の材質から，青銅弁（JIS B 2011），ねずみ鋳鉄弁（JIS B 2031），可鍛鋳鉄10Kねじ込み形弁（JIS B 2051），鋼製弁（JIS B 2071）などに分類されている。

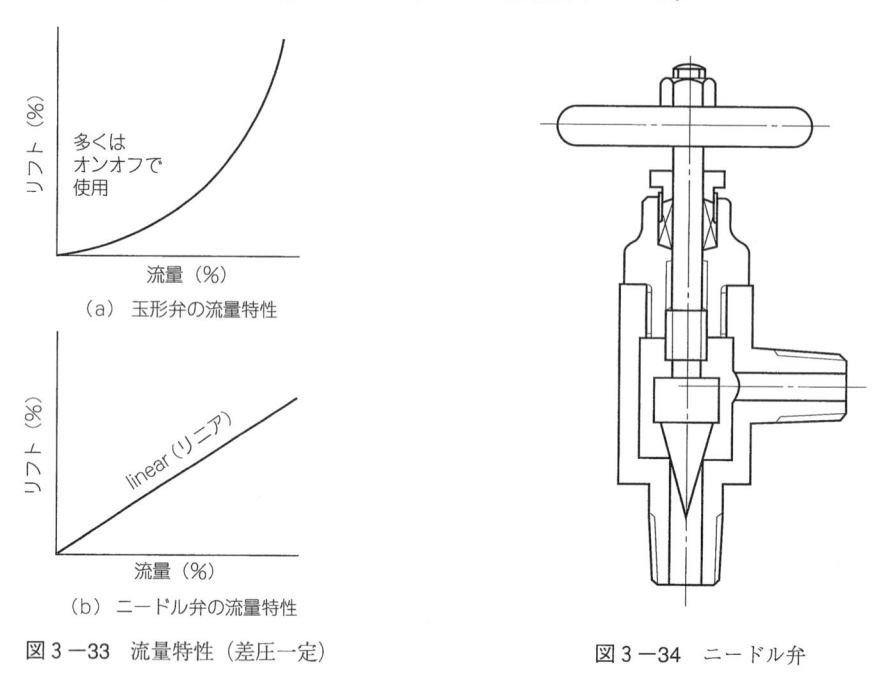

図3-33　流量特性（差圧一定）　　　　　図3-34　ニードル弁

　弁内の流れ方向は，弁の下側から上に向かうように設計されており，弁を閉鎖するときは上から下へ弁が流体を押さえるようになっている。弁の取付けを間違えて逆にすると，過大な力を必要とし，部品を損傷する恐れがある。このため弁箱に流れ方向を示す矢印が付いているので，間違いのないように接続しなければならない。

（2）仕 切 弁

　スルース弁，ゲート弁とも呼ばれる。弁体が管路方向に対し垂直に下がって流体を仕切る形となるので仕切弁と呼ばれる。弁体はくさび形をしており，弁箱へくさびのように押し込まれることによって閉鎖が完全に行われるよう工夫されている。

　構造上，弁棒上昇式（外ねじ式）と弁棒非上昇式（内ねじ式）の2種があって，大きな仕切弁になると弁棒が上昇するとスペースが大きくなる関係から非上昇式のものが用いられることが多い。

　図3-35の左が弁棒上昇式，右が弁棒非上昇式である。

　仕切弁の特徴は次のとおりである。

① 全開時に口径そのままの通路面積となるので流体の抵抗となる部分が小さく損失が少ない。

② 通路を垂直に仕切るので，玉形弁より弁開閉に要する力は小さい。したがって大形弁，高圧弁として適している。

③ ハンドルを1回転しても，ねじ山をひとつ送るだけであり，開閉時間が長い。このため，大形のものは電動式とされることが多い。

弁棒上昇式　　　　　　　弁棒非上昇式

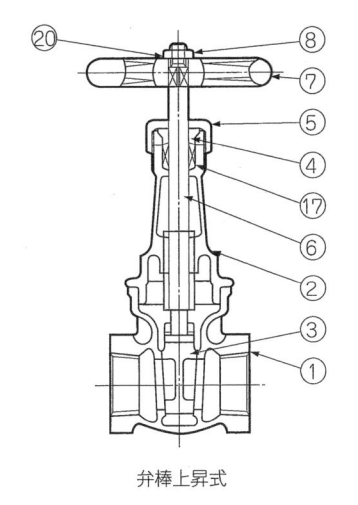

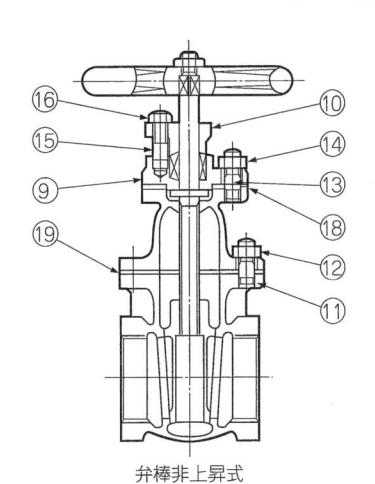

① 弁箱　　　　　　② ふた　　　　　　③ 弁体　　　　　　④ パッキン押さえ輪
⑤ パッキン押さえナット　⑥ 弁棒　　　　　　⑦ ハンドル車　　　⑧ 六角ナット
⑨ パッキン箱　　　⑩ パッキン押さえ　⑪ ふたボルト　　　⑫ 六角ナット
⑬ 植込みボルト　　⑭ 六角ナット　　　⑮ パッキン押さえボルト　⑯ 六角ナット
⑰ パッキン　　　　⑱ ガスケット　　　⑲ ガスケット　　　⑳ 銘板

図3－35　仕切弁

(3) ボール弁

　ボール弁は，図3－36のような，貫通穴をあけたボールを弁箱に収め，これを90°回転することによって開閉を行う構造であって，小形で開閉時間が短いこと，全開時の損失が極めて少ないことなどから最近多く使用されるようになった。

　ただし，半開で使用するとボールの後方で発生する流れの乱れとキャビテーション*によってボールが損傷する恐れがあるため，全開，全閉で使用するのが原則とされる。

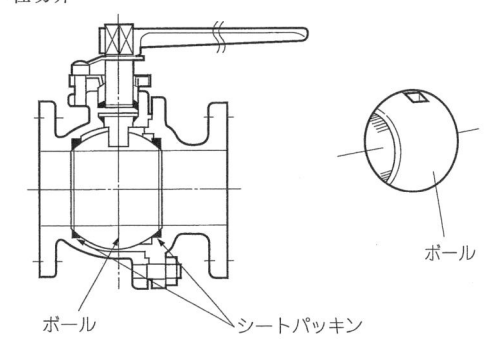

図3－36　ボール弁

(4) コック

　コックは円すい形の栓を90°回転することによって流体の通過と遮断を行うものである。材質は青銅製で，メーンコックとグランドコックの2種があり，メーンコックはすり合わせ面のくさび作用で流体の漏れを防ぐ構造，グランドコックはパッキンで漏れを防ぐ構造となっている。頻繁な開閉には向いていないので，圧力計の入口管路など，測定又は器具の取替え，修理など必要なときだけ開閉するような箇所に使用されることが多い。

　図3－37にコックの構造を示す。

---

*　キャビテーション：弁の圧力損失によって流れが流体の飽和蒸気圧以下に下がると気泡を発生し，その気泡がつぶれた時に発生する圧力により，金属表面が損耗していくこと。

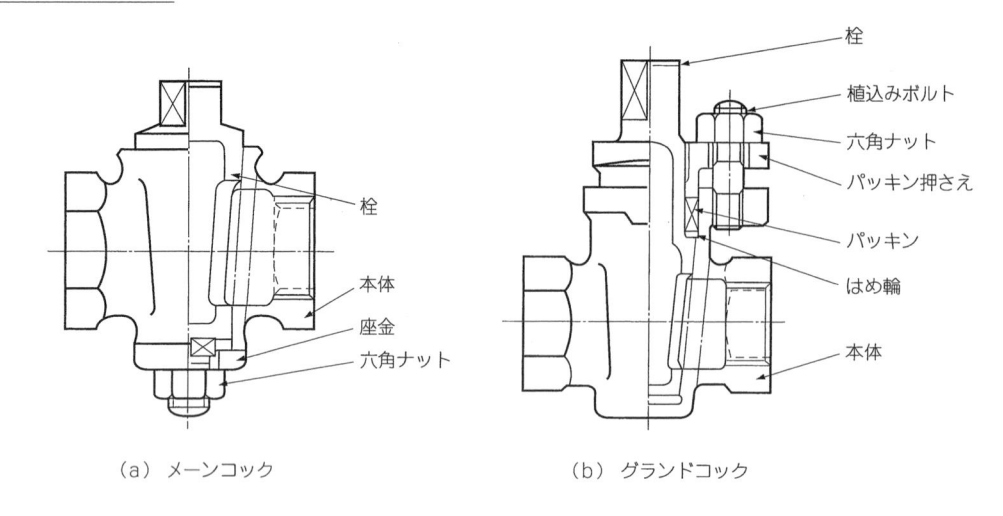

(a) メーンコック　　　(b) グランドコック

図3-37　コック

(5) 止水栓

止水栓は，配管や器具，メータなどの点検・修理・交換などの場合に一時的に閉鎖する目的で取り付けるもので，通常は開けておく性質のものである。図3-38に止水栓を示す。

JIS B 2061「給水栓」では，アングル形止水栓，ストレート形止水栓，腰高止水栓の3種が規定されている。通常は黄銅・青銅などの銅製で，立上がり管の途中，ボールタップの上流側などに取り付けられ，使用者が自由に開閉することができる。

JWWA B 108「水道用止水栓」では，甲形止水栓，ボール止水栓の2種が規定されており，管との

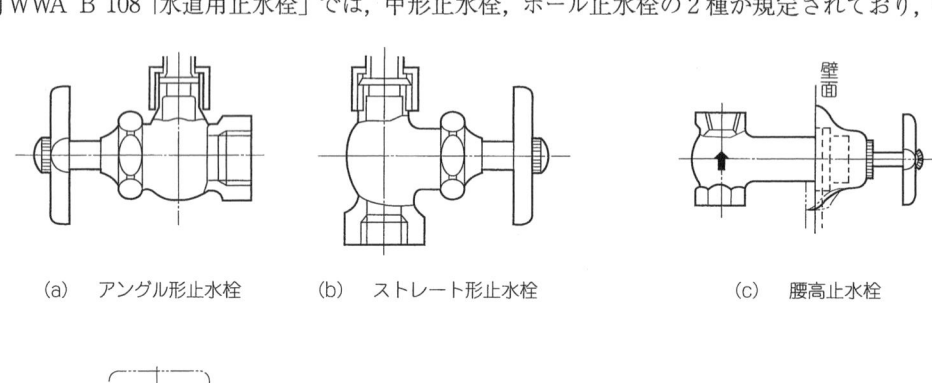

(a) アングル形止水栓　　(b) ストレート形止水栓　　(c) 腰高止水栓

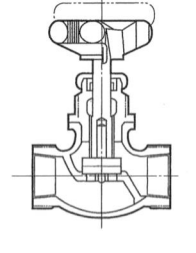

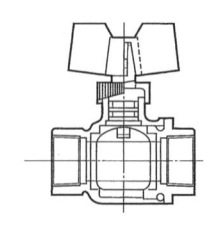

(d) 甲形止水栓　　(e) ボール止水栓

図3-38　止水栓

接続箇所の構造によって，平行おねじ，テーパめねじなどいろいろな種類に分けられているが，内部構造は同じである。

（6） 逆止め弁

チェッキ弁とも呼ばれる。流体を一方向へのみ流し，逆流を防止する弁で，ポンプの吐出口などに取り付けられる。JISではリフト逆止め弁とスイング逆止め弁の2種が規定されており，リフト形は流れにより弁体が押し上げられて開き，逆流時は弁体が下がって閉鎖する構造，スイング形は流れによって弁体が回転（スイング）して開く構造となっている。図3－39に逆止め弁を示す。

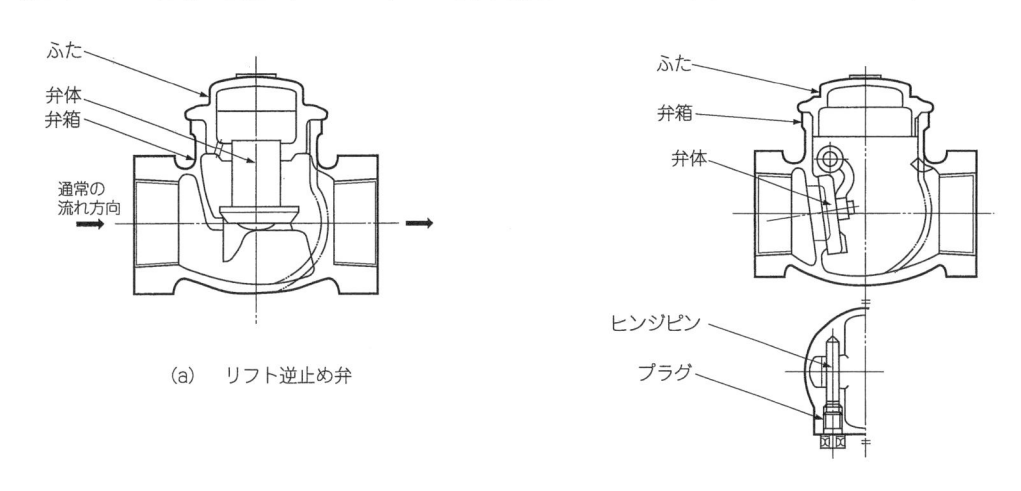

（a） リフト逆止め弁

（b） スイング逆止め弁

図3－39 逆止め弁

弁体の当たり面に，玉形弁と同様，樹脂製のソフトシートを取り付けたものも規格化されている。

この弁は，スプリングを内蔵させて両開きとしたスイング式のもの，リフト式で立て形のもの，ダッシュポットと呼ぶ緩衝装置を取り付けたものなど，規格外の製品が多くあるが，いずれも逆方向へ間違えて取り付けると役に立たないので流れ方向と弁の矢印を十分確認して取り付けなければならない。

（7） 調 整 弁

a．安全弁，安全逃し弁，逃し弁

これらはほとんど同一の構造のものであって，JIS B 0100「バルブ用語」によれば，

　　　　安全弁：主として蒸気又はガスの気体用

　　　　安全逃し弁：気体・液体用

　　　　逃し弁：主として液体用

の圧力上昇防止用となっている。

JIS B 8210は，このうちの「蒸気及びガス用ばね安全弁」について規定しており，構造の一例を図3－40に示すが，レバーA，Bが付いていない構造のものもある。

弁体と弁座の形状によって，揚程式と全量式の2種に分けられるが，全量式のほうが吹き出し量が大きく，小形のものを除いては現在全量式のものが多く使用されている。

b．減圧弁

減圧弁は，流体の圧力が高すぎて，そのまま使用すると都合の悪い場合に，供給圧力を適当な圧力に下げ，下流側をほぼ一定の圧力に保つ弁である。その形式には，パイロット弁の作動によるパイロット式と，ダイヤフラムなどを用いた直動式がある。

パイロット式を図3－41に，直動式を図3－42に示す。

いずれの形式でも，弁の1次側（上流側）と，2次側（下流側）の圧力を検出し，ばね，ダイヤフラムなどの機構を用いて2次側が所定圧力より高くなると弁の開度を小さくし，逆に圧力が低くなると開度を大きくする。ただし，機械的に圧力を調節しているため，下流側を完全に圧力一定とすることはかなり困難で，一般には流量が小になると設定圧力より実際の圧力は大きくなる。

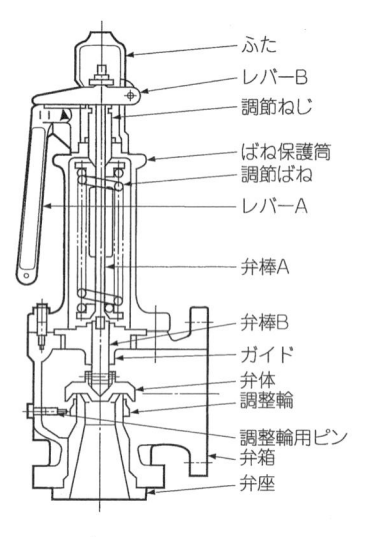

図3－40　ばね安全弁

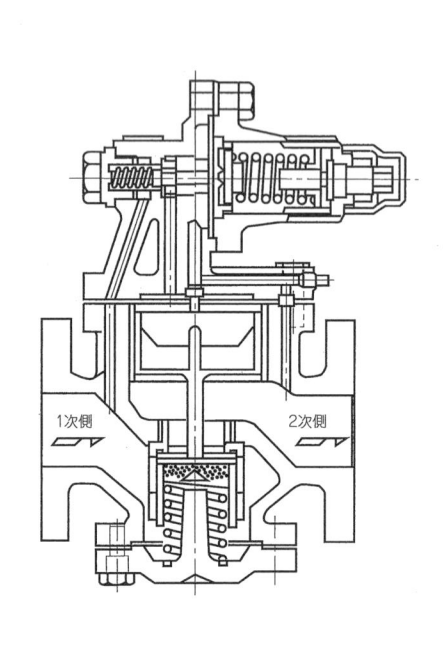

図3－41　パイロット式減圧弁

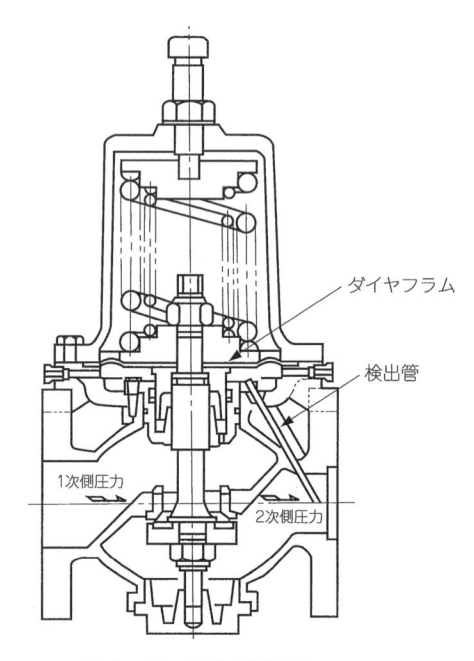

図3－42　直動式減圧弁

流量ゼロにおける設定圧力と実際圧力の差を締切り昇圧，最小調整可能流量から定格流量までの間で発生する設定と実際の圧力差をオフセットという。SHASE S 106 では，締切り昇圧とオフセットは0.07MPa以下，締切り昇圧が発生する寸前の最小調整可能流量は定格流量の10％以下と規定されている（図3－43参照）。

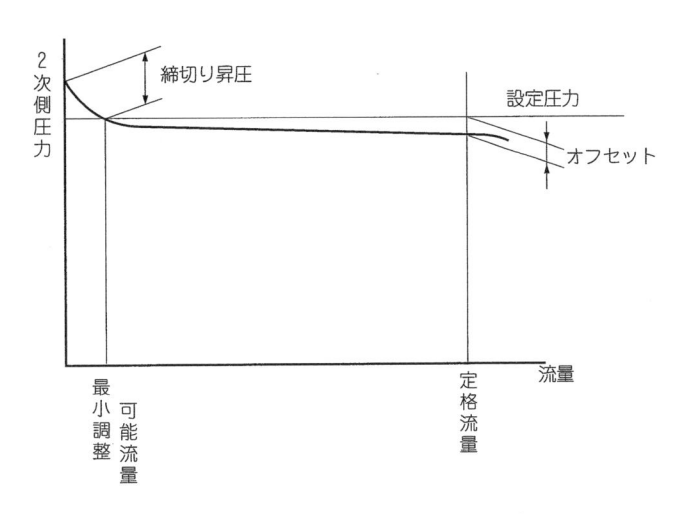

図3－43　減圧弁の特性（1次側圧力一定）

c．ボールタップ

　図3－44に、ボールタップの例を示す。レバーの先端にボールの浮子があり、水面の上下変動によるボールの変位が、レバーの付け根の弁を開閉し、給水・給液を自動的に行う自動開閉弁である。受水槽などに用いられる。

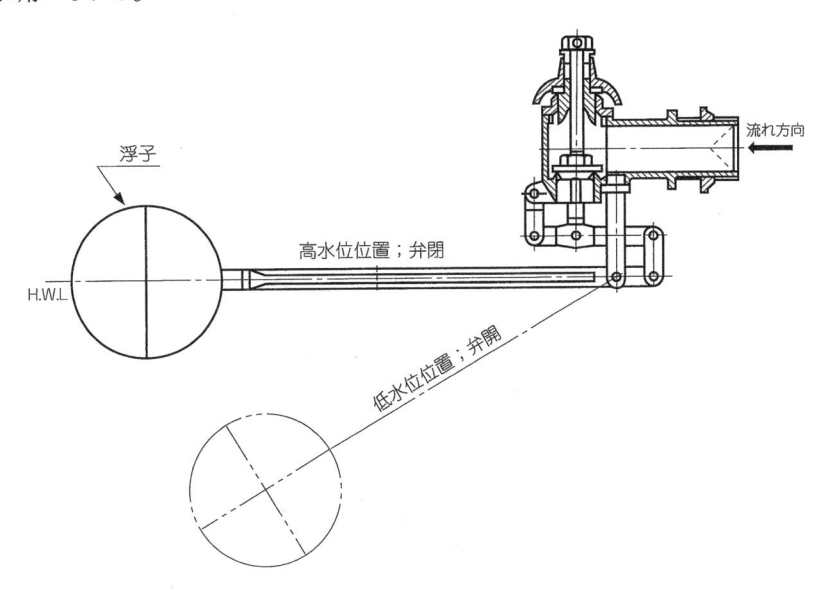

図3－44　ボールタップの例

4.2　水栓類

水栓の作動方法から分類すると、次の3つになる。

① 手動で開栓、閉栓するもの。
② 手動で開栓、自動的に閉栓するもの。

③ 自動的に開栓，閉栓するもの。

水栓の材質は，胴本体が青銅鋳物，栓棒が黄銅鋳物で作られることが多く，図3－45のような種類がある。

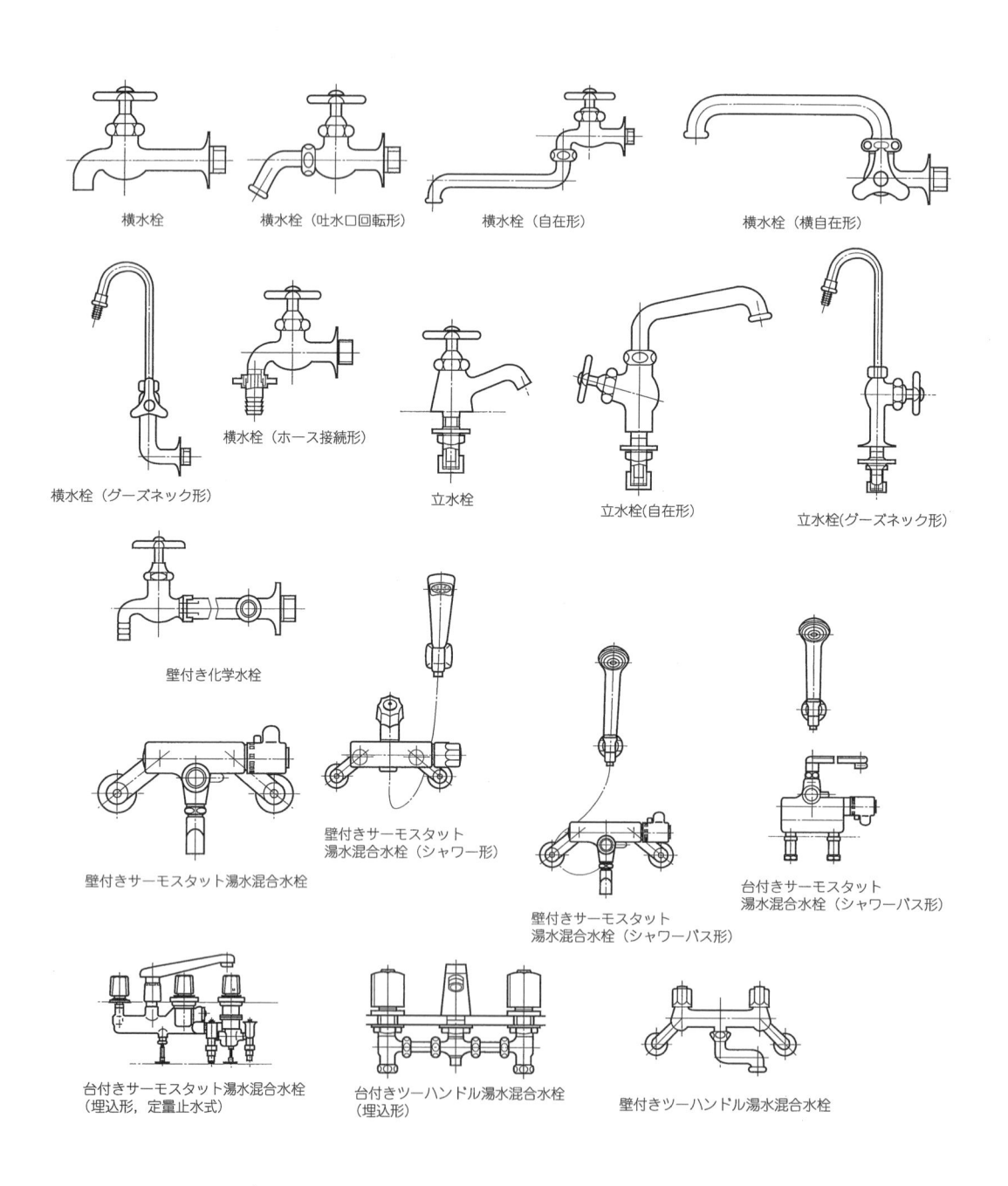

横水栓　　横水栓（吐水口回転形）　　横水栓（自在形）　　横水栓（横自在形）

横水栓（グーズネック形）　　横水栓（ホース接続形）　　立水栓　　立水栓(自在形)　　立水栓(グーズネック形)

壁付き化学水栓

壁付きサーモスタット湯水混合水栓　　壁付きサーモスタット湯水混合水栓（シャワー形）　　壁付きサーモスタット湯水混合水栓（シャワーバス形）　　台付きサーモスタット湯水混合水栓（シャワーバス形）

台付きサーモスタット湯水混合水栓（埋込形，定量止水式）　　台付きツーハンドル湯水混合水栓（埋込形）　　壁付きツーハンドル湯水混合水栓

図3－45　水栓（JIS B 2061 抜粋）

第5節　トラップ，阻集器，ストレーナ

5.1　蒸気トラップ

　蒸気は，大きい熱量を保有し，この熱量を利用して仕事をする。管内の空気は，伝熱面と蒸気が直接接触することを妨げ，伝熱効果を悪くするので，熱量を失って熱を与える役目を終えた凝縮水（ドレン）と共に，連続的に早く排出させなくてはならない。このような目的に使われるのが，蒸気トラップである。トラップの選定には，作動圧力，排出量，許しうる圧力降下などを考慮して，適切に選ばなければならない。

　蒸気トラップの種類としては，フロート形トラップ，上向きバケットトラップ，下向きバケットトラップ，熱動式トラップ及び衝撃式トラップがある。

（1）　フロート形トラップ

　多量トラップとも呼ばれ，種類は多い。ボールと弁機構をつなぐレバーの付いた"レバー付きフロート形トラップと，フロートそのもので排水穴を開閉する"自由フロート形トラップとがある。図3-46はレバー付きフロート形トラップで，弁箱の中にボールフロートがあり，ドレンがたまると，浮き上がってバルブが開いて，蒸気の圧力により，下部の弁座からドレンを排出する。ドレンの水位が下がると，フロートもまた下がり，弁を閉じて，蒸気の漏れを防ぐ。使用圧力は0.4ＭＰa程度で，空気加熱器，熱交換器などに使用される。

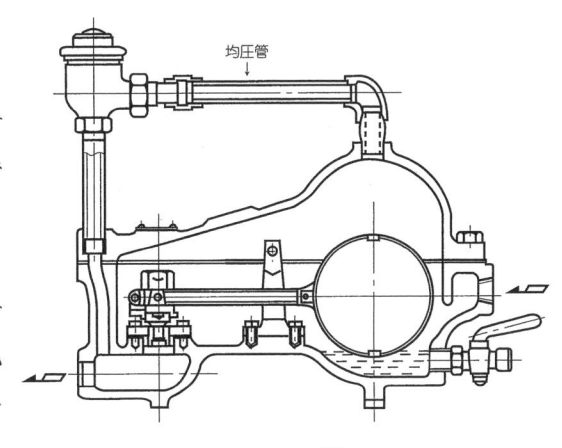

図3-46　フロート形トラップ

（2）　上向きバケットトラップ

　オープンフロートトラップとも呼ばれ，種類には，ダブルレバー，シングルレバー，レバーなしなどの形式がある。図3-47は，レバーなしの構造である。ドレンがバケットの周囲を満たしてふちを超えると，バケットに侵入し，バケットは浮力を失って降下し，弁を開く。また，蒸気の圧力により，ドレンの排出を行う。図はバケットにドレンが流入し始めた初期の段

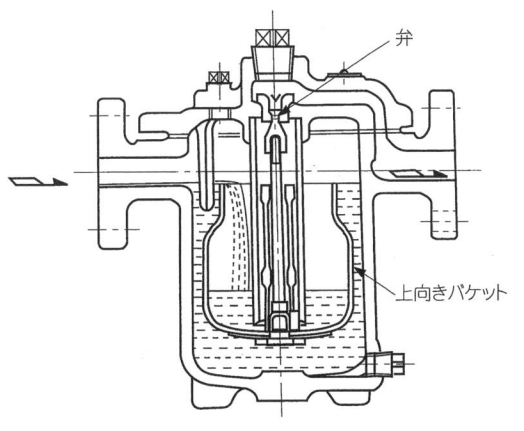

図3-47　上向きバケットトラップ

階でバケットはまだ浮いており，弁は閉まっている状態を示している。このトラップは，入口側と出口側では，ある程度の圧力差が必要である。

（3） 下向きバケットトラップ

逆さトラップとも呼ばれ，最も一般的に使用されている。

その形式は図3－48のようなもので，ドレン，蒸気などが下方から入ってくると，バケットは上に押し上げられ，弁が閉じて蒸気の漏れを防ぐ。バケット内にドレンが入ってくると，バケット上部の空気抜き穴から空気が逃げ，バケットの中のドレンの水位が徐々に上がり，遂に浮力を失ってバケットの重さで下降する。このようになると，弁が開き，空気及びドレンは排出される。図はバケット内に蒸気又は空気が充満し，バケットは浮上した状態にあり，弁は閉じている状態を示す。構造は簡単で，故障が少なく，上向きバケットトラップと同様，間欠的に作動するのが特徴である。低圧，高圧（5MPa以上）にも使用できるが，ドレンを排出するのに必要な入口，出口での圧力差が必要である。

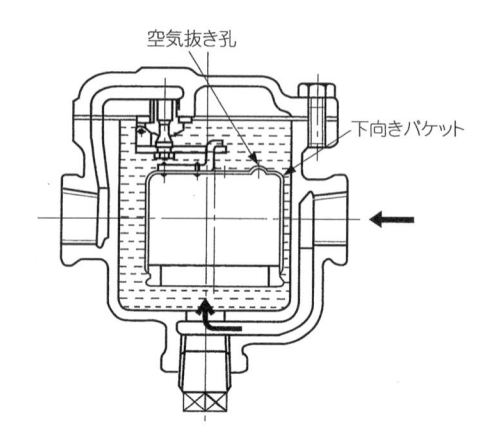

図3－48　下向きバケットトラップ

（4） 熱動式トラップ

暖房用放熱器トラップでアングル形（図3－49），ストレート形（図3－50）がある。弁箱内のベローズに特殊の薬品（揮発性液体）を封入したもので，放熱器のドレンの出口側に取り付けられる。蒸気の進入の際に，温度により，ベローズ内の薬品が気化して内圧を生じ，ベローズが伸びると，その先端にあるニードル弁が作動して，蒸気の漏れを防ぐ。また，一定の時間によりトラップの内にドレンがたまり，温度が下がると，ベローズ内の圧力も下がって，外圧より低くなれば，ベローズは縮んで，ニードル弁は開き，ドレンは排出される。

図3－49　アングル形熱動式トラップ 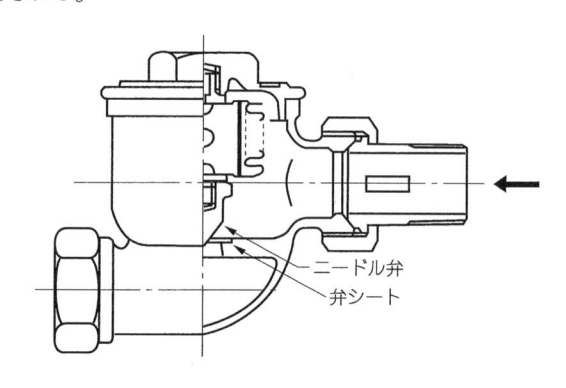　　　　図3－50　ストレート形内部構造

(5) インパルス式トラップ

ヤーウエイ蒸気トラップとして知られる。蒸気の凝縮水は，減圧されると，再蒸発を起こし，これを排水弁の開閉に利用したものである。図3－51のように，極めて簡単な構造で，また，小形で低圧～高圧まで使用されるのが特徴である。しかし，ドレンと蒸気の分離構造を持たず，オリフィス式であるため，若干の蒸気漏れは避けられない。

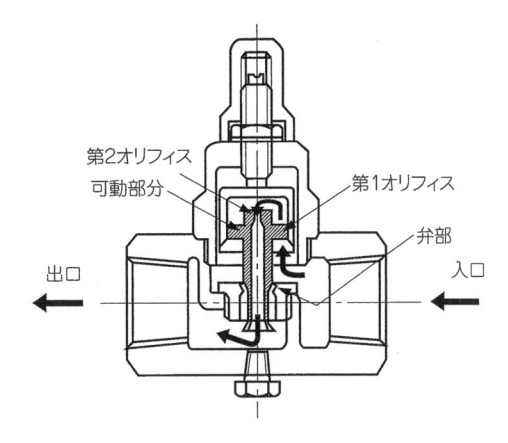

図3－51 インパルス式トラップ

5.2 排水トラップ

排水トラップは，排水部の途中にU字形状をした部分を設け，そこに水をためて封水することにより排水管の中の臭気が逆上昇して建物内に侵入してくるのを阻止するために設けられる。材質は，鋳鉄，青銅，陶器などである。

(1) 管トラップ

曲がり管に封水をたくわえたものである。図3－52のように，Pトラップ，Sトラップ，Uトラップなどがあり，器具接続に便利なようにつくられている。衛生器具には，一般にPトラップが使用される。Sトラップはサイホン作用により封水切れを起こす可能性があるが，割合に多く使用されている。Uトラップは排水の水平管の途中に設けられる。

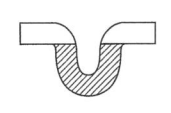

図3－52 トラップの種類

(2) ドラムトラップ

ドラムトラップは，調理場の流しなどに設けて排水中のごみを遮断する構造になっている。図3－53に流し用ドラムトラップを示す。

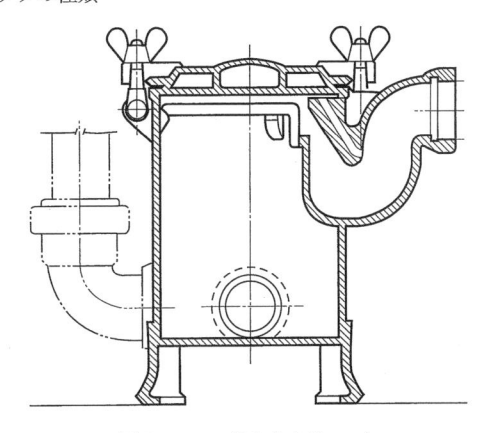

図3－53 ドラムトラップ

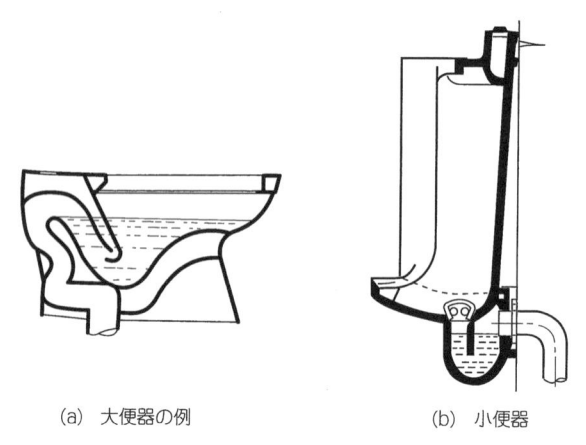

（3）器具造り付けトラップ

器具造り付けトラップは，主に，陶器製便器（和風，洋風），壁掛け小便器などに用いられる（図3－54）。

(a) 大便器の例　　(b) 小便器

図3－54　器具造り付けトラップ

5.3　阻集器

排水中に含まれる有害・危険な物質，望ましくない物質，又は再利用できる物質の流下を阻止・分離・収集して，残りの水液だけを自然流下により排水できる形状・構造を持った器具又は装置を阻集器という。グリース阻集器，オイル阻集器，プラスタ阻集器，ヘヤー阻集器，その他，砂，繊維くず，ガラス破片などの阻集器がある。

（1）グリース阻集器

ちゅう房の排水のうち，脂肪分を多く含む排水中の油脂を阻集する装置で，図3－55にその例を示す。

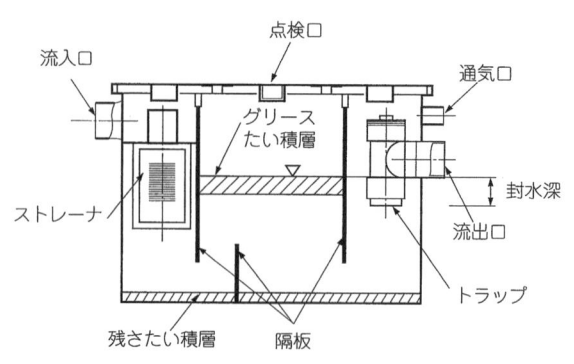

図3－55　グリース阻集器

（2） オイル阻集器

自動車の修理工場，給油場，洗車場などで，ガソリン・油類を阻集器の水面に浮かべてこれを回収し，直接可燃物が排水管中に流入して，爆発・引火などの事故を起こすことを防止するために設ける。図3-56に例を示す。

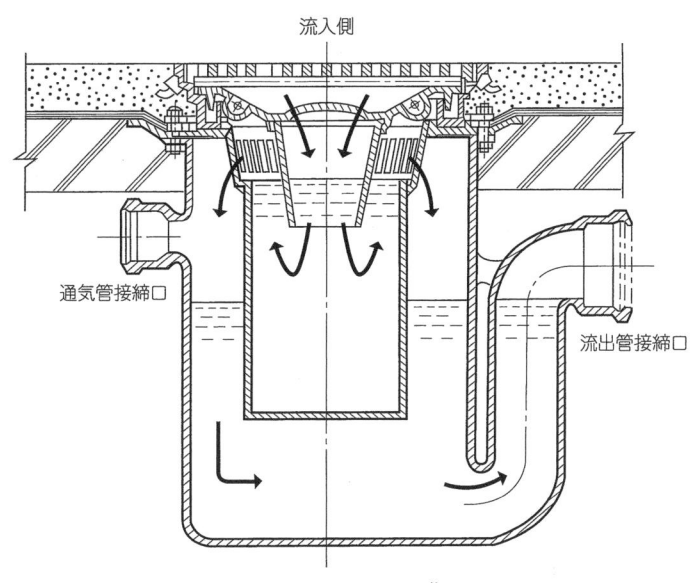

図3-56　オイル阻集器

（3） プラスタ阻集器

プラスタ阻集器は，歯科技工室，外科病院などの排水中のプラスタ（石こう）や貴金属を阻集し，回収するために設ける。プラスタは管壁にこびりつくと容易に除去できないので，これを防止するのが主目的である。図3-57にプラスタ阻集器の例を示す。

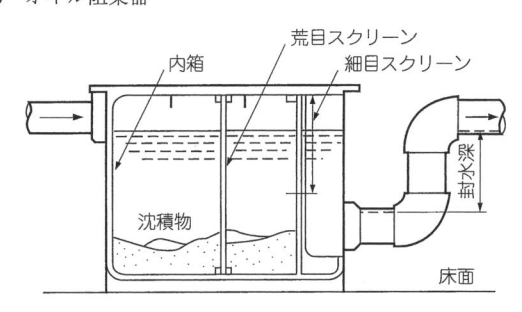

図3-57　プラスタ阻集器

5．4　ストレーナ

配管内に，ごみ，例えば，土砂，鉄くずなどが入ると，配管を詰まらせる恐れがあるばかりでなく，各種の弁の弁座部を損傷して，漏えいの原因になる。これを防止するために，ストレーナが用いられる。ストレーナは，内蔵する金網によって，ごみをろ過するとともに，定期的に，たまったごみを排除できるような構造を持っている。また，ストレーナは，弁類の前に設置するのが普通である。

ストレーナを大別すると，Y形ストレーナ，U形ストレーナ，V形ストレーナ及びオイルストレーナの4種になる。また，ストレーナには流れ方向を示す矢印がついているので，配管の際は注意

(1) Y形ストレーナ

図3-58, 図3-59に, Y形ストレーナを示す。Y形の形状をした本体に金網を内蔵し, 金網の中心線は本体の中心線に対して45度の傾きを持ち, 流体抵抗を少なくするような構造で, 底ぶたには普通ドレンプラグを取り付ける。

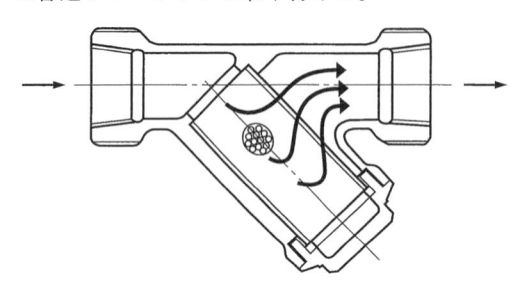

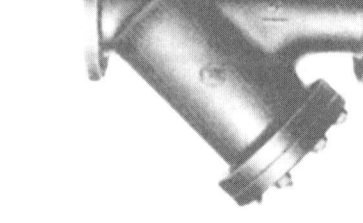

図3-58　ねじ込み形Y形ストレーナ　　　　図3-59　フランジ形Y形ストレーナ

Y形ストレーナの材質, 接合形態には, 青銅製ねじ込み形, 鋳鉄製ねじ込み形, 鋳鉄製フランジ形がある。なお, 200A以上のものは, 底ぶたがスイング式で, 現場での金網の補修に便利な構造となっているものもある。金網は, 各サイズごとに, すべて互換性を持っているので, 交換は容易である。金網の正味の開口面積は, 呼び径断面積の約2～4倍である。

(2) U形ストレーナ

図3-60に鋳鉄フランジ形U形ストレーナを示す。Y形ストレーナに比べ, 流体の流れる通路が直角に曲折するため, 抵抗が大きくなるが, 金網が直立して取り付けられるため, 保守, 点検に便利である。材質, 接合形態は, Y形と同様で, 金網の開口面積は, 呼び径断面積の約4～6倍である。

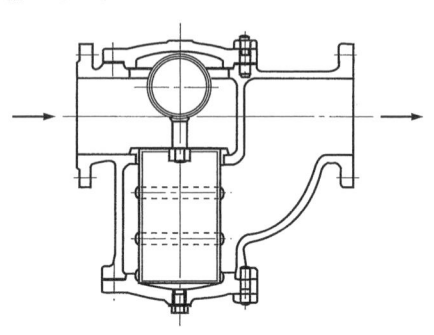

図3-60　鋳鉄フランジ形U形ストレーナ

(3) V形ストレーナ

V形ストレーナ（図3-61）は, 図3-62に示す断面図によって分かるとおり, 本体と金網, 金網を支える枠を持ち, V形をした枠が内蔵されている。

この形状によると, 金網を流体が通過して, ごみをろ過することは, Y形, U形とまったく同じであるが, 流体通路が屈曲していないため, 流体抵抗が極めて少ない利点がある。高さが低く, 金網の補修, 保守, 点検に極めて便利である。また, 保温用カバーをする際には, 本体の形状からして容易である。

矢印は, Y形と同様に間違えてはならない。

図3-61　鋳鉄フランジ形V形ストレーナ 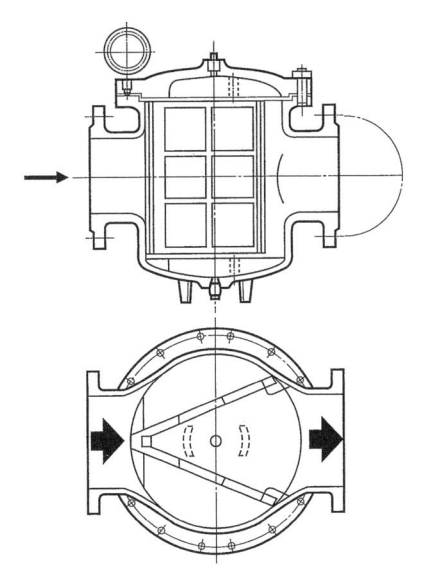　　　図3-62　鋳鉄V形ストレーナ

(4) オイルストレーナ

オイルストレーナは，油用に特につくられた複式ストレーナである。U形ストレーナ状をした2つの筒と，中心に油を配分するコックが介在した形状である。

レバーを回転することにより，左右いずれかの筒に油を流し，通油状態のまま掃除ができるような機構になっている。図3-63に複式オイルストレーナを示す。

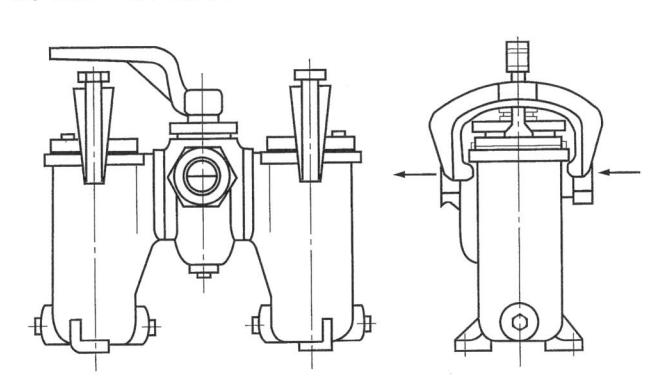

図3-63　複式オイルストレーナ

(5) 金網及び開口面積

金網の目の粗さを表す単位にメッシュがある。

メッシュとは，25.4mmの正方形に金網を切り取ったとき，その中の縦線の目数をいう。ただし，この場合，金網は，線金網であって，板金網（パンチングメタル）の場合は，その穴径，ピッチ，穴の配列，穴の形から開口率を計算して等価のメッシュに換算する。

線金網の場合は，重油などの粘度の高い流体のろ過に多く用い，60メッシュくらいがしばしば用いられる。板金網は，水が主体で，14ないし6メッシュが用いられる。

材質にはステンレス鋼が用いられ，まれに，りん青銅が用いられる。

第3章の学習のまとめ

この章では次のことについて学んだ。

1. 配管材の管として，鋼管，ライニング鋼管，ダクタイル鋳鉄管，銅管，鉛管，塩化ビニル管，ポリエチレン管，コンクリート管，陶管などが用途に応じて使用され，また，それら管材に対応した各種管継手がある。
2. 配管付属品として，伸縮／変位吸収管継手，弁，水栓，トラップ，阻集器，ストレーナなどがある。

【練 習 問 題】

次の問に答えなさい。

（1） 管のスケジュールNo.について説明しなさい。

（2） 白管とはどういう管か説明しなさい。

（3） 蒸気トラップを設置する目的は何か。

（4） 排水トラップを設置する目的は何か。

第4章　配管用工作機械・電動工具

　工作機械とは，切削その他の方法により切りくずを出しながら金属その他の材料を加工して有用な形にする機械である。一般には原動機によって駆動され手持ち形でないものと定義されており，極めて多くの種類と構造のものがあるが，本章では配管作業を行うに当たって使用されることが多い工作機械であるボール盤と，電動機を原動機として内蔵する手持ち形の電動工具について概説する。

第1節　工 作 機 械

1．1　ボ ー ル 盤

（1）　ボ ー ル 盤

　穴をあけるのに用いる切削工具をドリル，又はきりといい，主としてドリルを用いて穴あけ加工を行う機械をボール盤という。ボール盤には，直立ボール盤，卓上ボール盤などがある。

　図4－1に示す直立ボール盤は，主軸が垂直になっている立て形のボール盤であり，ドリルを主軸内のテーパ穴に直接，又はスリーブやドリルソケットにより，取り付けて回転させ，自動送り又は手動送りによって穴あけを行う。

　図4－2に示す卓上ボール盤は，主として13mm以下の穴あけに用いられる小形のボール盤で，通常作業台上に据え付け，ドリルをドリルチャックで締め付けて回転させ，穴あけを行う。

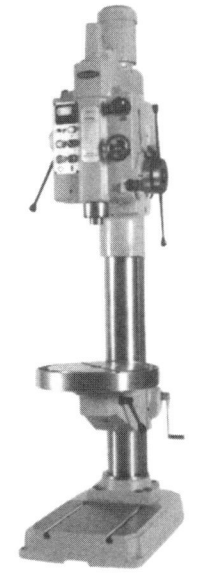

図4－1　直立ボール盤　　　　　　図4－2　卓上ボール盤

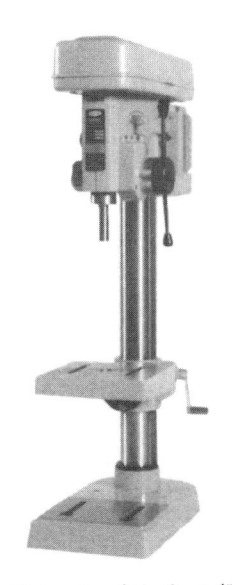

(2) ド リ ル

ドリルには，柄が円すい状であるテーパシャンクドリルと直線状であるストレートシャンクドリルがある（図4－3）。

太いドリルはテーパシャンクであるが，13mm以下の細いドリルはストレートシャンクのものが多い。

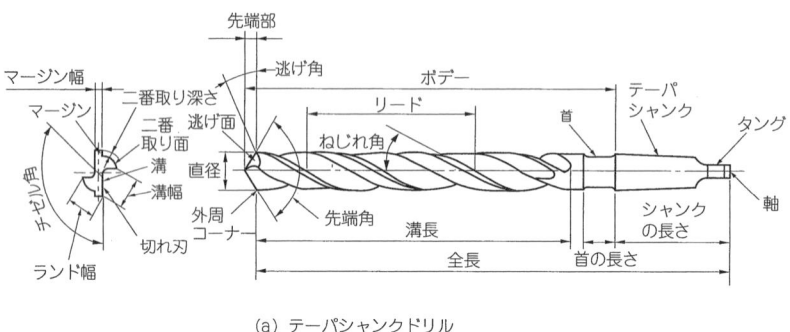

(a) テーパシャンクドリル

(b) ストレートシャンクドリル

図4－3 ドリル各部の名称

ドリルの刃先が摩耗したら両頭グラインダなどで研ぎ直す。ドリルの先端角は118°を標準とし，硬い材料には角度を大きく，軟らかい材料には小さくする。ドリルを研磨するときは，切れ刃を左右対称にし，逃げ角は10～15°にする。逃げ角が小さすぎるとドリルが切れず，刃が折れやすい。また，逃げ角が大きすぎると刃先のかどが折れることがある。

ドリルの先端は穴あけの切削抵抗を小さくするため心厚部を細くするシンニング加工（図4－4）を施すが，これをあまり大きくすると刃先を弱くする。

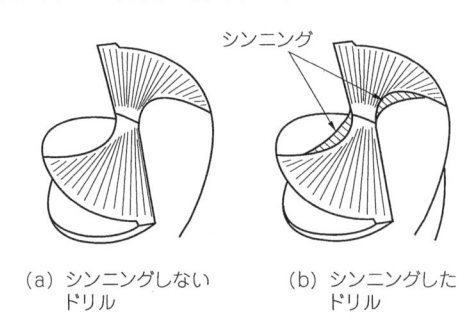

(a) シンニングしないドリル　　(b) シンニングしたドリル

図4－4 シンニング

(3) ボール盤による穴あけ作業

ドリルをボール盤に取り付けるには，スリーブやドリルチャックを使用する。特にドリルチャックを用いて取り付ける場合は，取付け不十分や不正確のないよう注意する。

穴あけをするときは，ドリルの径又は材質に応じ，回転速度と送りを調整する。回転速度が速すぎると，刃先のかどが傷み，送りが大きすぎると，ドリルの先端が破損する。穴あけの位置には，図4－6のようなけがきを行って，けがき線の交点にポンチを打ち，ドリルの先端をポンチ孔に当てて右回りに数回手で回し孔を深くする。この作業を「もみつけ」という。もみつけた穴がずれたときは，穴が深くならないうちに修正する。

工作物を貫通する穴あけでは，ドリルの先端が工作物を突き抜けると，急に切削抵抗が小さくなり，ドリルがくい込んで，工作物が振り回されたり，ドリルを折ったりするので，穴の抜けぎわには送りを小さくし，くい込みを起こさないよう注意する。

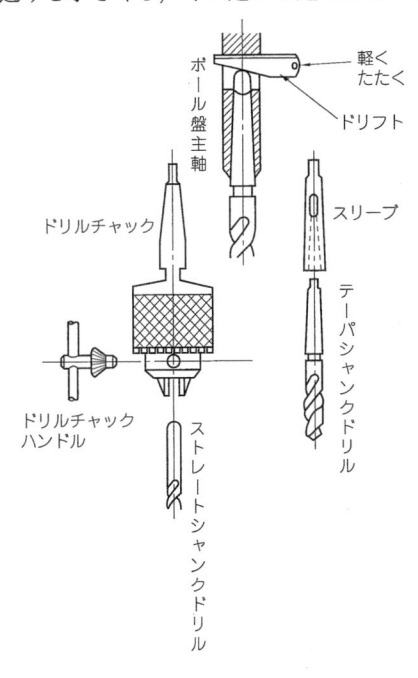

図4－5　ドリルの取付け，取外し　　　図4－6　ドリルの穴けがき

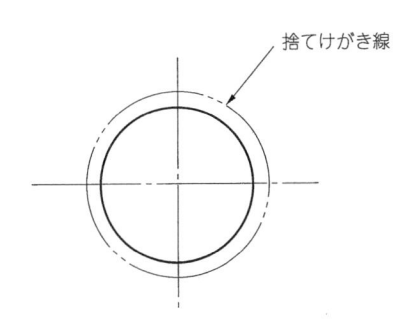

第2節　電動工具

2．1　電動工具の取扱い

電動工具はモータの回転力を利用するもので，一般に，動力源は家庭用電源と同じ100V単相交流が用いられることが多い。

電動工具は，使用前に工具の機械的，電気的な点検を行い，スイッチが「OFF」になっていることを確認してからプラグをコンセントに差し込む。コードは強くねじるようなことがないようにし，コードを動かすときは，ゴム被覆が破損しないようにする。使用後は必ずスイッチを切っておくな

ど，電気関係の安全に心がける。

電動工具のモータには，図4－7に示す直巻整流子電動機が多く使用されており，交流電源を直流に変換し整流子を介して駆動コイル（電機子巻線）に動力が供給される。ブラシは摩耗するため一定期間使用したら交換が必要である。最近はブラシと整流子のかわりに半導体の整流回路を用い，永久磁石を取り付けた駆動コイルに動力を供給するブラシレスモータが用いられるようになりつつあり，保守法が異なるので注意が必要である。

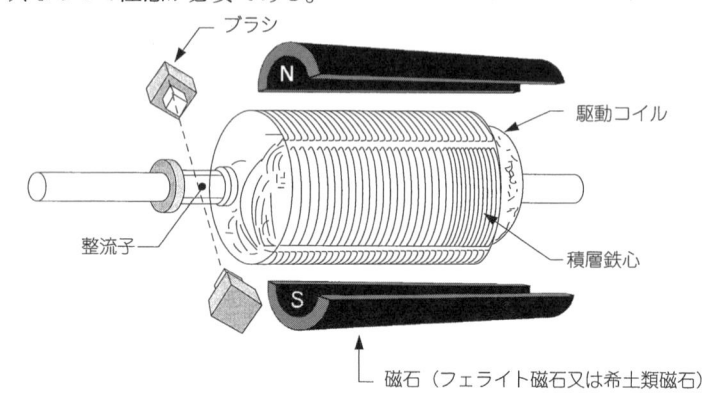

図4－7　直巻整流子電動機

2．2　電動工具の種類

（1）　電気ディスクグラインダ

電気ディスクグラインダは，工作物の研削に広く使用される（図4－8）。

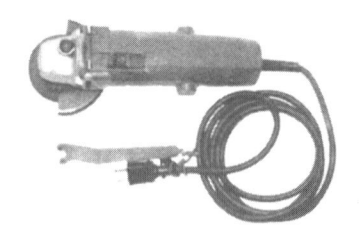

電気ディスクグラインダで工作物を荒削りするときは，電気ディスクグラインダを加工面に対して急角度にし，仕上げは角度をできるだけ水平にして行う。

図4－8　電気ディスクグラインダ

（2）　電気ドリル

電気ドリルは，ドリルの回転により金属，木材に穴あけを行う。一般に13mm以下の穴あけ加工に使用される（図4－9）。

電気ドリルを使用するときは，ドリルを穴あけ面に対し直角に保持して送りを与える。ドリル径の大きいものを使用するときは，からだ全体で電気ドリルを支えて送りを与える。

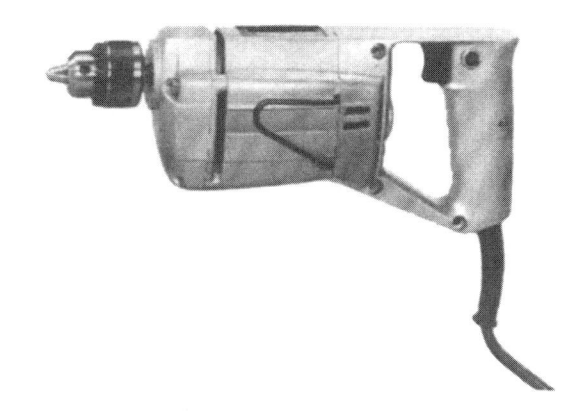

図4－9　電気ドリル

(3) 振動ドリル

振動ドリルは，コンクリート，タイルなどの穴あけ作業に使用される（図4－10）。

穴あけ作業は，超硬ドリルを用いて回転と前後の高速振動によって行う。所定の深さに穴あけする場合は，深く穴あけしすぎないようストッパを調整して行う。

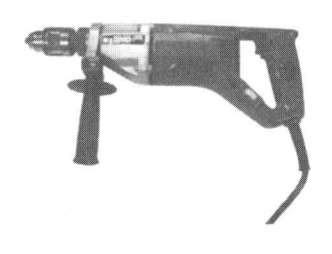

図4－10　振動ドリル

(4) ハンマドリル

ハンマドリルは，ドリルの回転と前後の打撃によりコンクリートの穴あけ作業などを行う（図4－11）。また，切り替えレバーの操作によって，回転のみ，打撃のみ，回転・打撃双方のモード切替えを行い，コンクリートのはつり，穴掘り作業など多種の用途に使用できるものもある。穴あけ作業は，コンクリートドリル，コアビットなどを用いて回転と打撃によって行い，はつり作業は，ブルポイントを用い，穴掘り作業は，スコップを用いて打撃のみによって行う。

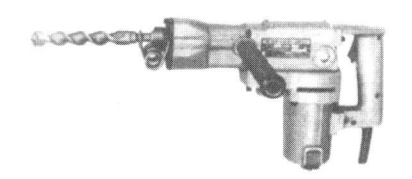

図4－11　ハンマドリル

（5）コンクリートハンマ

コンクリートハンマは，前後の打撃により，コンクリートのはつり，穴掘り作業などを行う（図4－12）。

図4－12　コンクリートハンマ

第4章の学習のまとめ

工作機械と電動工具は，次章で説明する管の組み立て・取付け作業の主として現場加工に用いられることが多い。機器の使用に当たっては特別な資格・免許などの必要はないため不特定多数の作業者が操作を行う可能性があるので，誤った使用法による危険を避けるためには操作に習熟した作業員の立会いの下で作業に当たるように心がけられたい。

【練習問題】

表4－1の電動工具について，作業を行うとき工具の軸の動きに該当する欄に丸印をつけなさい。

表4－1　電動工具の軸の動き

工　具　名	回　　転	振動・打撃
電動ディスクグラインダ		
電気ドリル		
振動ドリル		
ハンマドリル		
コンクリートハンマ		

第5章　管仕上げ及び組立て法

　配管工事は，配管材料や付属品を単に組み合わせて完成するものではなく，各種部品の製作取付け，既設構造物の加工，測定など広い分野にわたる総合的な技術水準が要求される。本章では基本的な手仕上げ法をはじめとし，配管に関わる仕上げ・組立て法，工具類の取扱い法について概説する。

第1節　手仕上げ法

1．1　はつり作業

（1）　はつりの一般事項

　a．万　力

　万力は，工作物を確実に固定するために用いるもので，横万力，手万力，しゃこ万力などがある。万力の大きさは，工作物を取り付ける口金の長さで表す。

　横万力は，図5－1に示すようなもので，箱万力ともいわれ，熱処理した鋼製の口金がついている。口金の内面には浅い溝が刻まれており，軟質の材料や仕上げられた面を直接締め付けると，傷を付ける恐れがあるので，アルミニウム板や鋼板などの口金カバーを使用する。

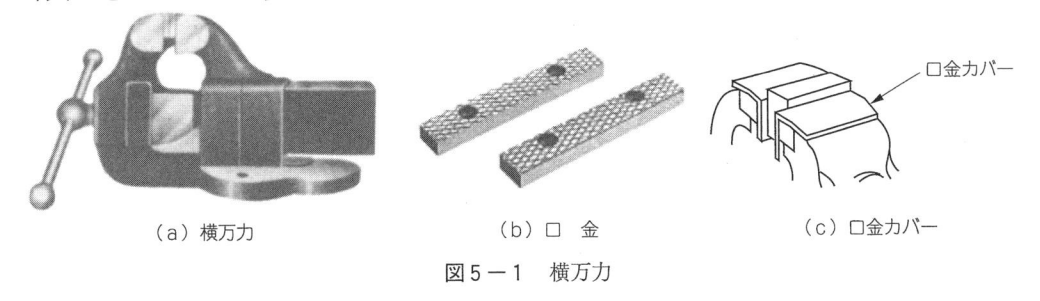

（a）横万力　　　（b）口　金　　　（c）口金カバー

図5－1　横万力

　工作物を万力に固定するときは，工作物を口金のほぼ中央に取り付け（図5－2（a）参照），万力は手の力だけで締め付ける。柄をハンマでたたいたり，柄にパイプをつけて締め付けるようなことをしてはならない（図（b）参照）。

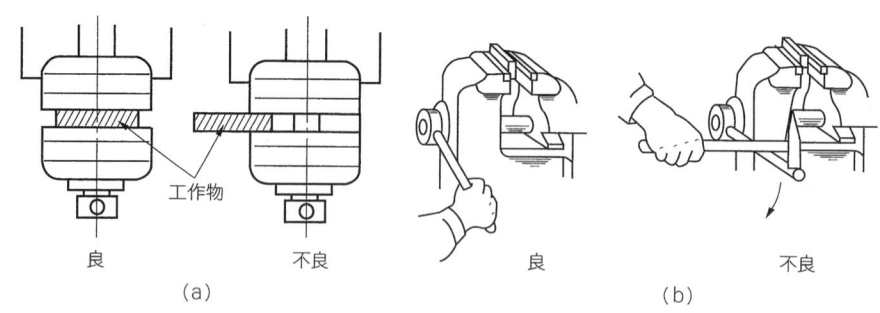

図5-2　横万力の締め方

b．ハンマ

ハンマの大きさは頭部の重さで表し，用途によって種々の形状のものがあるが，手仕上げには，一般に頭部の質量0.45kg程度の片手ハンマが多く使用される。ハンマの頭は，衝撃に耐える程度に熱処理されている。

柄の長さは，300mmくらいが適当で，柄はハンマの頭部に対して直角に取り付け，抜けないようにくさびを入れておく。

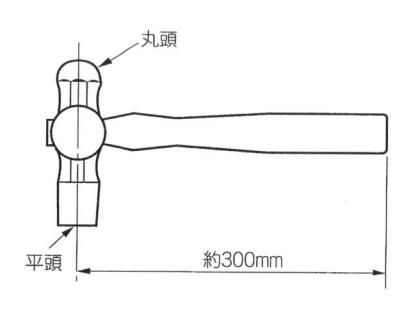

ハンマの握り方は，柄の端を握り込まず，柄の端を10〜20mmくらい残して軽く握り，ハンマを振りおろし，打撃面に当たる寸前にしぼるように握り締める。ハンマを使用するときは，使用前に次のことを点検し，不良なものは使用してはならない。

図5-3　片手ハンマ

① 柄と頭部に緩みがないか。
② 柄にひびがないか。
③ ハンマの打撃面にまくれがないか。また，頭部や柄に油がついていないか。

c．たがね

たがねは，はつり作業に用いられる刃物で，刃先は衝撃によって割れたり，折れたりしないよう，また，金属材料が削れる硬さに熱処理されている。

たがねには，図5-4に示すように，平たがね，えぼしたがね，溝たがねなどがある。

平たがねは，最も一般に用いられ，平面のはつりや板材の切断に使用される。えぼしたがねは，粗はつりの場合や，溝や穴をはつるとき，また，溝たがねは，油溝や角の隅及びへこんだ面のはつりに使用される。

たがねの刃先角度は工作物の材質によって替え，一般に軟らかい材質は小さい角度に，硬い材質は大きな

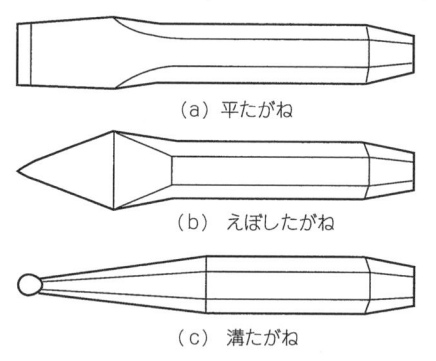

図5-4　たがね

角度にする。刃先角度がはつりをする材質に適合していないと，刃先が欠けたり，刃先がくい込んだりする。

表5－1は，たがねの刃先角度と材質との関係を示すものであるが，一般には60°に研削する。

表5－1 たがねの刃先角度と材質

工作物の材質	刃先角度
銅・鉛・ホワイトメタル	25～30°
黄銅・青銅	40～60°
軟鋼	50°
鋳鉄	60°
硬鋼	60～70°

たがねの刃先は両頭グラインダなどのといしにより研ぐ。たがねを研ぐときには，次のような点に注意する。

① といしの外周面を使用し，といしの側面を使用してはならない。
② 研削により過熱し，焼きが戻ることがあるので，冷却水でときどき冷却して刃先の過熱を防ぐ。
③ 刃先角度は，はつる材質に適合したものとし，図5－5に示すように正しく，刃先と軸線が一致するように研削する。

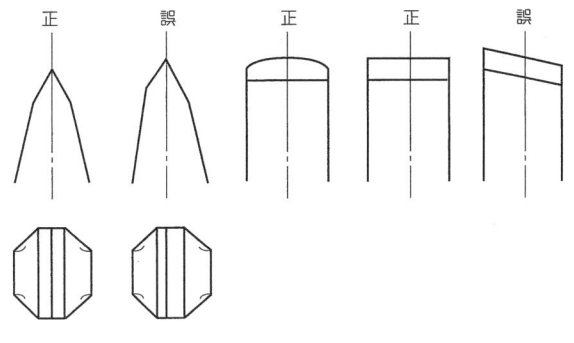

図5－5 たがねの研ぎ方

（2） はつり作業

はつり作業では安全上保護眼鏡をかけるのがよい。

たがねの握り方は，たがねの頭部を10mmくらいだして，親指と人さし指とではさみ，中指と薬指で軽く握るようにする（図5－6）。

たがねの角度は，図5－7に示すように，刃先角度の$\frac{1}{2}$傾け，切断方向に20～30°の角度にする。切断は，たがねの刃先を万力の口金に密着させて連続的に行い，はつりが終

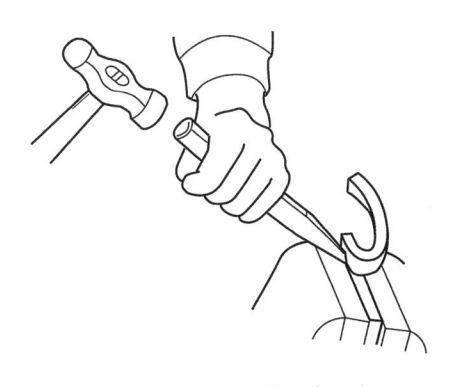

図5－6 たがねの握り方

わりに近づくにつれて，だんだんハンマを小振りにする。

1．2　やすり作業

（1）や　す　り

やすりは，仕上げ作業のときの金属の切削に最も多く用いられる工具である。やすりには，柄をつけて使用する鉄工やすり（図5-8）と，とも柄（やすりと柄が一体であるもの）で小物の仕上げに用いる組みやすりとがある。

鉄工やすりの各種分類を表5-2，5-3及び図5-9に示す。

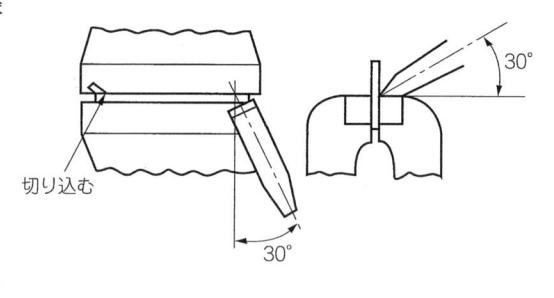

図5-7　鋼板のはつり

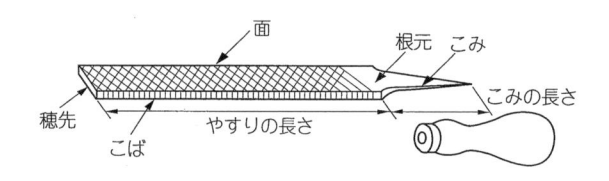

図5-8　鉄工やすり

表5-2　鉄工やすりの分類

やすりの断面	平，半丸，丸，角，三角
やすりの長さ　　（mm）	100，150，200，250，300，350，400
やすりの目	単目，複目，鬼目（わさび目），波目
やすりの目の大きさ	粗目，中目，細目，油目

表5-3　やすり目の種別による主な用途

目の種類	主な用途
単目	アルミニウム，鉛などの軟らかい金属，プラスチック
複目	鋼
鬼目	木材，皮革
波目	アルミニウム，鉛などの軟らかい金属

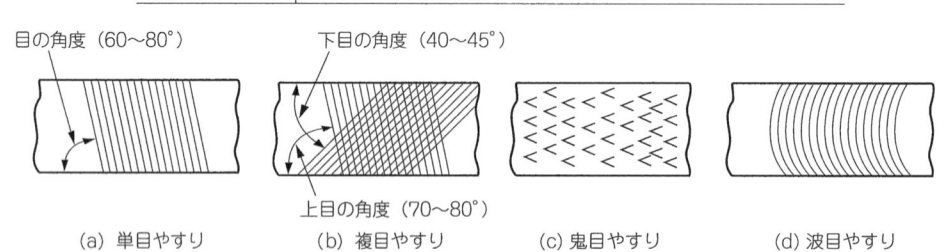

(a) 単目やすり　　(b) 複目やすり　　(c) 鬼目やすり　　(d) 波目やすり

図5-9　目の種類

(2) やすり作業

やすりは，工作物の材質に適したものを使用し，目の粗いものから順次細かいものを使って工作物を仕上げていく。

やすりは，図5－10に示すように，右手の親指を上にして柄を握り，左手のひらを軽くやすり面の先端に当てて，主として右手で押す。右手は体につけて，押すときには手の力でなくて上体ごと倒しながら体重をかけて押す。手前へ引くときには力を抜いて軽く手前に引く。

やすりがけでは，やすりの目に切りくずが詰まり，目詰まりを起こすので，ワイヤブラシなどを用いてこれを取り除く。また，この目詰まりを防ぐ方法として，あらかじめやすり面に白墨を塗ることがある。

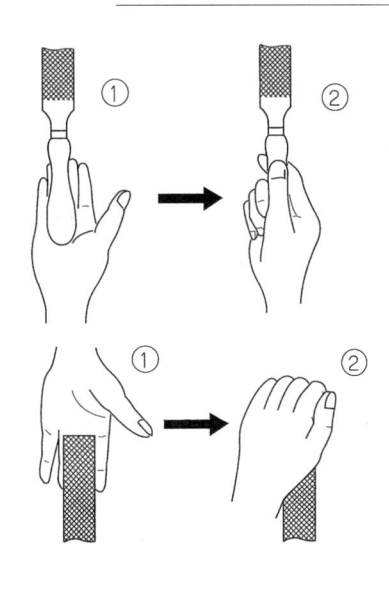

図5－10 やすりの持ち方

やすりがけには，直進法と斜進法がある。

直進法は，図5－11 (a) のように，やすりを長手方向に動かし，斜進法は図 (b) のように，左前方へ斜めに動かす方法である。

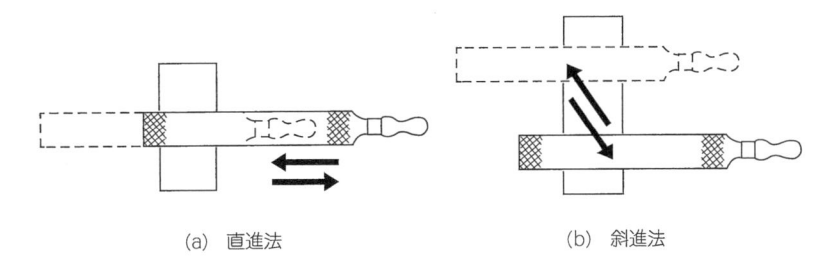

(a) 直進法　　　(b) 斜進法

図5－11 直進法と斜進法

a．平面の仕上げ

平面のやすりがけは，図5－12に示すように，ときどき方向を変えながら行った方が平らになりやすい。

仕上げしろの多い場合は，図5－13に示すように，はじめ斜めにけがき線近くまで削り，その後平らに仕上げる。また，図5－14に示すように，仕上げられた面と直角をなす面を仕上げるときは，目の切ってない小端(こば)を直角な面に当てて仕上げる。隅をできるだけ直角にする場合は，三角やすりや半丸やすりで仕上げる。

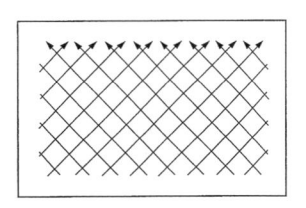

図5－12 綾がけ

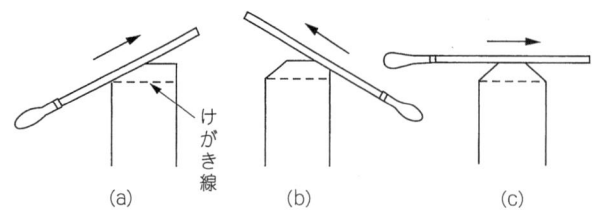

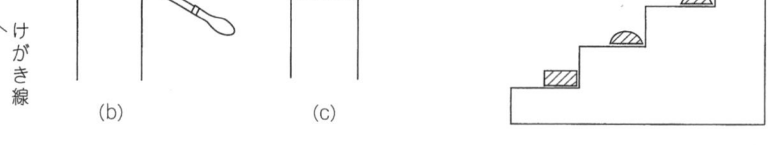

図5-13 仕上げしろの多いときのやすりかけ　　図5-14 隅の仕上げ

b．丸棒の仕上げ

丸棒のような丸いものを仕上げるには，図5-15（a）に示すように，やすりの往復運動と同時に手元（柄）を上下に動かしながら丸めるか，又は図（b）に示すように，万力の口を丸棒がはまり込まない程度に開き，その開いているところへ丸棒をおき，手前に回すと同時にやすりを進ませて削る。

仕上げしろが多い場合は，その側面にけがきを入れて，それに接するように四角，八角，十六角とだんだんかどを落として円形に近づけてから丸め仕上げをする。

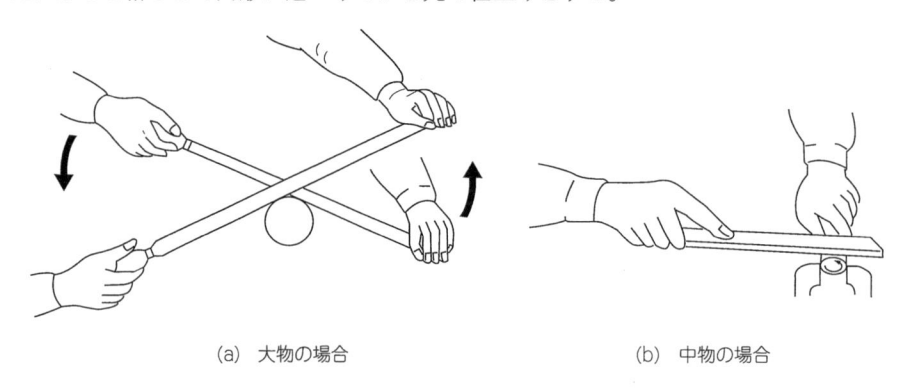

(a) 大物の場合　　(b) 中物の場合

図5-15 丸棒の仕上げ

c．丸穴の仕上げ

丸穴や凹面を仕上げるには，図5-16に示すように，できるだけ工作物の円弧に近い丸やすり又は半丸やすりを使用する。小さい円弧のやすりを使用すると，波形のでこぼこになり，きれいな円弧の仕上げ面にはならない。

やすりはまっすぐに動かさず，図5-17に示すように，前に押すと同時に，回しながら左右にずらす。

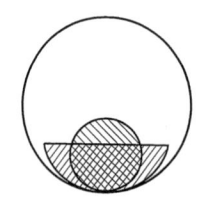

図5-16 丸穴の仕上げ　　図5-17 凹面の仕上げ

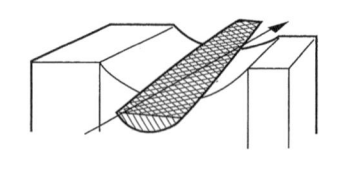

1.3 ねじ切り作業

(1) タップによるねじ切り作業

a．タップ

タップは、あらかじめドリルによって穴あけされた穴にめねじを切る工具である。

図5-18に示すものをハンドタップ（手回しタップ）といい、シャンクの四角部に、図5-19に示すようなタップハンドルをつけて、手で回してめねじを切る。ハンドタップは、手作業用であるが、機械に取り付けても使用できる。

ハンドタップは、3本1組となっており、それぞれ、先タップ（1番タップ）、中タップ（2番タップ）、上げタップ（3番タップ）と呼ばれ、食い付き部が順次短くなっている。

タップには、この他に管用ねじを切る管用平行ねじ用タップ、管用テーパねじ用タップなどがある（図5-20）。

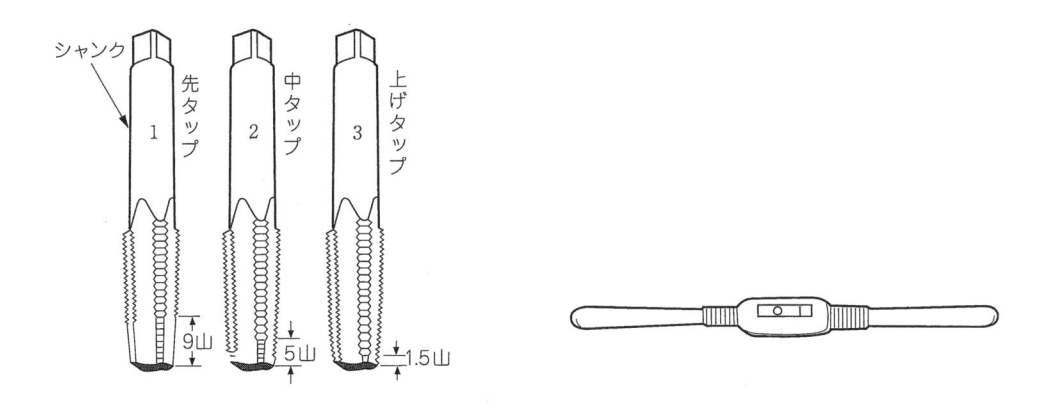

図5-18　ハンドタップ　　　　　図5-19　タップハンドル

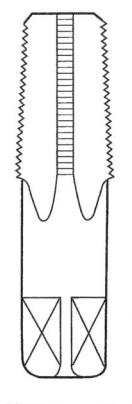

図5-20　管用テーパねじ用タップ

b．タップ立て

タップでねじを切る前に，ねじ径に応じた大きさの穴をあけておく。この穴をねじの下穴という。ねじの下穴径はねじの外径の75％くらいを標準とする。

タップ立ては，工作物を確実に固定し，タップの大きさに適合したタップハンドルを使用してねじ切りを行う（図5－21）。この場合，材料に適した切削油を使用する。

貫通穴は1番タップだけでもよいが，止まり穴の場合は3番タップまで使用する。

タップ立てにおいては，次のことに注意する。

① ねじの下穴は，ドリルで軽く面取りをしておく。
② タップハンドルは，両手で持ち，均一な力を加えて回す。

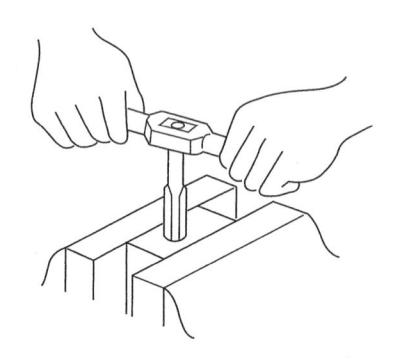

図5－21 タップ立て

③ タップの切り始めは，タップが傾かないようにする。また，タップが食い付いたら必ずタップの傾きを調べる。
④ タップは，無理に回すと途中で折れることがあるので，ゆっくりと回す。また，$\frac{1}{2} \sim \frac{1}{4}$ 回転ごとに少し逆転させ，再び進めるようにする。
⑤ タップ立てが終わったら，切りくずをきれいに取り除く。

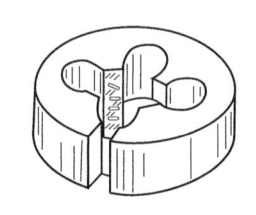

（2） ダイスによるねじ切り作業

a．ダイス

ダイスは丸棒におねじを切る工具である。

手仕上げ用に使用されるダイスには，図5－22に示すように，ねじ径の調整ができないむくダイスや，割りによるばね作用を利用して多少のねじ径の調整ができる丸割りダイスなどがある。一般に丸割りダイスが多く用いられる。ダイスの食い付き部分は，2～3山くらいねじ山を斜めに切り落としてある。

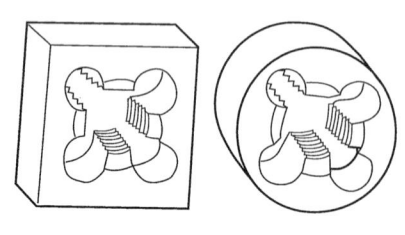

(a) むくダイス　　　　(b) 丸割りダイス

図5－22 ダイス

b．ダイスによるねじ切り

ダイスによるねじ切りは，ダイスを図5－23に示すようなダイスハンドル（ダイス回し）に取り付けて行う。図5－24にダイスによるねじ切りについて示すが，ダイスハンドルを回す要領は，タップハンドルを回す場合と同じである。

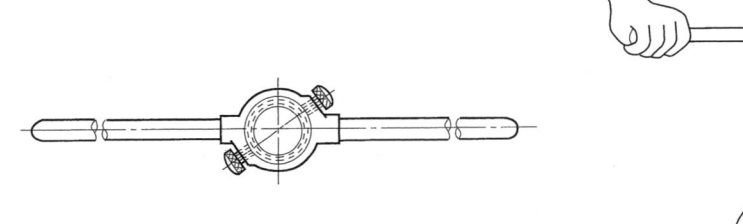

図5－23　ダイスハンドル　　　　図5－24　ダイスによるねじ切り

ダイスによるねじ切りにおいては，次のことに注意する。

① ねじを切る工作物の面は，必ず仕上げておく。鋼材の黒皮のまま切ると，ダイスの刃を傷める。
② 工作物の食い付き部は，面を取っておく。
③ ダイスをダイスハンドルに取り付けるときは，裏表をまちがえないようにする。
④ タップと同じように，両手で均一な力を加え，前進後進を繰り返しながらねじを切っていく。
⑤ 切削油は必ず使用する。

1．4　測　　定

工作物の測定には，標準となるものさしなどと工作物とを直接比較する直接測定法が一般に用いられる。

測定によって得た値と真の値との差を測定の誤差といい，測定して得られる測定値の最大誤差を精度という。精度がよいということは誤差が少ないことを意味する。

測定は各種測定器によって行われるが，測定を正しく，かつ能率的に行うには，それらの測定基準，測定方法，測定上の注意及び簡単な構造，使用法などの知識を十分に持っていることが必要である。

（1）長さの測定

a．ものさし（スケール）

長さを簡単に，約1mm前後の精度で直接測定するのに用いられ，直尺，さしがね，折り尺，巻き尺などがある。

(a) 直尺

一般に用いられる直尺は図5-25に示すようなもので，鋼製直尺で0.5mm又は1mmの目盛りがついている。長さは，300，600，1000mmのものが多く用いられる。

図5-25 直尺

直尺による測定は，直尺を工作物に押し当て，直接読み取るか，パス，デバイダなどと併用して読む。

直尺により測定するときは，目盛り線の太さが約0.2mmくらいあるので寸法の読み取りを目盛り線の中央で行い，目盛りは真上から読むようにする。

(b) さしがね

さしがねは，曲尺（まがりじゃく）とも呼ばれ，長さや直角の測定などに用いられる。

さしがねは，長短2本のものさしが直角に組み合わさっているが，長いほうを長手といい，短いほうを妻手という。

さしがねには，表と裏にいろいろの目盛りが刻んである。まず表の面には普通の尺度で目盛りが刻んであり，これを表目という。また，裏の面の長手には，表目より少し間の広い目盛り（約1.4mmの位置に「1mm」と印した目盛り）が刻んであり，これを裏目という。この表目と裏目との比は，図5-26のように，$1:\sqrt{2}$の関係になっており，裏目は表目を一辺とする正方形の対角線の長さを目盛りとしている。

この表目と裏目を利用することによって，正方形の一辺の長さを知って，その対角線の長さを知ることができる。

また，裏側妻手の内側には，丸目といわれる目盛りが刻んである。この丸目と表目との比は，図5-27のように，1：πの関係になっており，円周が表目の100mmとなるような円の直径を丸目の100mmとして目盛ってある。したがって，表目と丸目を利用して，工作物などの直径を知って円周を求めることができる。図5-28にさしがねの外観を示す。

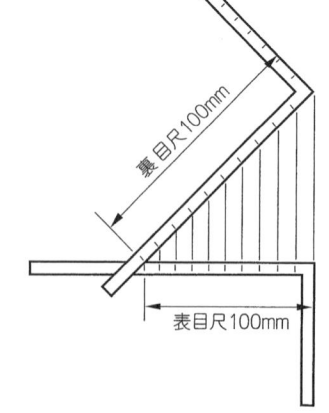

図5-26 表目と裏目

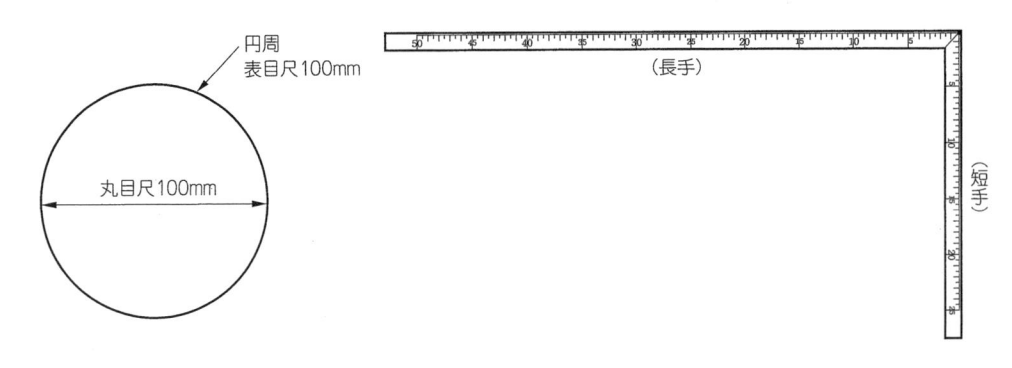

図5-27 表目と丸目　　　　　　　図5-28 さしがね

(c) 折り尺

木製又は鋼製で，携帯に便利なように，1mの長さのものを6つ又は8つの部分に折り曲げられるようにしたものである。折り曲げ部を延ばして使用するため，継目による誤差は全長1mに対し，±1mm程度は許されている。

(d) 巻き尺

薄い鋼板又は合成繊維などのテープ状のものに目盛りをつけ，円形の格納部に巻き込み，格納及び携帯に便利なようにつくられたもので，比較的長いものの長さを測定する場合に用いられる。

b．パ　ス

パスは，物の長さを，スケールその他と比較して測定するのに用いられるもので，図5-29に示すように，外パス，内パスなどがある。

パスは，両足を開閉させその足先の開きで測定して，外径，内径，厚さなどをスケールの目盛りと比較して読み取る。

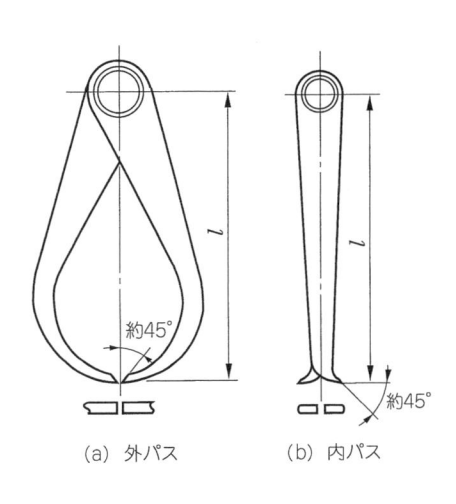

図5-29　パス

c．ノギス

ノギスは，パスと直尺とを組み合わせたようなもので，しかもスケールによるよりも細かい寸法の測定を行えるよう，副尺（バーニヤ）を利用した測定器である。図5-30にノギスの外観を示す。

ノギスの本尺は，普通のスケールと同じ目盛りが刻んである。副尺には，図5-31に示すように，本尺の19mmを20等分した目盛りが刻んであり，4目ごとに2，4，………と刻印されている。したがって，副尺1目盛りは$\frac{19}{20}$mmであり，本尺1目盛りと副尺1目盛りとの差は$\frac{1}{20}$mm＝0.05mmである（図5-32）。

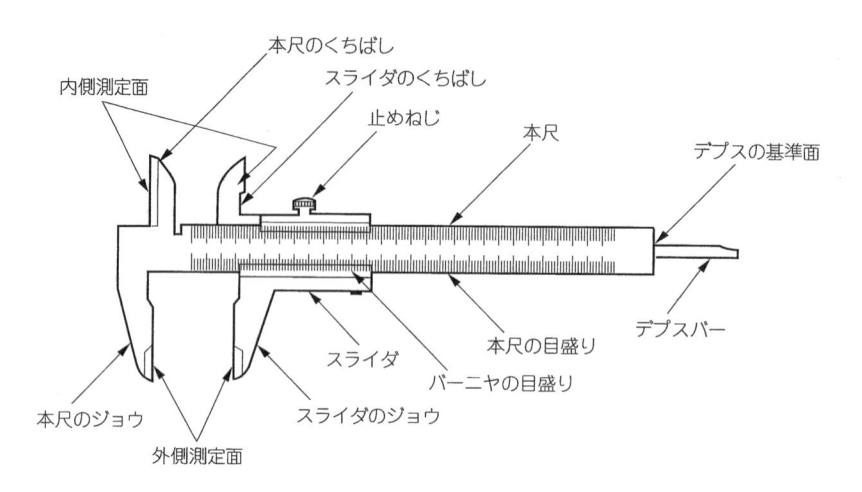

図5－30　ノギス

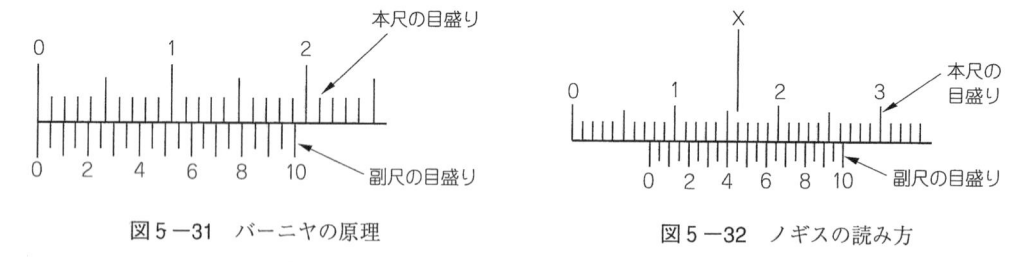

図5－31　バーニヤの原理

図5－32　ノギスの読み方

　図5－33に示すように，ノギスで測定を行い，本尺の目盛りと副尺の目盛りとが，図5－32に示すようなとき（×印で一致したとき）の測定値は，次のような要領で読み取る。
① 副尺の0（ゼロ）より前で，確実に読める本尺の目盛りを読む。

　　　　　　　　　　　　　　　　　……………　7 mm

② 副尺の目盛りと本尺の目盛りが，どの目盛りで一致しているかを知り，その副尺の目盛りを読む（1目盛りの差は0.05mmであり，9番目で一致しているので，本尺とのずれ量は0.05×9＝0.45mmとなる。）。

　　　　　　　　　　　　　　　　　……………　0.45mm

③ 1と2の値を加え測定値とする。　……………　7＋0.45＝7.45mm

図5－33に，ノギスによる各部の測定法を示す。

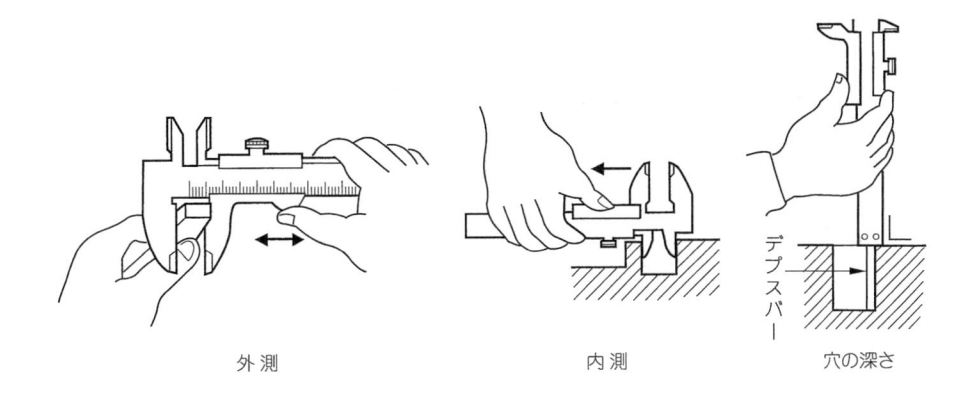

図5−33 ノギスによる測定

d．マイクロメータ

マイクロメータは，精密に切られたねじの送りを利用した測定器で，ノギスによる測定よりも精密な測定を行うことができる。マイクロメータの外観を図5−34に示す。

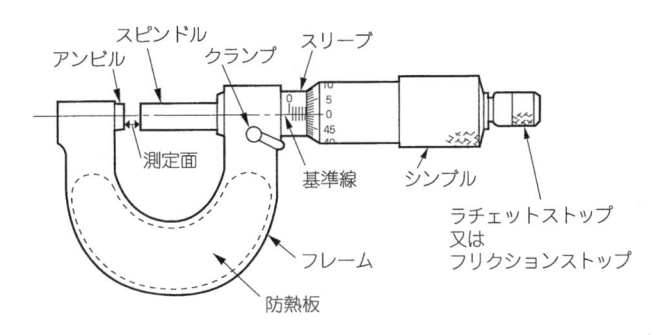

図5−34 マイクロメータ

マイクロメータは，シンブルが1回転すると，ねじが1ピッチだけ進む。1ピッチを0.5mmとしておけば，スピンドルは0.5mm進む。シンブルの外周には50等分した目盛りが刻んであり，シンブルを1目盛り動かすと$\frac{0.5}{50}=0.01$mmスピンドルは移動するから，これによって0.01mmの測定ができる。

図5−35に示すようなときのマイクロメータの測定値は，次のような要領で読み取る。

シンブルを操作し，アンビルとスピンドルの間に測定すべきものを軽くはさみ，さらにラチェットを回して，ラチェットが空転したら目盛りを読む。

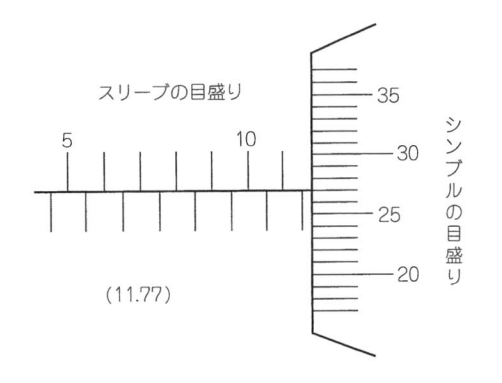

図5−35 マイクロメータの読み方

① シンブルでかくれていないスリーブの目盛りを読む。

.... 11.5mm

② スリーブ目盛りの基準線と一致しているシンブルの目盛りを読む（1目盛りは0.01mmであり，27番目で一致しているので，スリーブ目盛りとのずれ量は0.01×27＝0.27mmとなる。）。

.... 0.27mm

③ 1と2の値を加え測定値とする。　...............　11.5＋0.27＝11.77mm

なお，電子回路を内蔵して，結果が数字で読み取れるノギス，マイクロメータもある（図5－36）。

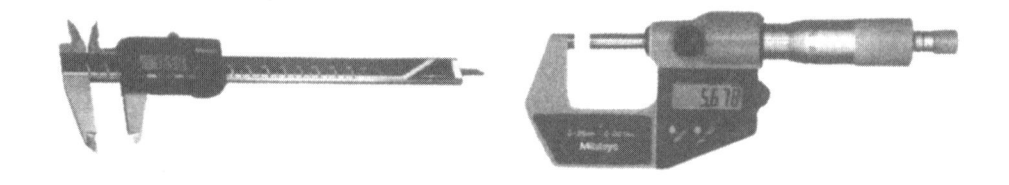

図5－36　数値直読型ノギス，マイクロメータ

（2） 角度の測定

角度の測定には分度器が用いられる。分度器には，図5－37に示すような，薄鋼板に角度目盛りを刻んだスチールプロトラクタ，図5－38に示すような，副尺つきのベベルプロトラクタなどがある。

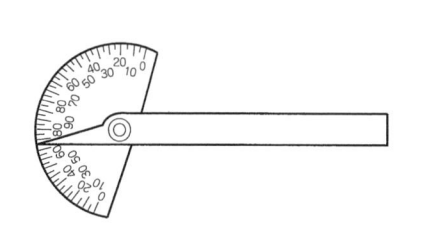

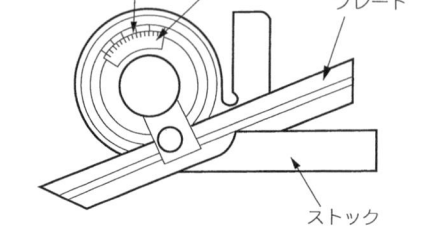

図5－37　スチールプロトラクタ　　　　図5－38　ベベルプロトラクタ

ベベルプロトラクタは，副尺を利用してノギスと同様の原理で角度を細かく読み取ることができる（図5－39）。

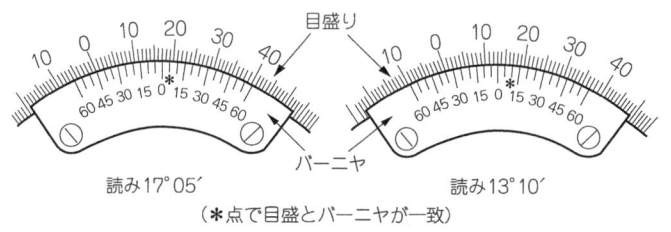

読み17°05′　　　　読み13°10′
（＊点で目盛とバーニヤが一致）

図5－39　ベベルプロトラクタの読み方

(3) 水平度の測定

面の水平度を測定するには水準器が用いられる。目盛を刻んだ円弧状のガラス管内にアルコール又は不燃性溶液と気泡が封入されている。完全な水平面上では，気泡は中央にあって静止するが，傾斜した面上ではその傾斜の度合いを気泡のある位置の目盛で読むことができる。図5－40に水準器の外観を示す。

図5－40 水準器

1.5 けがき作業

(1) けがき用工具

加工する材料の表面に切断線や仕上げしろを示す線を引いたり，穴あけの位置などに印をつけたりする作業をけがき作業という。

けがき用の工具には，けがき針，コンパス，ポンチなどがある（図5－41）。

けがき針は，直尺などに沿って工作物にけがき線を引く工具である。

コンパスは，直尺から寸法を移すときや，円を描いたり，線を分割したりするときに使用される。

ポンチは，けがき線上や交点に印をつけて，けがき線を明示したり，穴あけするときの穴の中心の明示及びドリルの案内としたりするのに用いる。

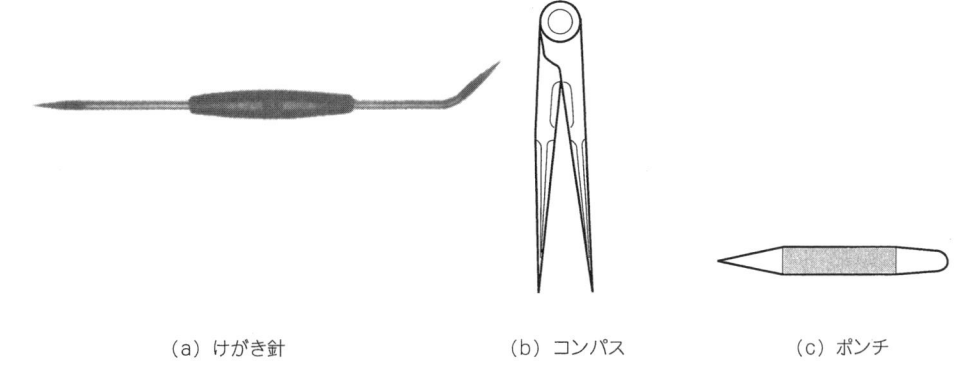

(a) けがき針　　(b) コンパス　　(c) ポンチ

図5－41 けがき用工具

(2) けがき作業

a. 線のけがき

けがき針で線を引くときは，図5-42に示すように，けがき針を引く方向にわずかに傾け，かつ定規に針先を密着させ，1回ではっきりした細い線を引くようにする。

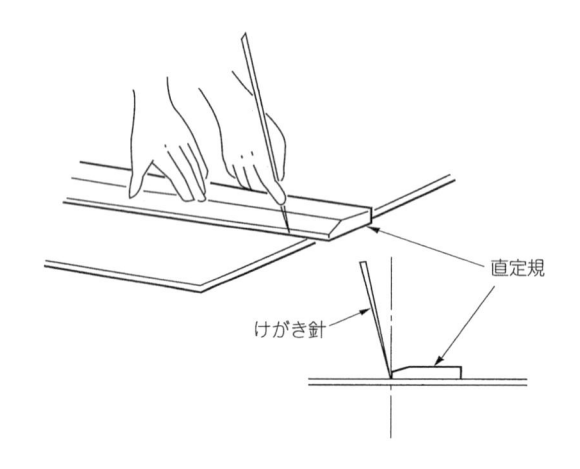

図5-42 線の引き方

b. 円のけがき

コンパスで円をけがくときは，コンパスの片足をセンタポンチ穴に入れ，図5-43に示すように，左手前から右回りに約半分けがき，次にけがき始めの位置に戻り残りを逆方向にけがくようにする。

コンパスの開き寸法を直尺により決めるときは，直尺の端を使わず，いくぶん中に入った目盛りを基準として開き寸法を決める。

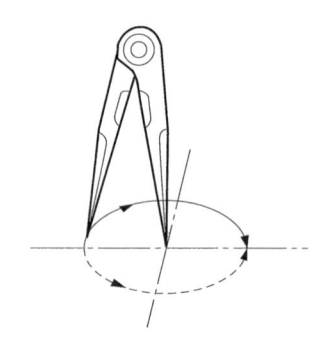

図5-43 円のけがき方

c. 平行線・垂直線・等分線のけがき

平行線などをけがくときは，1.4（1）(b) のさしがねを用い，図5-44（a）のように長手の内側を基準面に密着させ，左手でさしがね全体を押え，妻手の外側をけがくようにする。これが垂直線で，平行線は2本の垂直線を引いたあと，図 (b) のように必要な長さを測り，2点を結ぶようにする。材料が正しい長方形である場合は図 (c) のようにさしがねを斜めにおき，等しい長さの位置に印をつける。これを他の一箇所でも行ない，各点を結ぶと等分線を引くことができる。

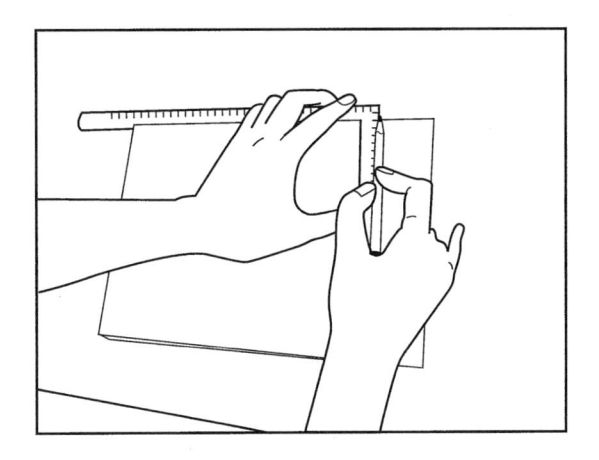

(a) 垂直線のけがき

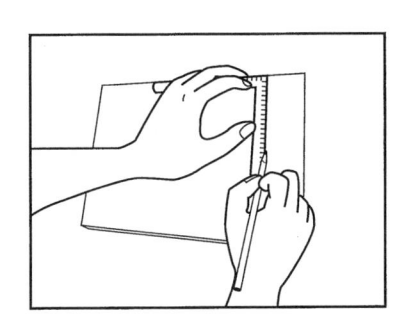

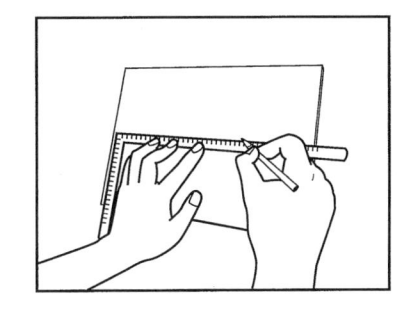

(b) 平行線のけがき

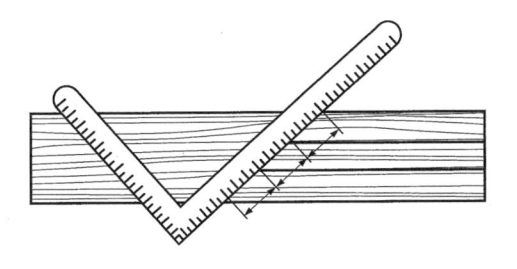

(c) 等分線のけがき

図5-44　平行線・垂直線・等分線のけがき

第2節　板金工作法

2．1　板金工作の一般事項

（1）　板 金 加 工

　物体にある限界以上の力を加えると変形し，力を除いても変形したまま元に戻らない性質を「塑性」と呼び，この塑性を利用する加工法を塑性加工という。この加工法中，板厚の薄い金属板を素材として種々の形状をつくりだす加工を「板金加工」又は単に「板金」と称している。

　板金加工には，いろいろな種類のものがあるが，これを大別すると次の2つになる。

　1）せん断加工：せん断によって，板金を2つの部分に切り離す加工である。
　2）成 形 加 工：板金を塑性変形させていろいろな形のものをつくる加工で，曲げ加工，絞り加
　　　　　　　　　工などがある。

　板金加工に多く用いられる材料は，常温で軟らかく，可塑性を持っているので，板金加工用機械や工具により各種加工を施し，種々の形状，構造のものをつくることができる。

　板金加工は，次のような特徴を持っている。

　①　複雑な形状のものも比較的容易に加工ができる。
　②　製品は軽く，丈夫である。
　③　製品は肌が美しく，加工後の表面処理も容易である。
　④　修理が容易である。
　⑤　多量生産に適する。

（2）　板金用材料

a．鋼　板

　板金加工には冷間圧延鋼板，亜鉛めっき鋼板，ぶりき板，ステンレス鋼板などが用いられている。冷間圧延鋼板はみがき板ともいわれ，一般に表面がきれいで厚さも均一である。

　亜鉛めっき鋼板は，薄鋼板に亜鉛めっきを施したもので，一般にはトタン板といわれることもある。亜鉛めっき鋼板の厚さは，めっき前の原板の厚さをmmで表すが，その標準厚さは0.27～4.5mmである。亜鉛めっき鋼板は耐食性がよいので，ダクトや保温被覆の外装その他建築材料などに多く用いられているが，酸，アルカリ，塩分などに弱い。板の形状には，平板，鋼帯，波板などがある。

　ぶりき板は，薄鋼板にすずめっきを施したものである。加工性の良さに加えて，すずによる美しさ，耐食性が加わり，かつはんだの付着性のよさ，食品に対して無害などの特性によって，缶詰その他の容器の材料として用いられている。

　ステンレス鋼は，ニッケル，クロムなどを多量に含んだ特殊鋼で，クロム系とニッケルクロム系が

ある。ニッケルクロム系（ニッケル8％，クロム18％）のステンレス鋼は加工も容易で耐食性にも優れている。ステンレス鋼板は腐食しやすいところや，美観を要する箇所などに用いられている。

　b．非鉄金属板

　板金用には銅板，黄銅板，アルミニウム板などが用いられている。

　銅板は，展延性に富み，加工しやすく，また，電気抵抗が小さく，熱伝導度が大きく，耐食性もよいので，電気部品，機械部品などに広く用いられている。

　黄銅板は，一般に真ちゅう板ともいわれ，銅と亜鉛を主成分とする合金である。亜鉛含有量の少ないほうは伸びが大きく加工しやすいので深絞り用に，亜鉛含有量の多いほうは強さが大きいので一般板金用に用いられている。

　アルミニウム板は，他の金属に比べて比重が非常に小さく，鉄の約 $\frac{1}{3}$ であり，展延性に富み，軟らかで常温加工が容易である。また，耐食性もよいので，家庭用品，電気機器，その他強度をあまり必要としない機器部品に用いられている。

（3）板金用機械及び工具

　a．せん断用機械及び切断用工具

　せん断用機械には，スケヤシャー，ギャップシャー，アップカットシャーなどがある。

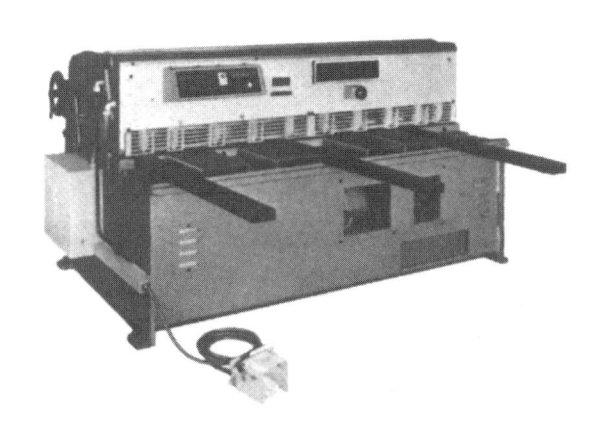

図5-45　スケヤシャー

　スケヤシャー，ギャップシャーは，機械本体のベッドに取り付けた下刃に対して，傾斜して取り付けられた上刃が下降して板金を直線状にせん断するもので，アップカットシャーは下刃が上昇してせん断するものである。

　板金を手作業で切断するときには，図5-46に示すような，金切りばさみを使用する。金切りばさみは刃の形状により，直刃（まとも，すぐ刃），柳刃（曲刃），えぐり刃などがあり，大きさははさみ全長をmmで表す。直刃は，刃の部分が直線状であり，直線や滑らかな大きな円，曲線の切断

に使用される。柳刃は、刃の部分が緩やかな曲線状をしており、円形、曲線、直線の切断に使用される。えぐり刃は、刃先がわしの口ばしのように極端に曲がっており、平板の円形内側の穴抜き切断に用いられる。

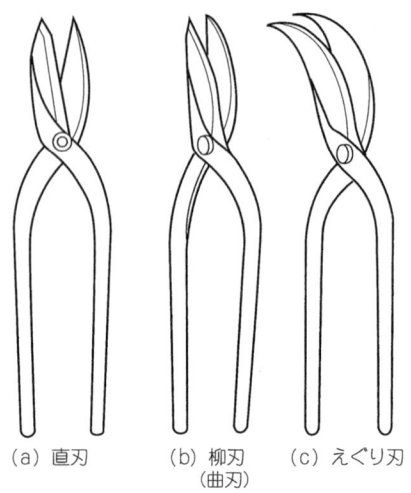

(a) 直刃　(b) 柳刃（曲刃）　(c) えぐり刃

図5-46　金切りばさみ

b．折り曲げ用機械及び工具

折り曲げ用機械には、3本ロール、万能折り曲げ機、プレスブレーキなどがあり、特殊なものとしては、ダクト用はぜ折り機、スパイラルダクト成形機などがある。

図5-47の3本ロールは、ロールの間に板金をはさみ、ロールを回転させ、板金を湾曲させたり円筒形に曲げたりすることができる。

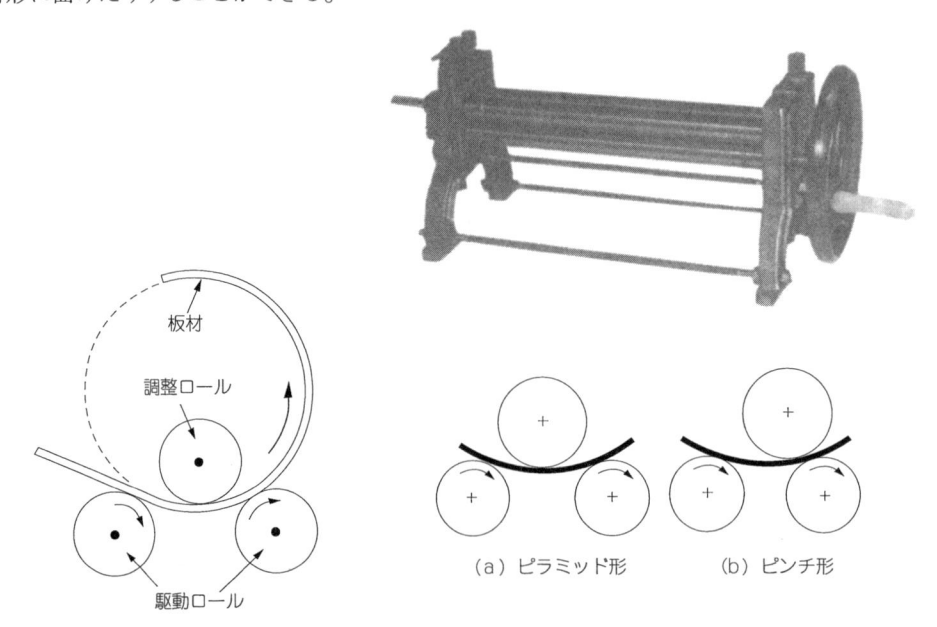

(a) ピラミッド形　(b) ピンチ形

図5-47　3本ロール

万能折り曲げ機は，板金をベッドの上に固定し，回転盤を回転させて折り曲げを行う。

図5-48のプレスブレーキは，上型と下型との間で，板金を加圧して曲げを行う。

プレスブレーキによる曲げ例

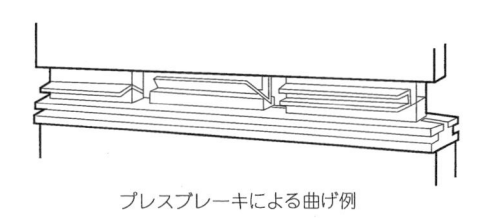

図5-48　プレスブレーキ

図5-49にダクト用はぜ折り機・成形機の外観を示す。

(a)　はぜ折り機　　　　　　　　　　　(b)　スパイラルダクト成形機

図5-49　ダクト用はぜ折り機・成形機

板金を手作業で折り曲げるときには，図5-50～52に示すような，木ハンマ，板金ハンマ，折り台，拍子木，かたな刃，かげたがね，溝たがね，はぜおこしなどの工具を使用する。

木ハンマ，板金ハンマは，折り曲げ加工だけでなく，その他の板金作業にも用いられ，その大きさは打撃面の直径寸法をmmで表す。

(a) 両丸　　(b) からかみ　　(c) いも

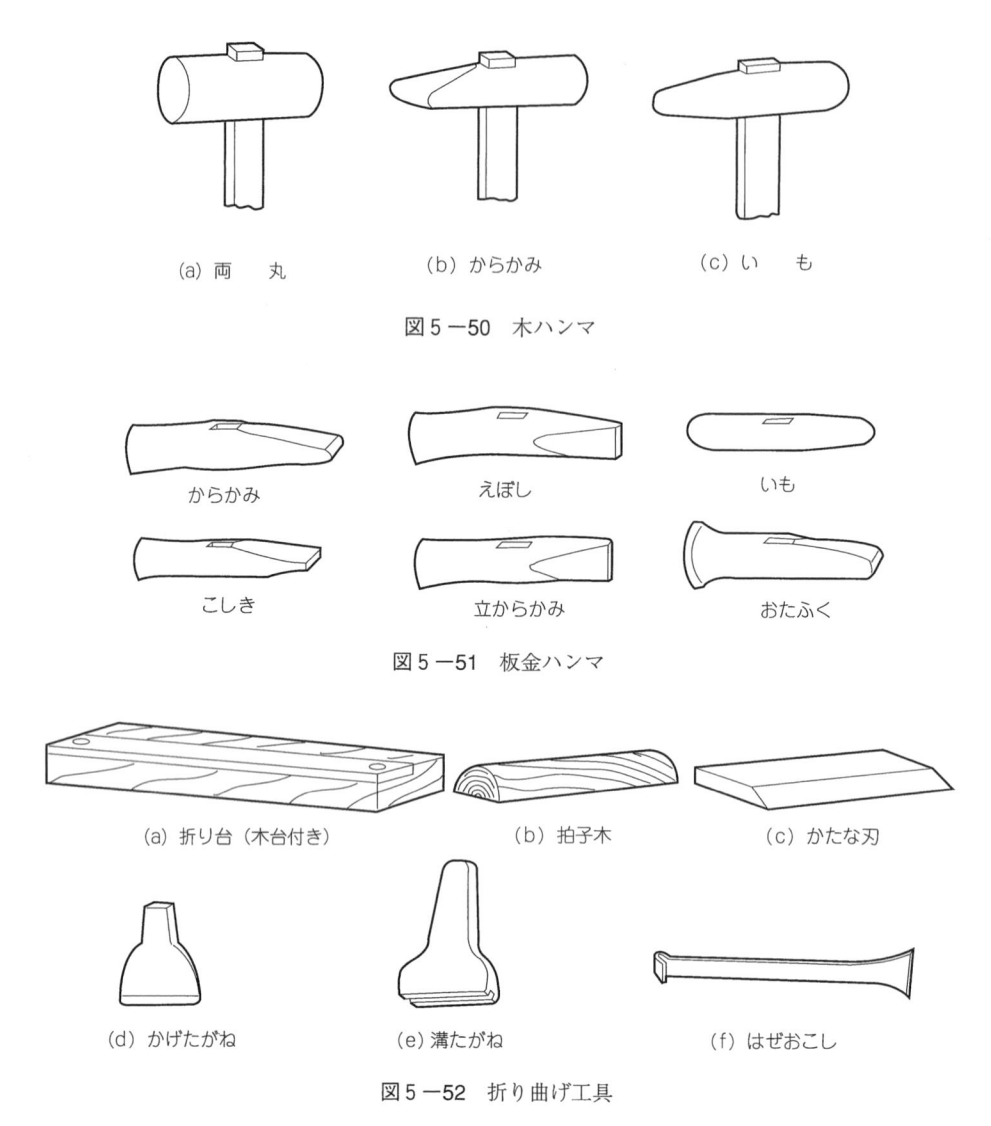

図5-50　木ハンマ

からかみ　　えぼし　　いも

こしき　　立からかみ　　おたふく

図5-51　板金ハンマ

(a) 折り台（木台付き）　　(b) 拍子木　　(c) かたな刃

(d) かげたがね　　(e) 溝たがね　　(f) はぜおこし

図5-52　折り曲げ工具

　折り台は，長さ1000〜2000mmの長方形の断面を持つ鋼材でつくられ，一般に木の台に取り付け，薄板や亜鉛鉄板などの直線曲げに用いられる。折り台の曲げに用いる部分は，直角よりやや鋭くなっており，折り曲げ，縁曲げなどに使いやすくなっている。

　拍子木は，長さ300〜400mmの図5-52（b）に示すような形状のもので，ならし木ともいわれ，折り台と併用して薄板の折り曲げなどに用いられる。

　かたな刃は，片側にこう配のついている鋼板製のもので，薄板や亜鉛鉄板などの縁の折り返しのときの当て金として用いられる。

　かげたがねは，材料に折り目をつけたり，折り曲げ部を修正したりするときに用いられる。

　溝たがねは，主としてはぜ組みのときのはぜ締めに使用される。また，はぜおこしは，はぜ組みな

どにおける曲げ不良部の手直しなどに用いられる。

2．2　切断作業及び板取り

（1）　金切りばさみによる切断

　金切りばさみは，図5－53（a）に示すように持ち，切断をするときは，両刃がすき間なくかみ合うようにする。

　厚板のときは，図（b）に示すように人さし指も添え，4本で柄を握る。

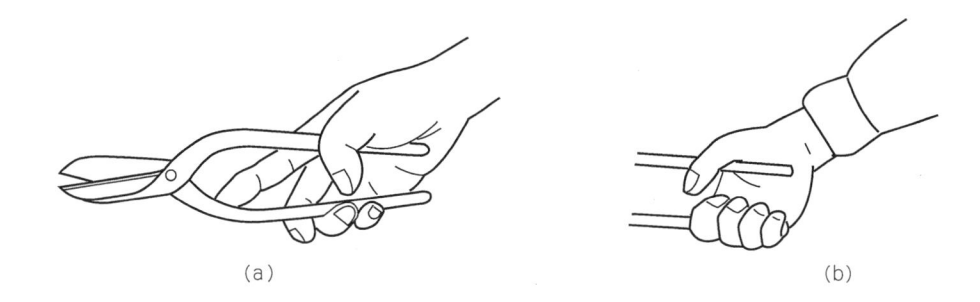

図5－53　金切りばさみの持ち方

　直刃で切断するときは，図（a）に示すように，切り落とす側を右側にして板を持ち，刃をけがき線に合わせ，刃が板面に直角になるようにして切断する。大きな板や切断する長さが長い場合などは，床や台などの上で切断を行い，図5－55に示すように，左手で切断した板を持ち上げると切断しやすくなる。

　柳刃で曲線を切断するときは，図（b）に示すように，刃のそりをけがき線の曲がりと反対になるように持って切断する。なお，板を直線状に切断するときは，柳刃を用いると，柄が切断部より右にずれるので切断しやすくなる。

　えぐり刃で穴を切り抜くときは，図（c）に示すように，切断箇所に刃先の入る程度の穴をあけ，刃のそりをけがき線の曲がりに合わせて切断する。

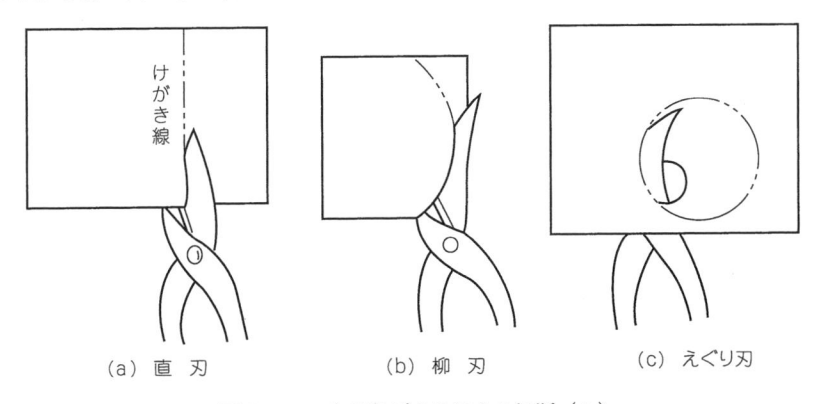

（a）直　刃　　　　　（b）柳　刃　　　　　（c）えぐり刃

図5－54　金切りばさみによる切断（1）

114 配管概論

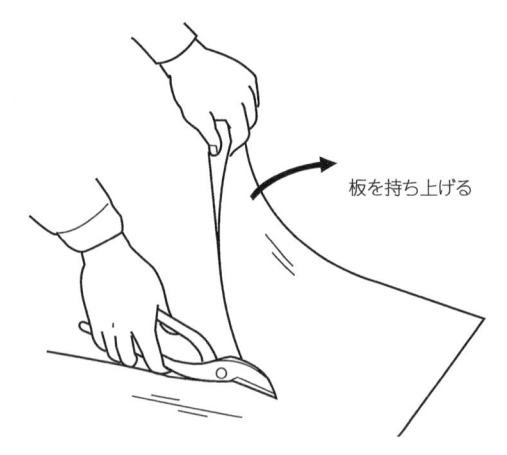

図5-55 金切りばさみによる切断(2)

(2) 展開・板取り

a. 展開図

立体の表面を適当な場所で切り開き,平面上にのばして広げることを展開といい,描かれた図を展開図という。展開されたものは折り返すか,巻き戻すと,もとの立体の表面を形成することができる。展開図を描くには放射線法,平行線法,三角形法の3つの画法が用いられる。図5-56～58に展開図の作図例を示す。

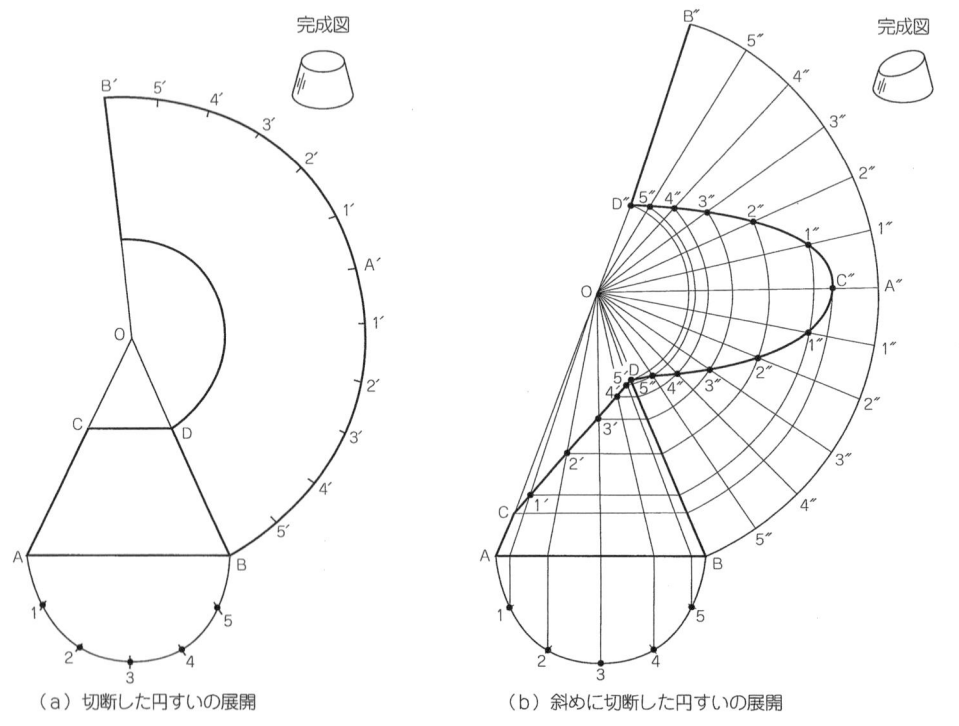

(a) 切断した円すいの展開　　　　(b) 斜めに切断した円すいの展開

図5-56　放射線法

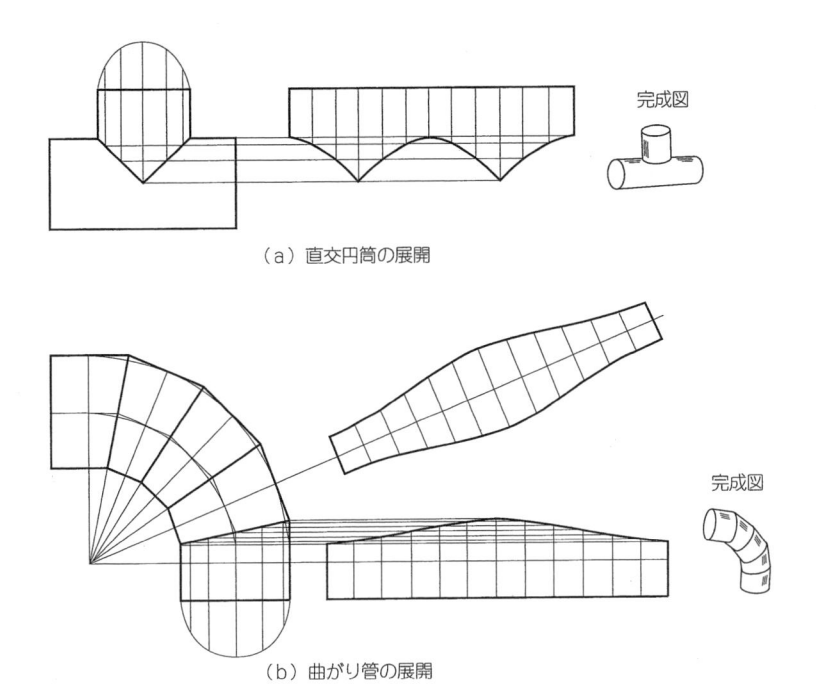

第 5 章 管仕上げ及び組立て法　115

(a) 直交円筒の展開

(b) 曲がり管の展開

完成図

図 5－57　平行線法

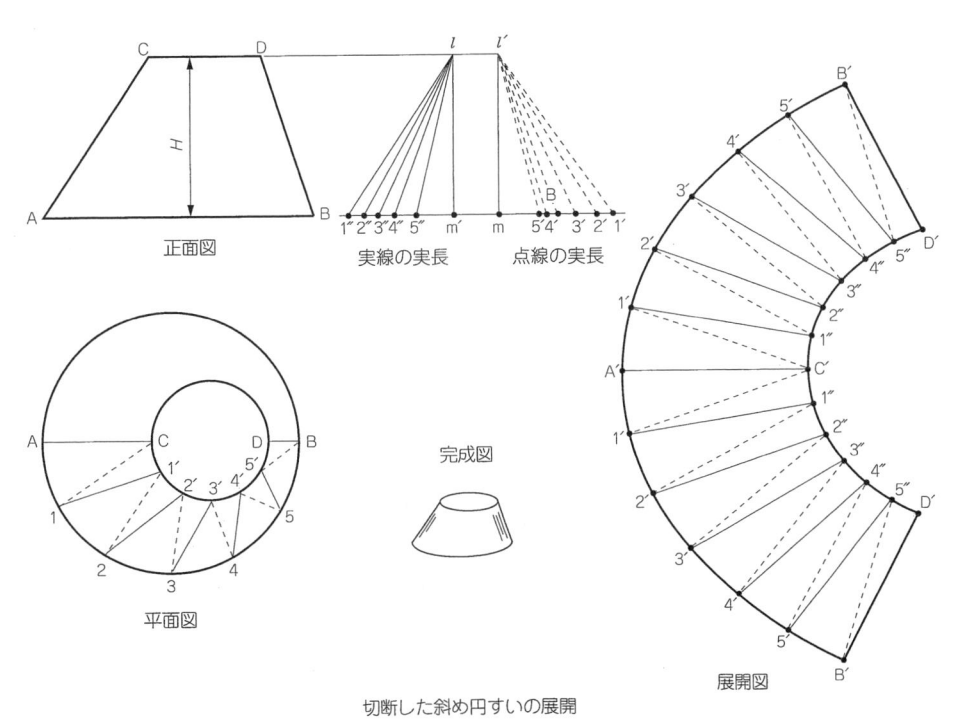

正面図

実線の実長　　点線の実長

平面図

完成図

切断した斜め円すいの展開

展開図

図 5－58　三角形法

b．板取り

　工作図面に示された形状を板材の上に実際の寸法で，けがき針，石筆などで描き，材料の無駄のないように配分して，板を切り取ることを板取りという。

　板取りけがきは板金加工において，製品の出来栄え，成否に大きな影響を与えるので，注意してけがきを行わなければならない。

　(a) 板取りにおける一般的注意

① 材料が無駄にならないようにする。

② 切断，折り曲げなどの加工がなるべく容易にできるようにする。

③ 板の接合法（はんだ付け，はぜ組みなど）を考慮する。

④ 製品の強さ，外観及び加工工数を考える。

　(b) 板取りけがき上の注意

① 図面をよく読み，基準面，製作品の使用目的，加工精度などを知り，どのようにしたら速く正確に，材料の無駄がなくけがくことができるかを考えて作業にかかる。

② けがき線が切り取られたり，削り取られたりしてなくなると思われるところは，けがき線を加工部分以外のところまで延長しておくか，又は製品に影響のないところにポンチを打っておく。

③ けがき線，ポンチの跡が製品の外観に出ないようにする。

④ けがきが終わったら，寸法や形状などを検査する。

2．3　折り曲げ作業

（1）　手作業による折り曲げ

a．直線曲げ

　亜鉛めっき鋼板などの薄板を直線状に折り曲げるときは，図5－59に示すように，折り曲げ線を折り台の縁（エッジ）に合わせ，手又は脚部で板金をしっかりと押さえ，拍子木でたたき曲げる。拍子木は斜め上からたたくようにする。折り曲げ線が長いときは，両端を先に曲げ，折り曲げ線がずれ

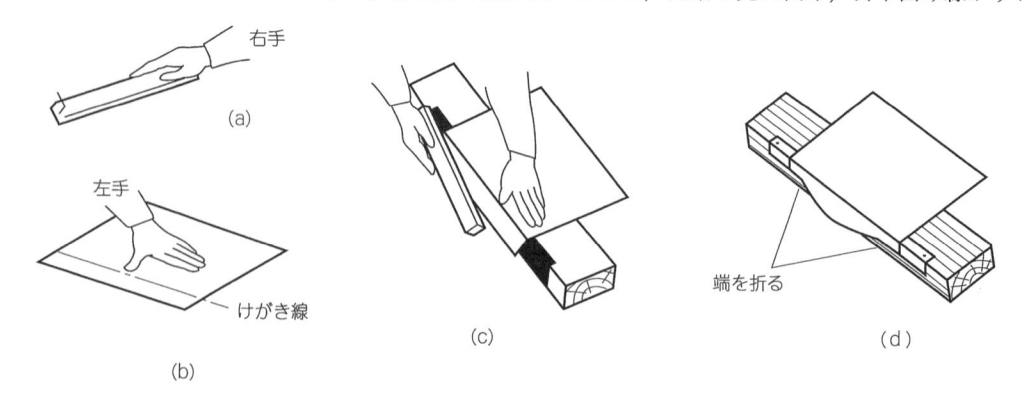

図5－59　直線曲げ

ないようにしてから,曲げを中央部に及ぼしていく。

箱形状に4方向折り曲げをするときは,図5-60の(a)及び(b)は折り台を使って曲げ,(c)及び(d)を曲げるときは,板金をゴム板又は木の板の上にのせ,折り曲げ線上にかげたがね刃先を当て,かげたがね頭部をハンマでたたき,折り曲げ溝をつける。次にかたな刃又は適当な厚みの当て金を当て,かげたがねで斜めにたたいて折り曲げる。

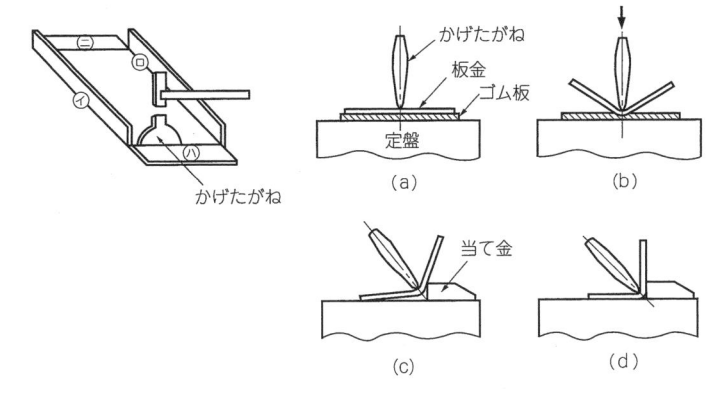

図5-60 かげたがねによる折り曲げ

b．円筒曲げ

板金を円筒状に曲げるときは,図5-61に示すように,鋼管又は丸棒を万力に固定して,両端部を先に曲げ,薄板のときは両手で板をパイプの丸みにそわせて軽く押し付け,比較的厚い板のときは木ハンマなどでたたき,曲げを中央部のほうに及ぼし円筒状にする。

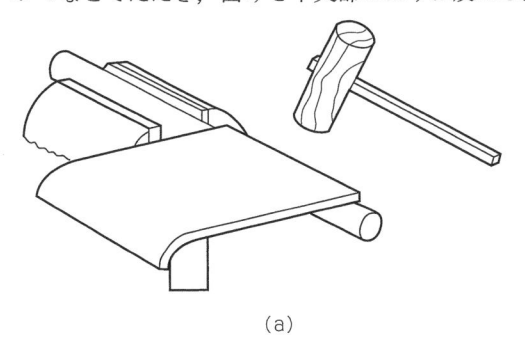

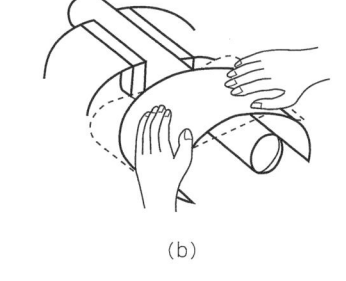

図5-61 湾曲折り曲げ

c．曲げ加工の板取り

板金を円筒状に曲げると,板厚の中央の線から外側は伸び,内側は縮み,中央の線は伸びも縮みもせず,ただ曲がるだけである。このような線を中立線といい,板取りの基準とする。

図5-62の円筒曲げにおいて,円筒寸法が外径で示されているときに必要な板取り寸法Lは,

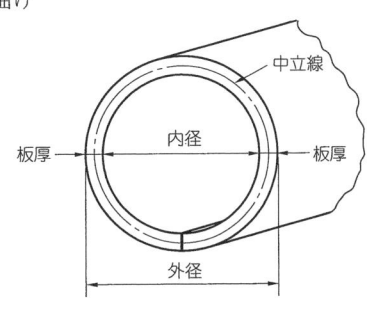

図5-62 円筒曲げ

$$L = (外径 - 板厚) \times \pi$$

内径で示されているときは，

$$L = (内径 + 板厚) \times \pi$$

で計算する。

2.4 接 合 法

(1) はぜ組み

a．はぜ組み

はぜ組みは，折り曲げを利用した板金の接合法の1つで，亜鉛めっき鋼板，ぶりき板などの薄板の接合に広く行われており，図5-63に示すように，いろいろな形状のものがある。

(a) 角甲はぜ　(b) 甲はぜ　(c) ピッツバーグはぜ　(d) ボタンパンチはぜ

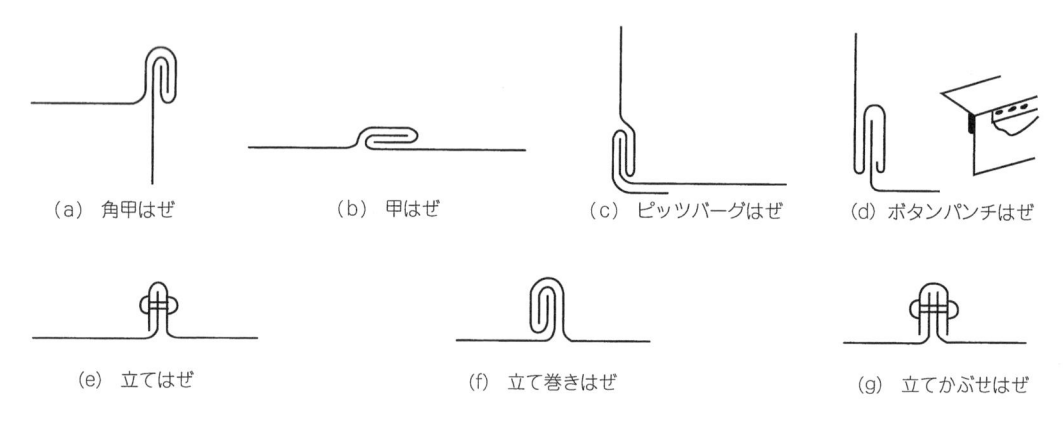

(e) 立てはぜ　(f) 立て巻きはぜ　(g) 立てかぶせはぜ

図5-63　はぜ組みの形状

はぜ組みは，使用する場所，強さ，気密性などにより適切なものを選んで使用する。甲はぜは，普通一般に用いられ，ピッツバーグはぜ，角甲はぜ，ボタンパンチはぜはダクトなど箱形容器のかどの部分に，立てはぜと立て巻きはぜはダクトの接合と補強を兼ねて用いられる。

b．はぜ組み作業

手作業ではぜ組みするときは，直線曲げに準じて加工し，けがき線と折り台を正確に合わせ，しっかり押さえて端から折り曲げる。折り曲げた内側にかたな刃を当てて拍子木でたたき，さらに深く折り曲げる。板を組むときは，両方の板を引っ張るようにしてしっかりとくい込むように組み合わせ，平らな台の上で折り曲げた角をつぶさない程度に斜め上からたたき，最後に溝たがね又はかげたがねで背切りをする（図5-64参照）。

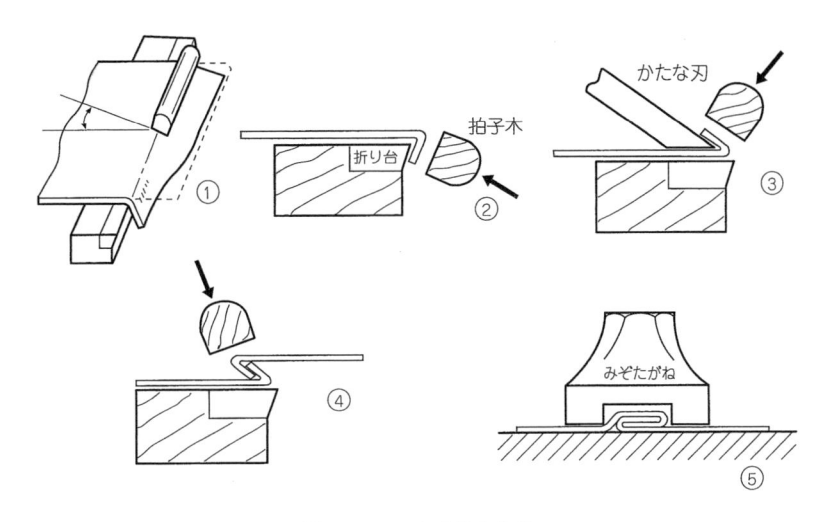

図5-64 はぜ組み作業

(2) はんだ接合

a. はんだ及び溶剤

はんだは，鉛とすずの合金で，溶融温度が低く，機械的強度は小さいが，作業が簡単であるから，強さをあまり必要としない部材の接合に用いられる。

溶剤（フラックス）は，はんだ接合を行うときに接合部に塗布するもので，塩酸，塩化亜鉛，松やになどがあり，接合する材質に適したものを用いる（表5-4）。

表5-4 溶　剤

材　料	溶　剤
鉄と銅	ほう砂，塩化アンモニウム
ぶりき板	樹脂，塩化亜鉛
銅及び黄銅	塩化アンモニア又は塩化亜鉛
亜鉛，亜鉛めっき鋼板	塩化亜鉛，塩酸
鉛	獣脂又は松やに
鉛及びすず板	樹脂又はオリーブ油

b. はんだごて

はんだ付に用いるこてには銅が用いられ，図5-65に示すように，図(a)やり形と図(b)なた形がある。このほか，電熱を用いる図(c)電気はんだごてがある。

こては，使用前に表面が酸化しているので，先端をやすりで銅地肌が出るまで削り，形を整えてから加熱する。加熱温度は，200～500℃が適当である。

(a) やり形　　　　(b) なた形　　　　(c) 電気はんだごて

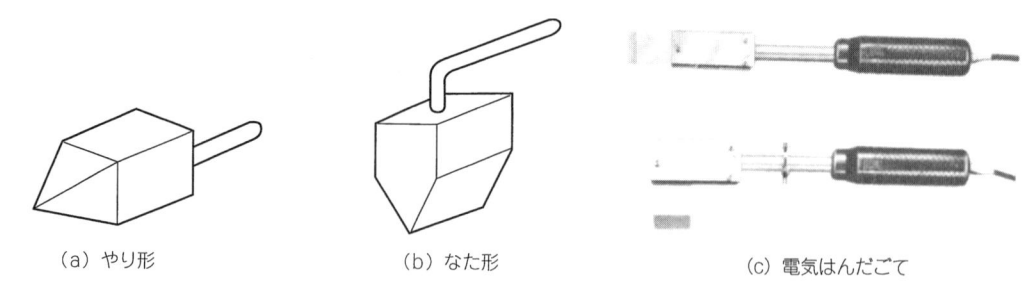

図5－65　はんだごての形状

c．はんだ付作業

はんだ付接合部は，布やすり，ワイヤブラシなどでよく磨き，油脂，塗料，さびなどを取り除いておく。

接合部に溶剤を細筆か，細い棒を用いて十分に，幅狭く塗布し，溶剤が乾かないうちにはんだ付が始まるようにする。

はんだの溶着したこてを接合部に当てて密着させ，こての温度で接合部を温め，こてに溶着しているはんだが接合部に移ったら，静かにこてを移動させて，はんだを伸ばしながら接合部に十分に浸み込ませる。

はんだ付の後は，溶剤による接合部の腐食を避けるため，水洗いなどをして溶剤をきれいに取り除くか，ぬれたウエスでよくふき取る。

第3節　管の接合法

3．1　鋼管の接合法

（1）　鋼管の切断法

鋼管の切断法には次の3種類がある。

① 手動工具による方法

② 電動工具による方法

③ ガス切断器による方法

いずれの方法によるにしても，管長は正確に測定し，切断は管軸に直角に行う。

また，パイプカッタなどを使用して図5－66のように管の内面にばりが生じた場合には，リーマ（図5－68），やすりなどを使用して図5－67のように完全に除去する。ばりは管の管径を縮小し管内の流体の流通を妨げる原因となる。

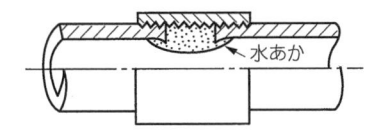

図5−66 パイプカッタによる管の切断面 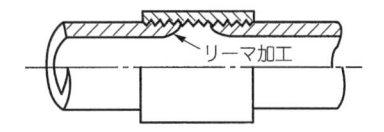　　　　図5−67 リーマ加工したもの

図5−68 リーマ

a. 手動工具による方法

切断のための手動工具には次の3種類がある。

① 金切りのこ
② パイプカッタ
③ 門形パイプカッタ

(a) 金切りのこ

図5−69の金切りのこは管のほか，形鋼，棒鋼，厚板などの切断にも用いられる。

のこ刃を取り付けるフレームには，一定の長さの刃しか取り付けられない固定形 (a) と，のこ刃の長さにより伸縮できる自在形 (b)，(c) がある。

のこ刃の長さ及び取り付け穴中心間の距離で200，250，300mmの3種類がある。歯数は，25.4mmの長さの間にある歯の数で表し，歯数と被削材の関係を表5−5に示す。

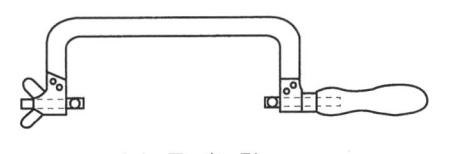

(a) 固　定　形 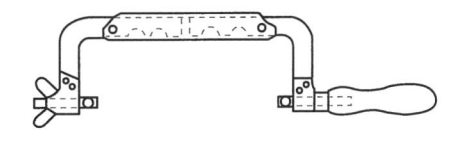　　　　　　　　　　(b) 両開き自在形

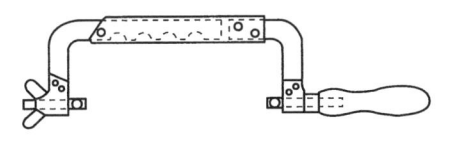

(c) 片開き自在形

図5−69 金切りのこ

表5-5　のこ刃の歯数と被削材

歯　数	被　削　材	
(25.4mmにつき)	種　類	厚さ又は直径（mm）
10	スレート	—
12		
14	炭素鋼（軟鋼）	25を超えるもの
	鋳鉄，合金鋼，軽合金	25を超えるもの
	レール	
18	炭素鋼（軟鋼，硬鋼）	6を超え25以下
	鋳鉄，合金鋼	6を超え25以下
24	鋼管	厚さ4を超えるもの
	合金鋼	6を超え25以下
	軽量形鋼	—
32	薄鉄板，薄鉄管	—
	小径合金鋼	6以下

(b) パイプカッタ

パイプカッタによる切断は，刃ところの間に管を管軸に直角にはさみ，調整ねじのハンドルを締め付けながら管の周囲を回して切断する。管径13～100mmの管の切断に利用される。図5-70にパイプカッタの外観を示す。

パイプカッタによる切断は，金切りのこより速く切断できるが，切り口は管内にかえりが残るから，必ずリーマで取り除く必要がある。

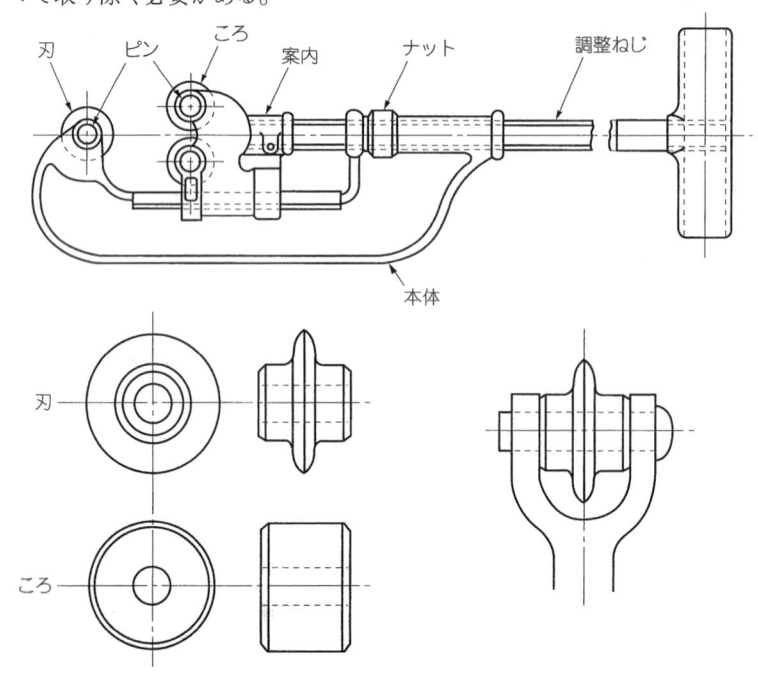

図5-70　パイプカッタ

(c) 門形パイプカッタ

図5－71の門形パイプカッタは，中・大口径管の切断に用いられる。また，既設管の切断にも使用される。

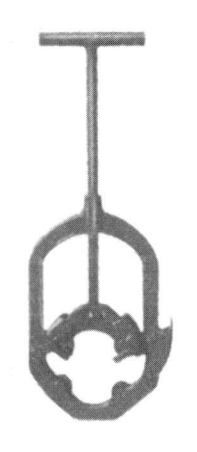

単位mm

呼び番号	切断できる管径
2 ½	33～76
4	60～125
6	114～187
8	168～248
12	235～360

図5－71　門形パイプカッタ

b．電動工具による方法

鋼管切断用電動工具には次の3種類がある。

これらは鋼管の切断用のみでなく，他の管材や鋼材の切断用にも使用される。

① 帯のこ盤（バンドソー）
② 往復のこ盤
③ 高速といし切断機

(a) 帯のこ盤（バンドソー）

比較的軽量なので移動可能式のものが多い。切断は輪状の帯のこをフレームに張り，一定の周速度で回転させることによって行われる。

電動スイッチは，切断完了と同時に自動的に切れるものが多い。

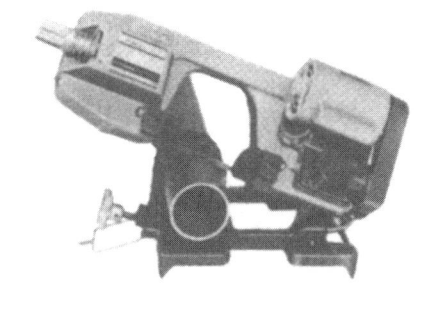

図5－72　帯のこ盤

管径200mm程度以下の管の切断に用いられる。図5－72に帯の盤の外観を示す。

(b) 往復のこ盤

移動可能式のものが多く使用される。弓形フレームにのこ刃を張り，クランクの往復運動により切断が行われる。管径200mm程度以下の管の切断に用いられる。

この変形として，切断しようとする管にチエンバイスや取付けジグによって切断機を取り付け，往復運動で切断を行うパイプソー，セーバーソーと呼ばれるものもある。往復のこ盤の外観を図5－73に，パイプソーの外観を図5－74に示す。

図5-73　往復のこ盤

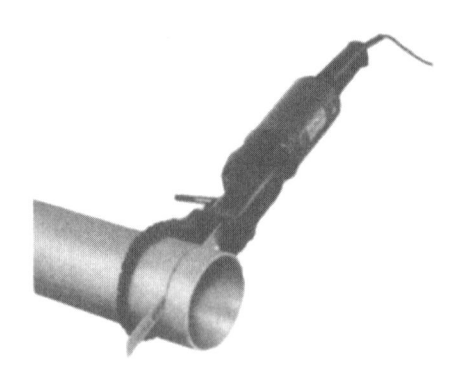

図5-74　パイプソー

(c) 高速といし切断機

　高速といし切断機は図5-75に示すようなもので管，形鋼などの切断に用いられる。

　厚さ3mm程度の薄い円盤状のといしを高速に回転させて切断する。

　この切断機による切断の際は，切断部が高温になるので，ライニング鋼管などの切断に用いてはならない。また，かえりも取り除く必要がある。

　c．ガス切断機による方法

　ガス切断機は酸素とアセチレンを使用して切断するもので，自動式と手動式がある。

　この方法は前述の手動工具や電動工具による方法に比べて切口がきれいに切断できないので既設の配管の切断のように，作業場所が狭いような特定の場合に多く用いられる。図5-76に自動ガス切断機の例，図5-77に手動ガス切断器，図5-78に手動ガス切断器とボンベ・付属装置の連結方法を示す。

図5-75　高速といし切断機

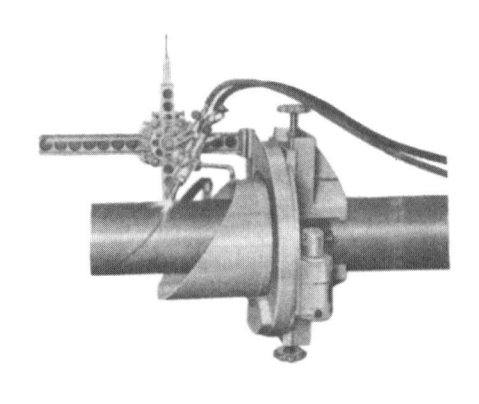

図5-76　自動ガス切断機（斜め切断）

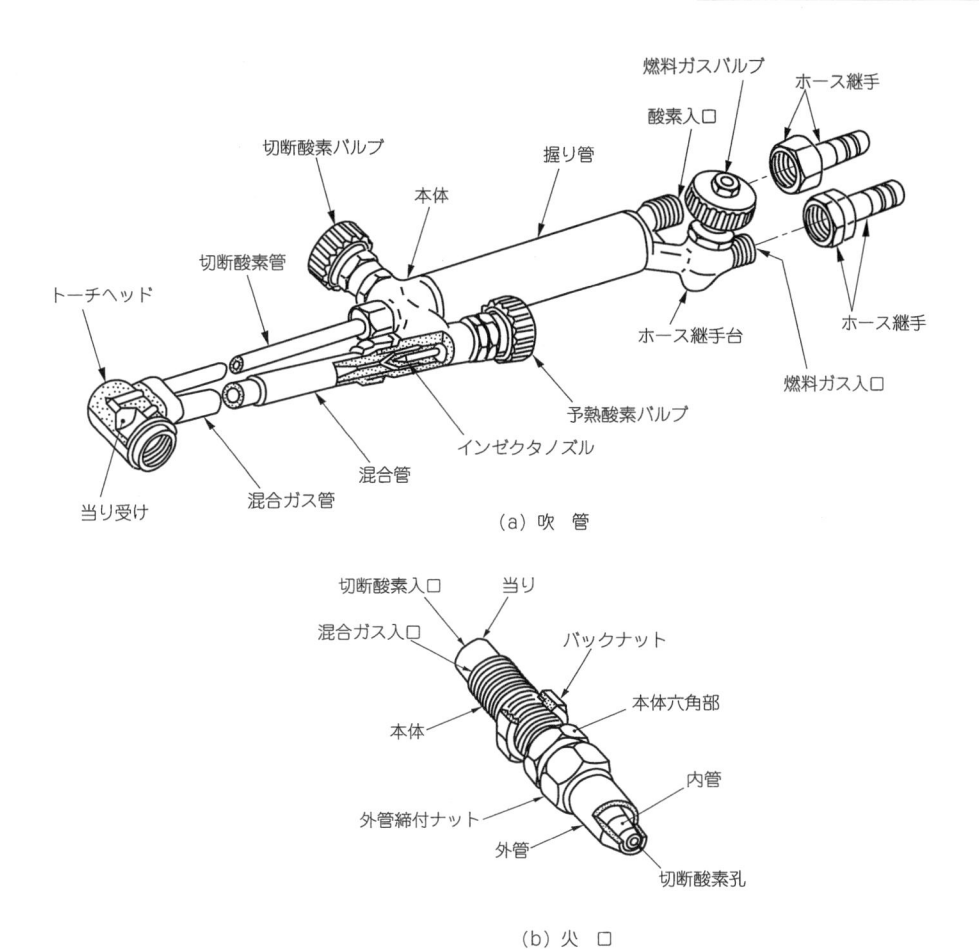

第5章 管仕上げ及び組立て法　125

(a) 吹　管

(b) 火　口

図5-77　手動ガス切断器（JIS B 6802-1991抜粋）

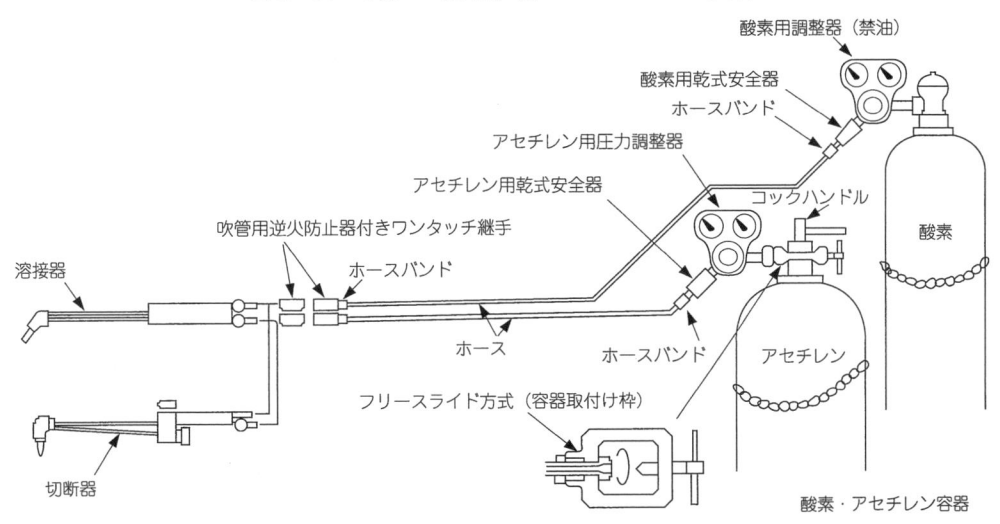

図5-78　ガス切断器の連結（溶解アセチレンを使用）

（2） 鋼管の接合法

鋼管の接合法には次のものがある。

① ねじ接合
② 溶接接合
③ メカニカル接合

a．ねじ接合

管端に管用テーパねじ（JIS B 0203）又は管用平行ねじ（JIS B 0202）のおねじを切り，継手のめねじと接合する方法である。テーパおねじのテーパは1/16の先細り円すい状で，相手側の継手めねじは通常テーパめねじ，場合により平行めねじを用いる。これに対し，管用平行おねじを切ったものは相手側継手めねじは平行めねじに限定される。

管用テーパねじは気密・水密を重視する箇所に用いられ，シールテープやシール剤を用いて締め込み，通常は頻繁な取付け・取外しを行わない。一方，管用平行ねじは機械的結合を目的とし，しばしば取付け・取外しを行う接合箇所に用いられ，ホースジョイントなどに適用されている（図5－79）。

図5－79（a）はJIS B 2301「ねじ込み式可鍛鋳鉄製管継手」の接合法で，おねじは管用テーパねじとし，めねじはテーパねじ，平行ねじのいずれでもよいことになっている。図（b）はJIS B 2303「ねじ込み式排水管継手」の接合法で，おねじ・めねじともテーパねじとすることになっている。継手にはリセスという逃げ溝があり，管をねじ込んだとき，リセスの肩に当たらないようにする。

（a）ねじ込み式可鍛鋳鉄製管継手による場合

（b）ねじ込み式排水管継手による場合

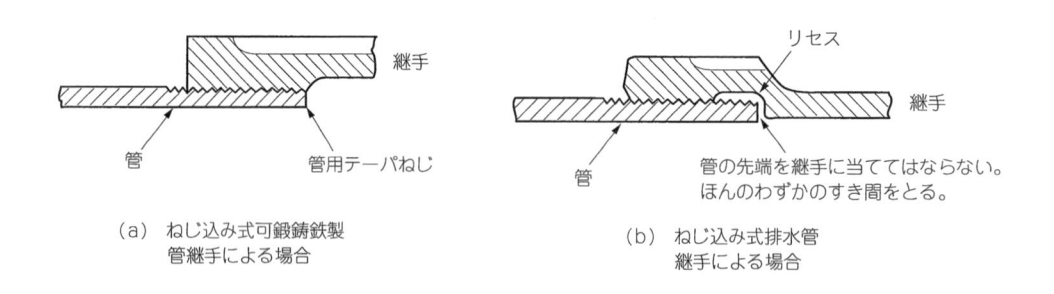

図5－79　ねじ接合

接合に当たっては，おねじ側に四ふっ化エチレン樹脂製のシールテープを巻くか（図5－80），液状ガスケットを塗布するか（図5－81）して液が漏えい（洩）しないようにねじ込むようにする。

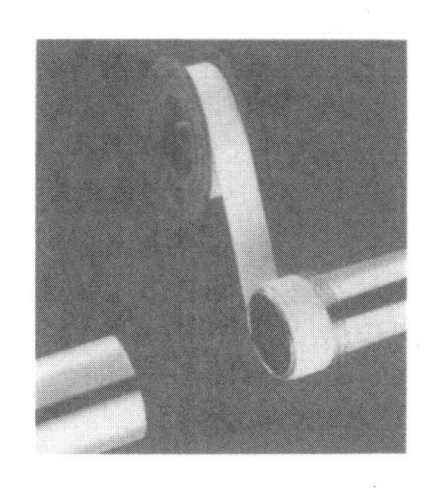

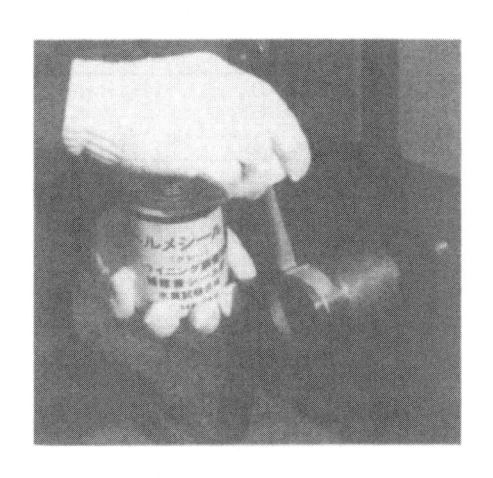

図5−80 シールテープ　　　　　　　　　図5−81 液状ガスケット

　シールテープは，ねじの回転方向にテープを$\frac{1}{3}$〜$\frac{1}{2}$ずつ巻いていく。巻き始めは先端のねじ山を一山ほど巻かないでおくと，食い付きがよくなる。

　液状ガスケットを使用するときは，図5−82に示すようにおねじ側は先端の1〜2山を残してねじ部の溝が充満する程度に塗った後，相手側のめねじ側の入口2〜3山にも塗布してから3〜5分後にねじ込み，12時間程度そのまま放置して乾燥させてから通水を開始するようにする。

　ねじ込みに当たっては，手でねじ込んだ後にパイプレンチなどで工具締めを行うが，あまり力まかせに締め過ぎると管が変形して水密性が悪くなったり，継手にひびが入ったりすることがあるから，工具締めは1山半（15A）〜3山半（150A）の範囲に止める。参考として，工具締め量と最終残り山数を表5−6に示す。また，表5−7に標準締付けトルクを示す。

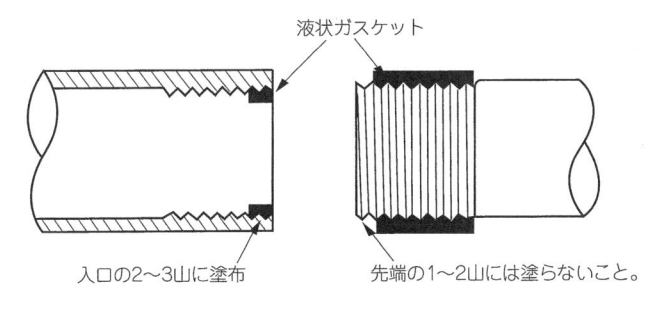

図5−82 液状ガスケットの塗布

表5-6 鋼管のねじ接合における工具締め量と残り山数の標準

単位mm（山数）

呼び径	手締め時の残りねじ長		工具締量	最終残り山数 最小～最大
	最小値	最大値		
15A（1/2B）	5.46 (3.0)	9.00 (4.7)	2.73 (1.5)	1.5～3.2
20A（3/4B）	5.46 (3.0)	9.00 (4.7)	2.73 (1.5)	1.5～3.2
25A（1B）	7.02 (3.0)	12.80 (5.5)	3.51 (1.5)	1.5～4.0
32A（1 1/4B）	7.02 (3.0)	12.80 (5.5)	3.51 (1.5)	1.5～4.0
40A（1 1/2B）	7.02 (3.0)	12.80 (5.5)	3.51 (1.5)	1.5～4.0
50A（2B）	8.12 (3.5)	13.90 (6.0)	4.62 (2.0)	1.5～4.0
65A（2 1/2B）	10.36 (4.5)	17.28 (7.5)	5.80 (2.5)	2.0～5.0
80A（3B）	10.36 (4.5)	17.28 (7.5)	5.80 (2.5)	2.0～5.0
100A（4B）	11.56 (5.0)	18.48 (8.0)	6.94 (3.0)	2.0～5.0
125A（5B）	14.66 (5.5)	19.58 (8.5)	8.10 (3.5)	2.0～5.0
150A（6B）	14.66 (5.5)	19.58 (8.5)	8.10 (3.5)	2.0～5.0

表5-7 標準締め付けコルク

呼び径	トルク（N・m）	レンチの呼び（mm）×加える力（N）
15A（1/2B）	39.2	300×196 又は 350×157
20A（3/4B）	58.8	300×284 又は 350×235
25A（1B）	98.0	450×284
32A（3/4B）	118	450×343
40A（11/2B）	147	600×313
50A（2B）	196	600×412
65A（21/2B）	245	900×343
75A（3B）	294	900×421
100A（4B）	392	950×519

b．溶接接合

溶接接合には，次の3種類がある（図5-83）。

① 突合せ溶接
② 差し込み溶接
③ フランジ溶接

突合せ溶接は管の先端をベベル（開先）加工して行う。差込み溶接はソケットを，フランジ接合はフランジを管に溶接して行う。

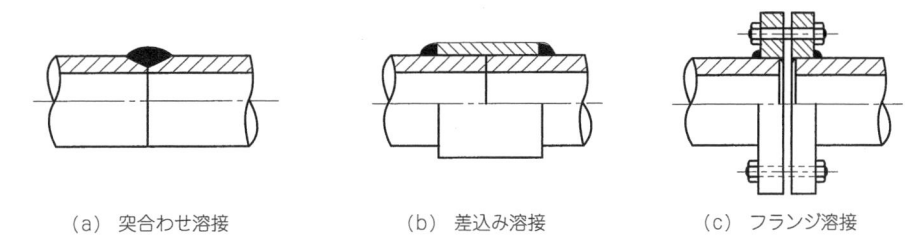

(a) 突合わせ溶接　　(b) 差込み溶接　　(c) フランジ溶接

図5-83　鋼管の溶接接合

突き合せ溶接の開先は図5-84に示すようなI形，V形，X形がある。

	適用管厚 t (mm)	適用管径（参考）	S (mm)	a (mm)	α (°)
I形	4以下	ＳＧＰ　50A以下	0〜1.5	0〜1.5	−
V形	4〜20	ＳＧＰ　65A以上	2〜4	0〜2.4	60〜70
X形	16以上	ＳＴＰＧ　Sch80 かつ300A以上	2〜4	0〜2.4	60〜70

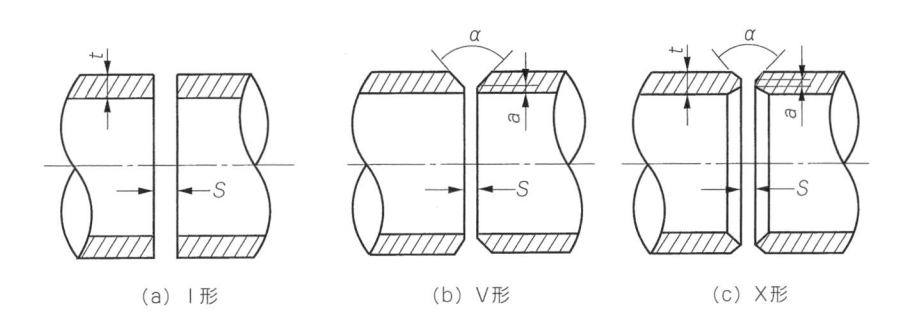

(a) I形　　(b) V形　　(c) X形

図5-84　突合せ溶接の開先の種類

一般に，ＳＧＰ50A以下はガス又はアーク溶接，ＳＧＰ80A以上はアーク溶接が多く用いられている。溶接は，図5-85に示すように，小口径の場合は接合しようとする管どうしをアングルの上に置き，大口径の場合は4箇所に穴（切り欠き）のあいた仮付け用クランプで締め付け，4箇所を点溶接する。このとき，溶接部の厚さは管の厚さの $\frac{1}{2}$ 以下とし，あまり厚く盛り上げない。

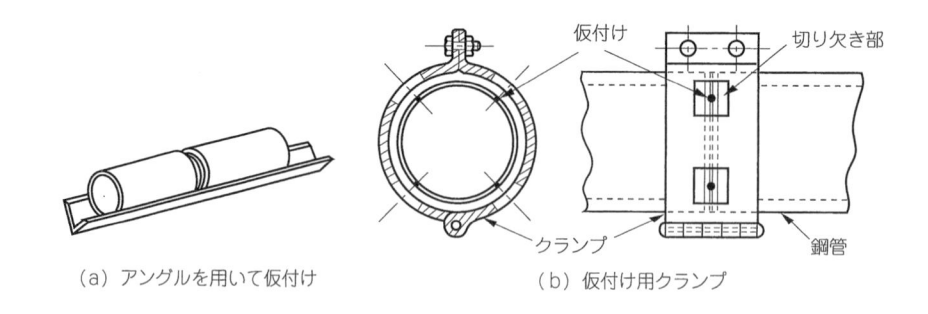

(a) アングルを用いて仮付け　　（b) 仮付け用クランプ

図 5-85　仮付けの方法

次に図 5-86のように，仮付けした管を 2 個以上のローラ受台で支え，管を回転させながら本溶接を行う。

本溶接の始点は仮付けの中間点とし，ビードの幅を少し狭くして溶接を始め，ひと回りしたらビードの終わりを始点の狭いビードの上までかけて終わるようにする。

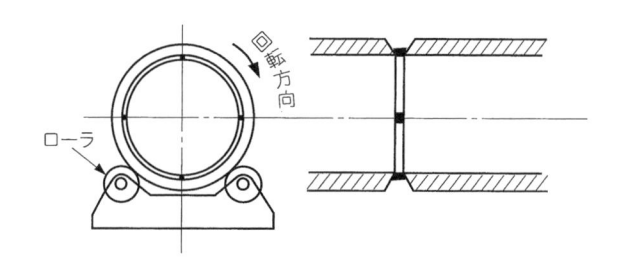

図 5-86　本溶接に用いるローラ受台

その他の鋼管の接合法については，第 3 章第 2 節を参照のこと。

c．メカニカル接合

メカニカル形管継手，ハウジング形管継手を用いて管を接合する方式である。いずれもガスケットを用いて管のたわみと伸縮を吸収する構造で，種々の形式の製品がある。一般にメカニカル形は大口径（80 A～900 A），ハウジング形は小口径（50 A～300 A）向きに製作されている。図 5-87にメカニカル形管継手，図 5-88にハウジング形管継手を示す。

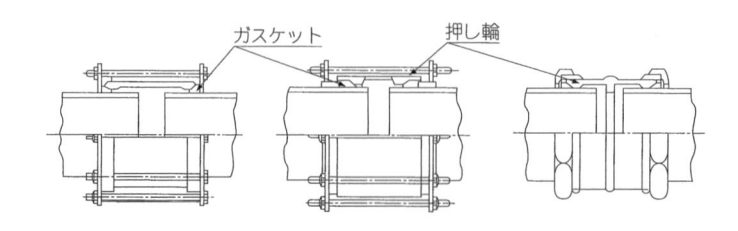

図 5-87　メカニカル形管継手

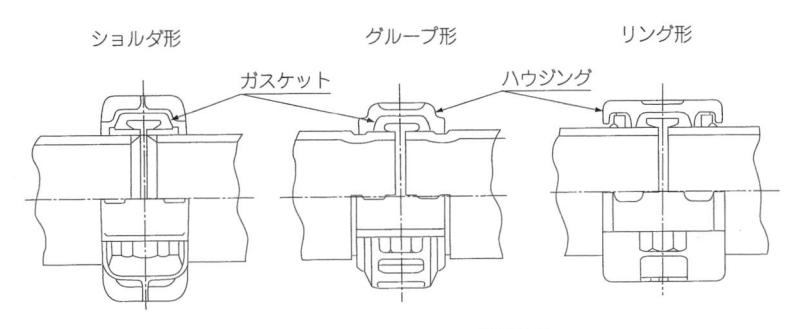

図5-88 ハウジング形管継手

(3) ねじ切り機（器）の種類

a．手動ねじ切り器の種類と構造

手動ねじ切り器には図5-89（a）に示すオスター形と図（b）に示すリード形とがあって，両者は刃の形が異なり，図5-90のようになっている。

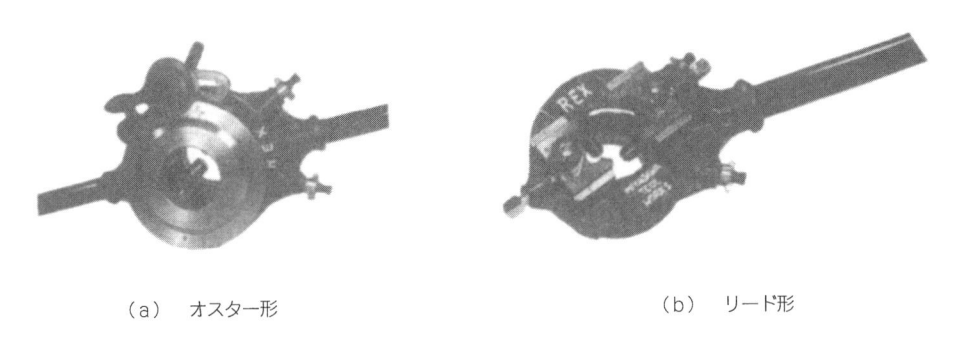

（a） オスター形　　　　　（b） リード形

図5-89 手動ねじ切り器

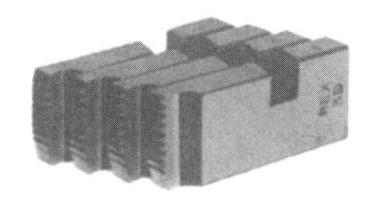

（a） オスター形の刃（チェーザ）　　　　　（b） リード形の刃

図5-90 手動ねじ切り器の刃

また，本体とハンドルが固定された固定式と，ラチェット式のものがある。

ただし，最近は後述するパイプマシンで作業を行う例がほとんどで，これを使用する例は極めて少ない。

132 配管概論

b．電動ねじ切り機の構造と操作

電動ねじ切り機は，通称パイプマシンと呼ばれ，ねじを切るためのダイヘッドとチェーザ，パイプカッタ，それに管端内面のばり取りを行うリーマが1台に取り付けられている構造で，電動で管を回転させ，管の切断・内面の面取り，ねじ切りが行えるようになっている。外観を図5－91に示す。ねじ切りの操作方法は以下のとおりである。

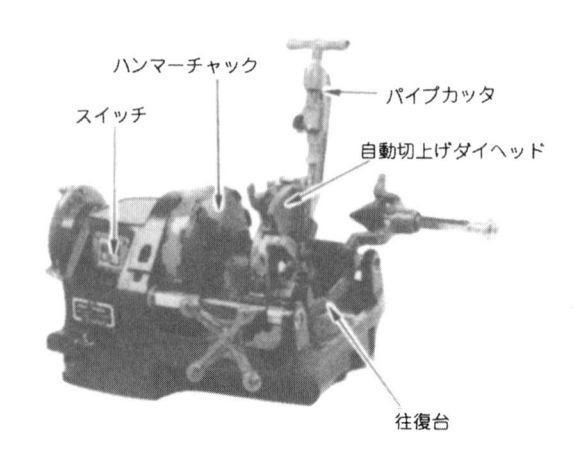

図5－91　パイプマシン

(a) 面取り

切断した鋼管の管端切り口は，ねじ切りを行う前に必ず内面の面取りを行う必要がある。

面取りを行うには，不要な切断用パイプカッタ，ねじ切り用ダイヘッドを起こして退避させ，リーマを倒してリーマ握りを押し出し，リーマ刃を管の中へ挿し込む。握りを手前に回すとその位置でリーマは固定される。この状態でスイッチを押して管を回転し，送りハンドルを徐々に回し，リーマを管に押し付けると面取りが行われる（図5－92）。

図5－92　面取り

(b) ねじ切り

一般に，標準付属品として数種のダイヘッド（刃取付枠），チェーザ（刃）が付属しているので，管の太さに適したダイヘッド，チェーザを選んで機械にセットする（図5－93）。

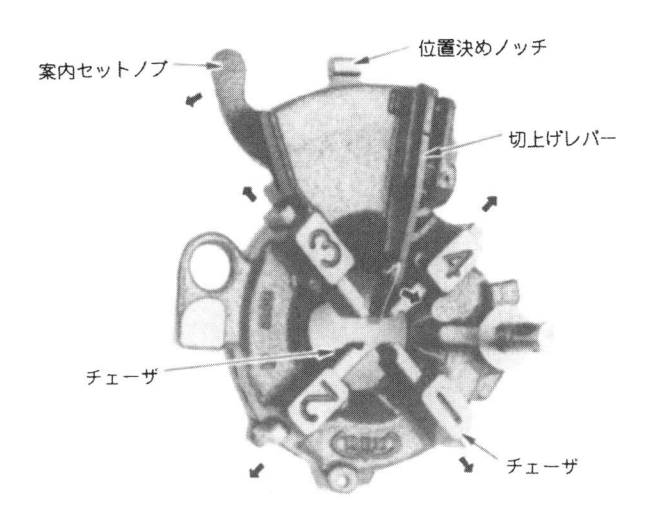

図5－93　ダイヘッド外観

管の太さ，ねじのピッチなどを定めるのは，機種によっていろいろな方式があるが，図5－94のような位置決めノッチとピンによるものなどが多い。

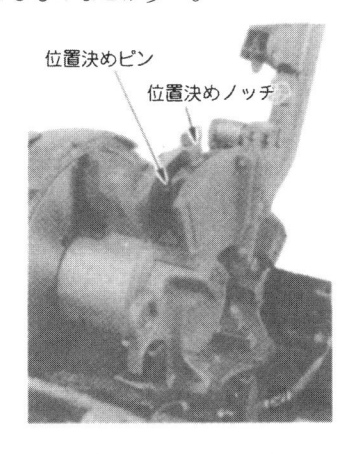

図5－94　ねじ切り時の管径・ピッチのセット

これをセットした後，スイッチを押すと管が回転し，切削油がダイヘッドから切削面に吐出するので，送りハンドルを回し，チェーザを管に食い付かせる。ねじが3～4山切れると，あとは機械が自動的にねじを切り進んでゆく。あらかじめセットした長さが切れると，自動的にチェーザが切削面から離れる方式を「自動切上方式」，手動で切り終わりを指示する方式を「手動切上方式」という。

ねじ切りに使用する切削油は,給水用の配管であるときは衛生上から専用の「上水道管用切削油」を使用しなければならない。

c．ねじ転造機

ねじ転造機は,素材の外周に転造工具(ダイス)を押しつけながら素材と工具を相対的に回転させることにより工具面に設けてあるねじ山が素材にくい込んで谷を形成し,押しのけられた素材は盛り上がって山を形成することによってねじを素材の外周に作り出す工作機械である。

この加工法は,転造工具のねじ山がそのまま写し取られるので加工精度のばらつきがなく,転造されたねじ山の繊維組織が破壊されずに連続して残り,かつ加工硬化によって組織が緻密となるため強度の大きいねじが得られる。反面,素材が大きいと転造機が巨大化する上に大きな転造動力を必要とすることから,管用ねじの転造機は現在小口径の鋼管用に限られている。

転造法は大別して表5－8の3種類あり,このうち平ダイス,ロータリー式は主にボルト・ビスなどの製造に使用され,管用ねじを転造する場合は丸ダイスが用いられる。図5－95は管用テーパねじを転造する転造機の例で,15A～50Aのねじを形成することができる。

表5－8　転造機の種類

ダイスの形状	図示	ダイスの周速と素材の移動速度	
平ダイス	(1) 平ダイスの図	$V_1 = 0$ $v = \dfrac{V_2}{2}$	一対の平ダイスを使用し一方のダイスは固定($V_1 = 0$)他方のダイスが周速V_2で移動し,素材は$V_2/2$で移動する。両方のダイスの間隔は一定である。
ロータリー式 (扇形ダイスと丸ダイス)	(2) ロータリー式の図		ロータリー式(又はプラネタリー式)ねじ転造盤でセグメントダイスは固定($V_1 = 0$)と一方向に回転する丸ダイス(周速V_2)の組合せ。両方のダイスの間隔は一定である。
丸ダイス	(3) 丸ダイスの図	$V_1 = V_2$ $v = 0$	油圧又はカム式ねじ転造盤で一対のダイスを使用,両方のダイスの周速は等しく,素材は回転するだけで移動しない。ダイスの間隔を変化させる。
	(4) 丸ダイスの図	$V_1 < V_2$ $v = \dfrac{V_2 - V_1}{2}$	差速式ねじ転造盤で一対の丸ダイスを使用,両方のダイスの周速が異なり素材は周速の差の半分で移動する。両方のダイスの間隔は一定である。

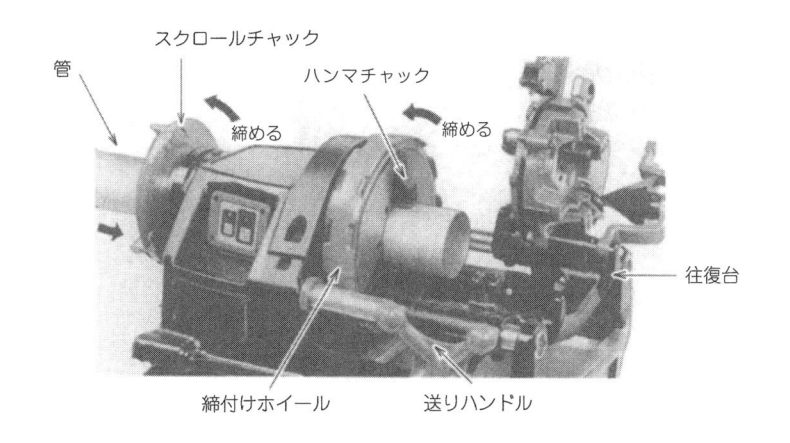

図5−95　管用ねじ転造機

（4）　ねじの検査

　ねじ切り機（器）で作成されたねじが規格どおりの寸法になっているかを検査するにはねじゲージを用いる。図5−96は管用テーパねじゲージの外観で管に切られたおねじを検査する場合は図左側の「ねじリングゲージ」を外して図5−97のように検査しようとする管に手でねじ込み，管端が切欠きより首を出し，かつリングから突き出さない場合は合格である。管継手のようなめねじを検査する場合は，図5−96右側の「ねじプラグゲージ」を用いてめねじに手でねじ込み，ゲージの切欠きがめねじ内に入り，ゲージの根元が外に出ている場合は合格である。

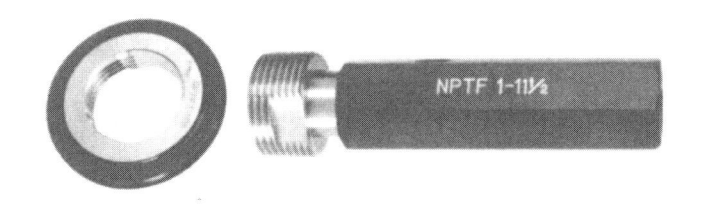

図5−96　管用テーパねじゲージ外観

　管用平行ねじを検査するには図5−97のような管用平行ねじゲージを用いる。図上側の「ねじリングゲージ」は一方がおねじ基準径より大きく，他方は小さくなっており，大きい方を「通りゲージ」，小さい方を「止まりゲージ」と呼んでいる。検査しようとするおねじに両者をねじ込み，通りゲージのほうは手で無理なく通り抜け，止まりゲージのほうは2回転以上ねじ込めない場合は合格である。

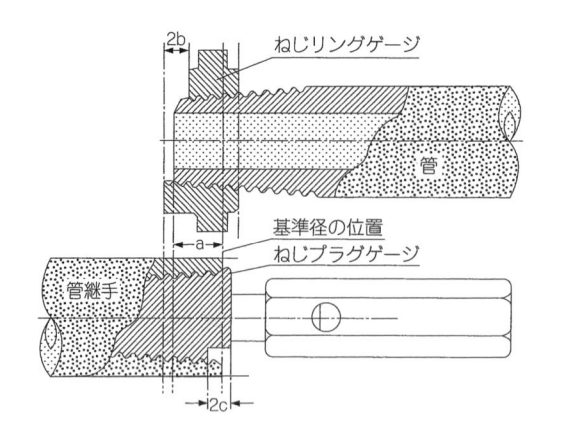

図5－97　管用テーパねじの検査

　めねじの検査は図下例の「ねじプラグゲージ」を用いる。図左側が通りゲージ。右側が止まりゲージになっており，判定方法はおねじの場合と同様である。図5－98に管用平行ねじゲージの外観を示す。

図5－98　管用平行ねじゲージ外観

（5） ねじ接合法

a．ねじ込み長さ

管の端部に切ったねじを継手にねじ込む場合のねじ込み長さは表5－9を標準とする。

表5－9　管用テーパねじのねじ込み長さ L の標準

管径（A）	15	20	25	32	40	50	65	80	100	125	150
L （mm）	11	13	15	17	18	20	23	25	28	30	33

b．管長割出法

ねじ込み接合する場合，配管延長の長さに対して，管の切断長さは次の方法より求められる（図5－99に例題を示す。）。

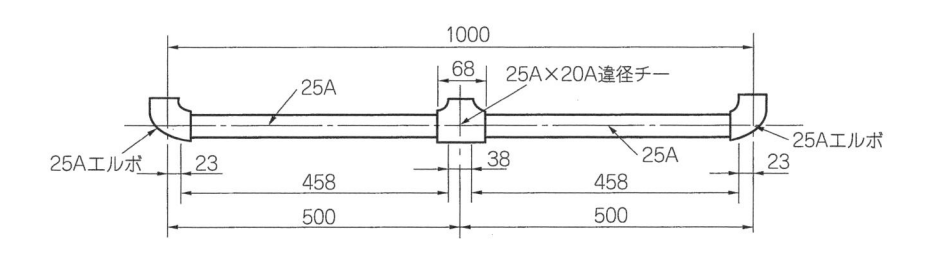

図5－99　管長割出法の例題

管径25Aの管の両端にエルボをねじ込み，その中心に違径チーを入れて配管する場合の25Aの短管の切断長さは，エルボの中心から違径チーの中心までの距離500mmからエルボ及び違径チーの継手の差し引き長さを引いた長さとなる。

表5－10，表5－11にエルボ，違径チーの差し引き長さを示す。

この表より，

管の長さ＝500mm－（23mm＋19mm）＝458mm

となる。

表5-10 エルボの差引き寸法

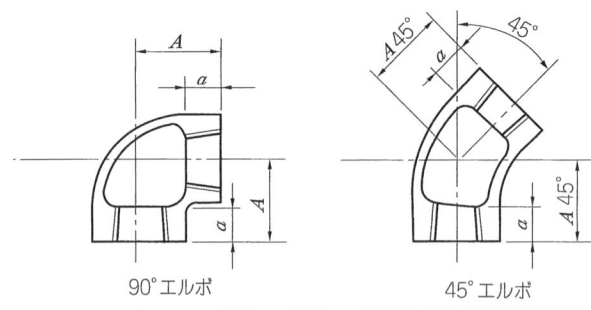

呼び径 (mm)	中心から端面までの距離 (mm)		90°エルボ	45°エルボ
	A	$A45°$	差し引き寸法$A-a$ (mm)	差し引き寸法$A-a$ (mm)
15	27	21	16	10
20	32	25	19	12
25	38	29	23	14
32	46	34	29	17
40	48	37	30	19
50	57	42	37	22
65	69	49	46	26
80	78	54	53	29
100	97	65	69	37

〔注〕上記表は呼び径100までのものである。

表5-11 違径チーの差し引き寸法（JIS B 2301抜粋）

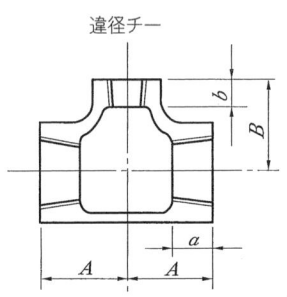

呼び径 (mm)	中心から端面までの距離 (mm)		差し引き寸法 (mm)	
	A	B	$A-a$	$B-b$
25×20	34	35	19	22
32×25	40	42	23	27
40×25	41	45	23	30
50×40	52	55	32	37
65×50	60	65	37	45
80×50	62	72	37	52
100×50	69	87	41	67
100×80	83	91	55	66

〔注〕上記表は呼び径100までのもので違径チーの種類は上記以外のものもある。

c．ねじ接合用工具類

ねじ接合用工具類を取り扱うときは，使用管径に合った大きさのものを使用する。使用管径に合ったものを使用しないと，作業中，思わぬ事故を起こすことがある。

(a) パイプ万力

パイプ万力（図5－100）は管の切断，接合に当たって管を固定するもので，脚なしのものと，脚つきのものとがある。

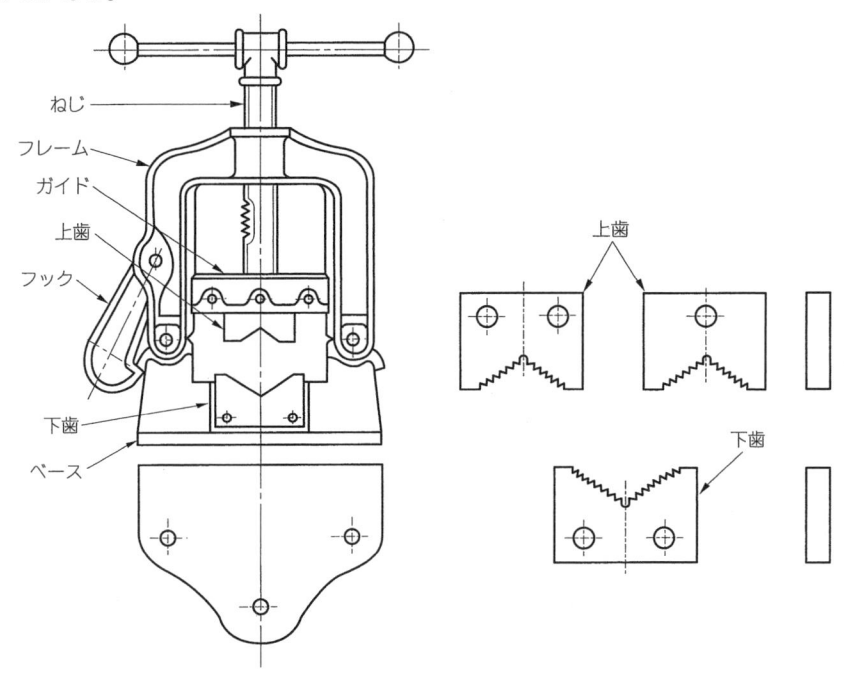

図5－100　パイプ万力

(b) パイプレンチ

パイプレンチ（図5－101）は，パイプ万力に固定したおねじ付鋼管にソケット・エルボ・チーなどをねじ込んだりする場合に使用する工具である。管継手，管をくわえるときは丸ナットを緩めて本体のとってを右手で持ち，上あごを管継手又は管にひっかけ，丸ナットを締め込んで上あごと植歯で管継手・管をくわえ込む。

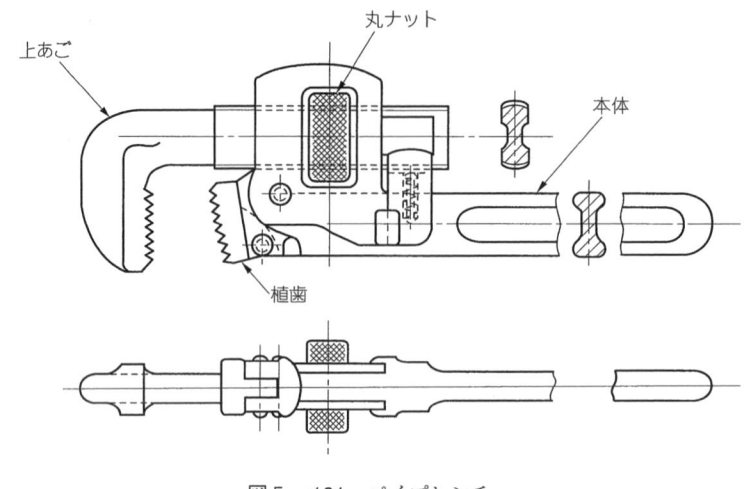

図5−101 パイプレンチ

(c) 鎖パイプレンチ

狭い場所でパイプレンチの作業が困難な場合に，図5−102（a）の鎖パイプレンチが用いられる。管は鎖を巻き付けて締め上げ，柄を持って管を回転させる。同様な工具に図（b）のストラップレンチがあり，これは鎖の代わりに合成樹脂のひもを用いている。

(a) 鎖パイプレンチ　　　　　　　　(b) ストラップレンチ

図5−102　鎖パイプレンチ，ストラップレンチ

3.2　ライニング鋼管の接合法

(1) ライニング鋼管の切断法

ここでいうライニング鋼管とは，内面ライニング鋼管，内面ライニング・外面被覆鋼管，外面被覆鋼管の3種をさすものとする。これらの切断に当たっては，ライニング鋼管に局部的な発熱を生じさせると，その部分のライニング部が変質したり，はく離したりする。したがって，バンドソー（帯のこ盤），メタルソー（丸のこ盤）などの電動金のこ盤を用いるのがよく，高速といし切断機，ガス切断器のような発熱を伴うものは使用してはならない。

（2） ライニング鋼管のねじ接合法

外面被覆（内面ライニング・外面被覆を含む）管におねじを切る場合は，外面が硬質塩化ビニル，密着ポリエチレンであるとパイプマシンでそのままねじ切りができるが，被覆管用の専用チェーザ，専用つめがあるので，それらを利用するのがよい。パイプ万力を使用する場合も外被を傷付けないよう，専用工具を使用するのがよい。図5－103に外面被覆鋼管用のパイプ万力を示す。

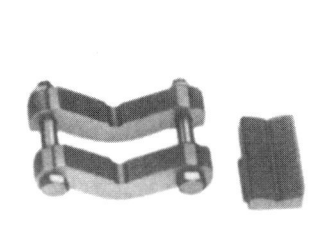

図5－103　外面被覆鋼管専用工具の例

（3） ライニング鋼管ねじ接合の防食

ライニング鋼管をねじ接合する場合は，管の端面の鋼管部分が露出されているため，腐食が生じやすいので防食をしなければならない。

a．内面ライニング鋼管の場合

(a) 防食剤を塗布する方法

この場合に用いる継手は，内面に樹脂コーティングを施したものがあるのでこれを使用する。図5－104に示すように，おねじの先端とめねじの終端に液状又はグリース状の防食剤を塗り，ねじ部はシールテープ，液状ガスケットでシールする。液状ガスケットには防食剤を兼ねているものがあるから，この場合はねじ部全面に塗布する。ただし，

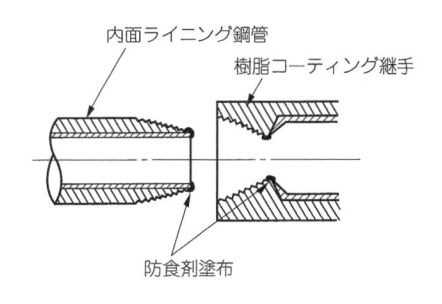

図5－104　防食剤の塗布

あまり多量に塗布すると硬化したガスケットが管内に垂れ下がるから，注意しなければならない。

(b) 防食コアを使用する方法

この場合も内面樹脂ライニング継手を使用する。図5−105に示すように，合成樹脂製のコアがあるので，コアの外面，管の内面に接着剤を塗布し，コアを管に押し込んで20～30秒間そのまま保持・乾燥させる。水道の給水管の場合は，専用の接着剤を使用する必要がある。

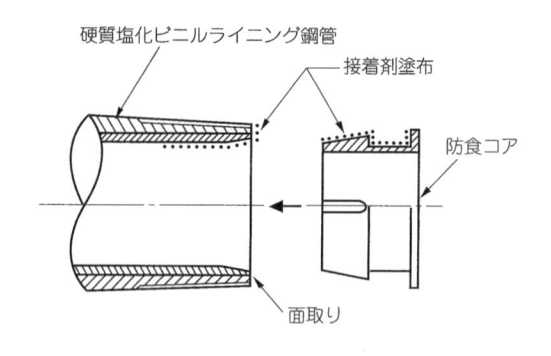

図5−105 硬質塩化ビニルライニング鋼管用防食コア

(c) 管端防食形継手を使用する方法

継手自体が管端防食を行う構造となっており，コア挿入形，コア内蔵形，コア組込み形などがある。図5−106に各種管端防食形継手の構造を示す。

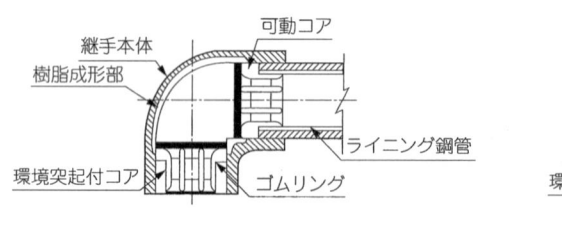

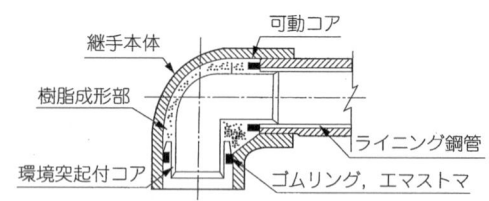

(a) コア挿入形
(b) コア内蔵形（ゴムリングタイプ）
(c) コア内蔵形（シーラントタイプ）
(d) コア組込形

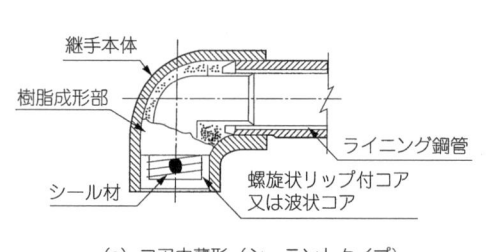

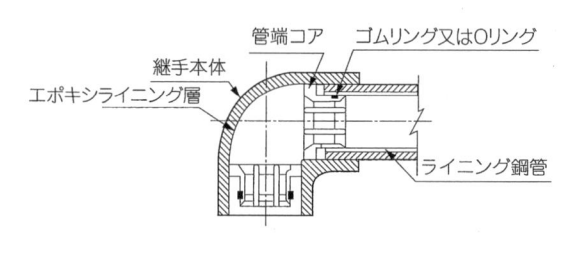

図5−106 内面樹脂ライニング鋼管用管端防食形継手

b．外面被覆鋼管の場合

内面に樹脂加工を施した専用の各種継手が製作されており，一例を図5−107に示す。ねじ込み部はおねじの先端，めねじの終端に防食剤を塗り，シールテープ，液状ガスケットでシールするのは内面ライニングと同様である。継手自身の外面も，一般に合成樹脂の被覆が施されている。

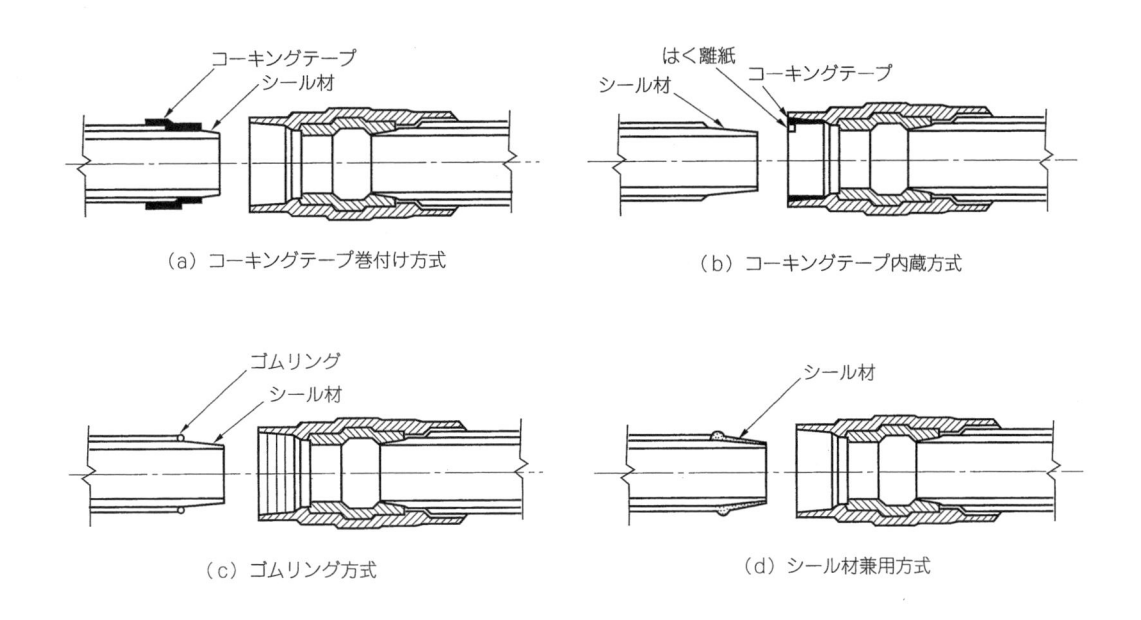

図5−107　外面樹脂被覆鋼管用継手

c．内面ライニング・外面被覆鋼管の場合

　これは，内面ライニング鋼管用継手とほぼ同構造の継手を使用する。継手構造の一例を図5−108に示す。

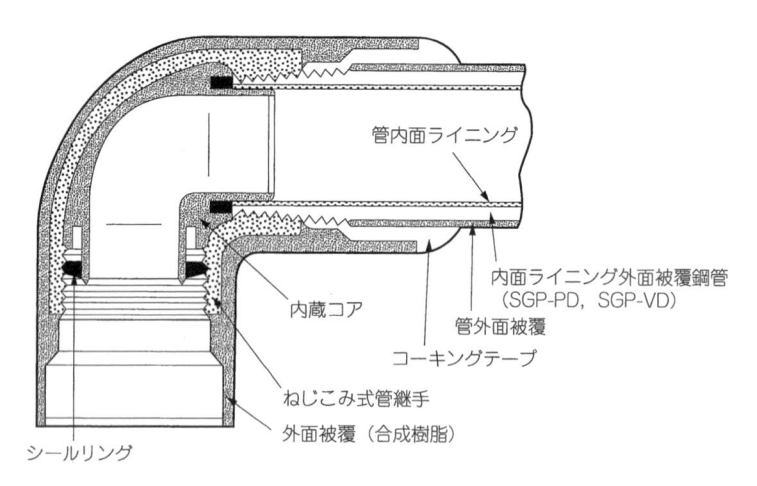

(a) コーキングテープ使用

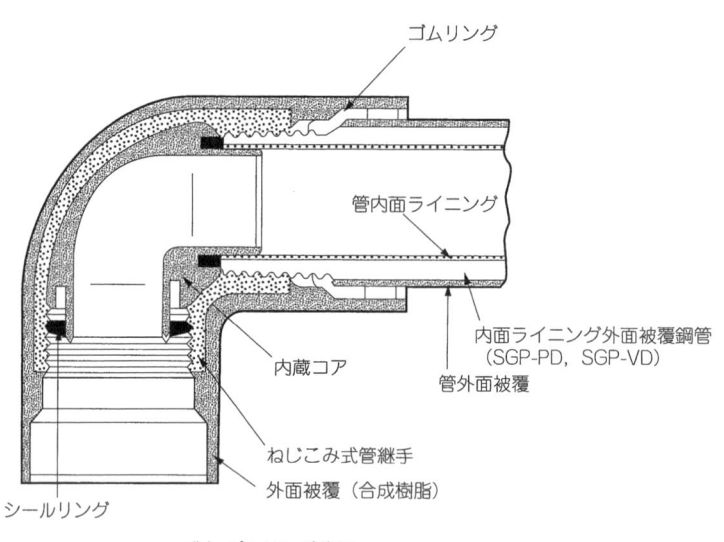

(b) ゴムリング使用

図5-108 内面ライニング・外面被覆鋼管用継手

(4) ライニング鋼管のフランジ接合法

内面ライニング鋼管は,直管,曲管,チー,レジューサなど,すでに工場においてフランジが取り付けられ,ライニングがフランジの合わせ面まで施工されているものが数多くある(図5-109)。

直 管

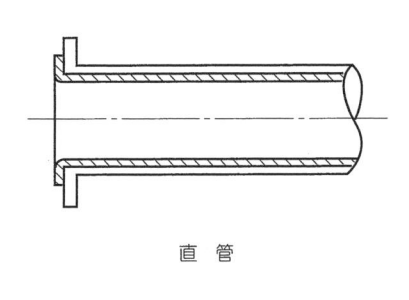

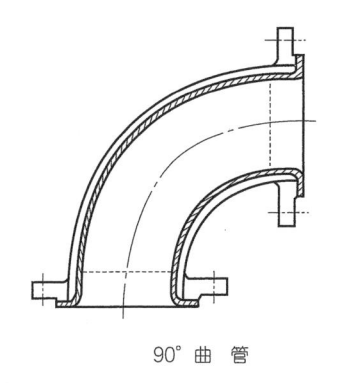

90°曲管

図5−109 内面ライニングフランジ付き鋼管

　一般的には，これらの工場で製作されたフランジ鋼管を組み合わせて使用するのが望ましいが，既に据付けられた機器類と結合するとき若干の過不足が生じ，現場で加工を行わなければならなくなることがある。加工法は数種あるが，このうち塩化ビニル内面ライニング管の「ねじフランジ法」について以下に説明する。

① 電動金のこ盤などを使用して管を切断する。
② パイプマシンなどにより管用テーパねじを管端にねじ切りする。このときねじ長さはフランジ幅よりやや長めとする。
③ ねじ付きフランジをこれにねじ込み，ポンチでかしめるか，点溶接で数箇所固定する（図5−110（a））。溶接の場合は，熱でライニングが変質しないようにぬらしたウエスなどを管内に押し込むか，溶接点付近の外周にかぶせる。
④ フランジ面から突き出している管端をグラインダかやすりで削り取り，フランジとつらいちにし，内面を面取りする（図（b））。
⑤ 合成樹脂製のつば付短管を管へ軽く挿入し，止まった位置に印を付ける。これを0（ゼロ）ポイントという（図（c））。
⑥ つば付短管を引き出して，0ポイントから先を金のこなどで切り落とし，先端内側を面取りする（図（d））。
⑦ 鋼管と短管のつばの当たり面にゴム系接着剤を塗り，乾燥させる（図（e））。
⑧ 短管の胴の外周と，鋼管内面の当たり面に塩ビ系接着剤を塗布し，すばやく短管を挿入する。このとき，80A以下の小口径のものは手で簡単に挿入できるが，大口径のものは挿入工具を用いる（図（f））。
⑨ 合フランジを取り付け，ボルトを締めてそのまま20〜30分放置する。このとき，フランジ面をトーチランプなどで軽く加熱するとゴム系接着剤の接着効果が良好となる（図（g））。
⑩ 合フランジを取り外して完成となる。

146 配管概論

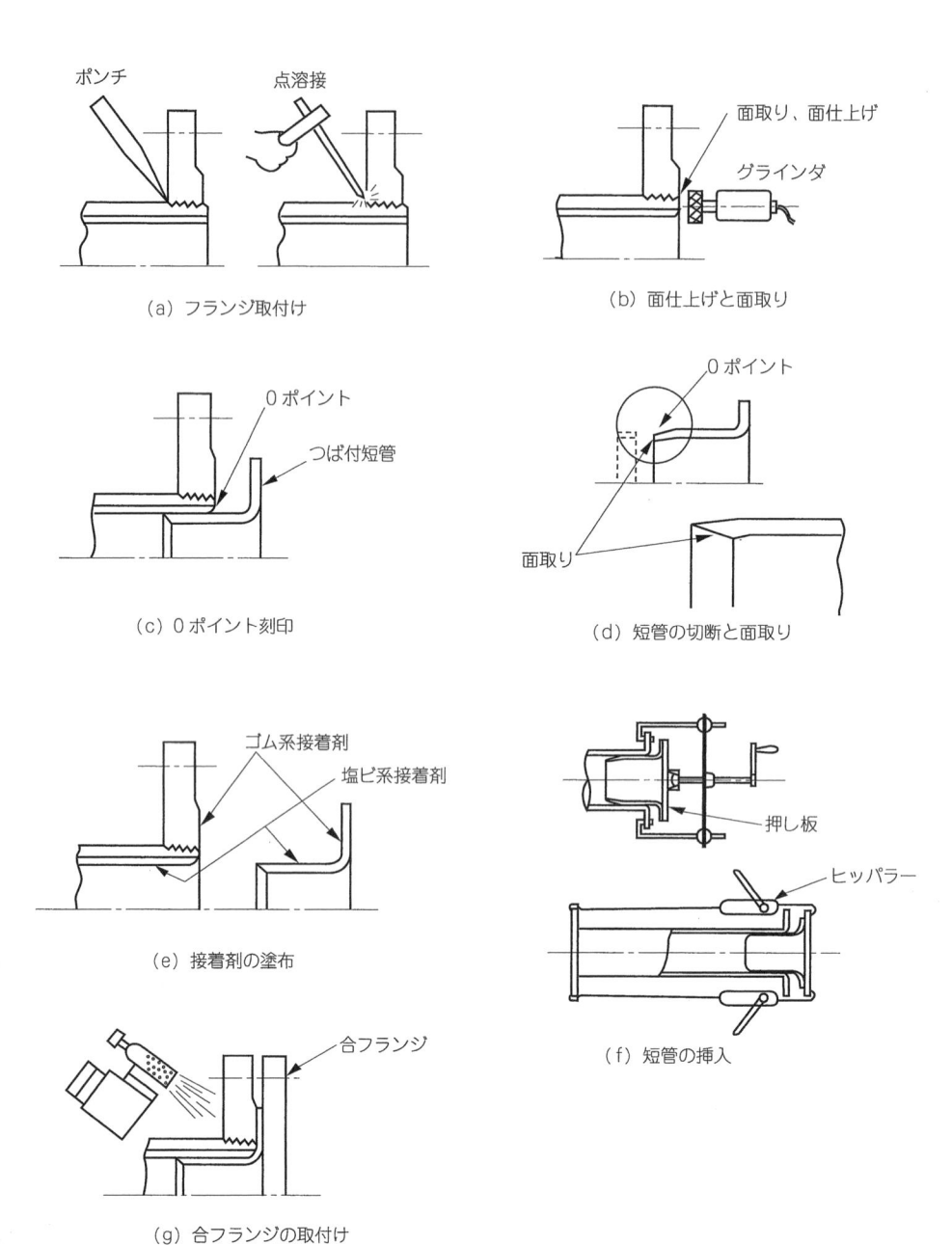

(a) フランジ取付け

(b) 面仕上げと面取り

(c) 0ポイント刻印

(d) 短管の切断と面取り

(e) 接着剤の塗布

(f) 短管の挿入

(g) 合フランジの取付け

図5-110 ライニング鋼管のフランジ接合

3．3　銅管の接合法

(1)　銅管の切断法

銅管の切断には，小口径（約25mm以下）は専用のチューブカッタ（図5－111）で，大口径は金切りのこを使用する。金切りのこで切断したときは，切断面にかえりが残るから，リーマ（図5－112），スクレーパによってそれを取り除く。

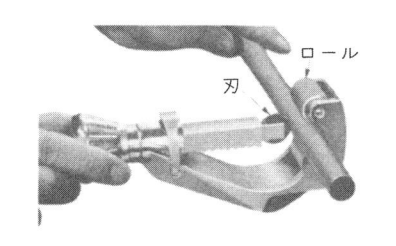

図5－111　チューブカッタによる切断

図5－112　リーマ

さらに，銅管は管自体が軟らかく，薄肉であるため管切断面が変形しやすいので，図5－113に示すようなサイジングツール（整形器）で真円となるよう整形する。

(2)　銅管の接合法

a．フレア接合

小口径で，取付け・取外しを行うような箇所，例えば圧力計の配管に銅管を使用するときなどはこの接合法が用いられる。これは，図5－114に示すフレアリングツールと呼ばれる器具に銅管の管端を挟み，ハンドルを回してラッパ状に押し広げ，継手のフレアナット，ダブルナットで締め上げる方法である（図5－115）。

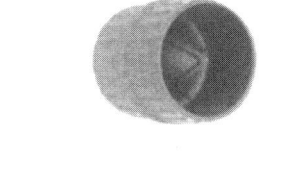

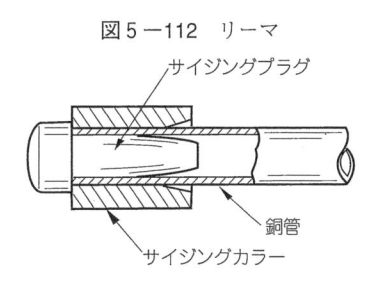

図5－113　サイジングツール

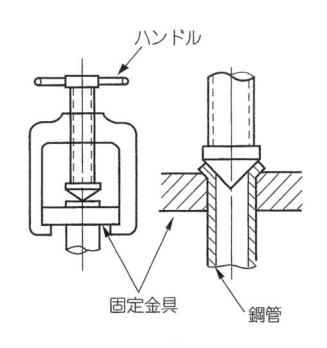

図5－114　フレアリングツール

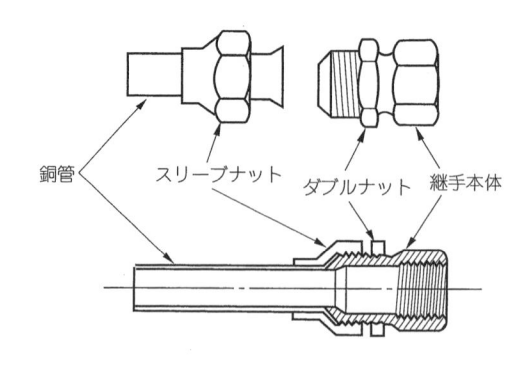

図5-115 フレア接合

b．ろう付け接合

接合に用いるろうには，表5-12のようなものがある。

表5-12 ろうの種類

種類		成分	規格	ろう付温度（℃）	フラックス
硬ろう	銅ろう	Cu	JIS Z 3262	1095～1150	—
	黄銅ろう	Cu, Zn	JIS Z 3262	820～980	—
	りん銅ろう	Cu, Ag, P	JIS Z 3264	720～930	—
	銀ろう	Ag, Cu, Zn	JIS Z 3261	620～890	要
軟ろう		Sn, Ag	—	220～300	要

以下，多く使用されている銀ろうの接合法について述べる。

① 管の外面の酸化膜や油脂をナイロンたわし，ワイヤブラシ，細目のサンドペーパなどでよく磨き，除去する。継手内部も同様である。

② ブラシなどでフラックスを管端に塗るが，塗りすぎると腐食，漏水の原因となるので注意する。また，継手内部にフラックスを塗ってはならない（図5-116）。

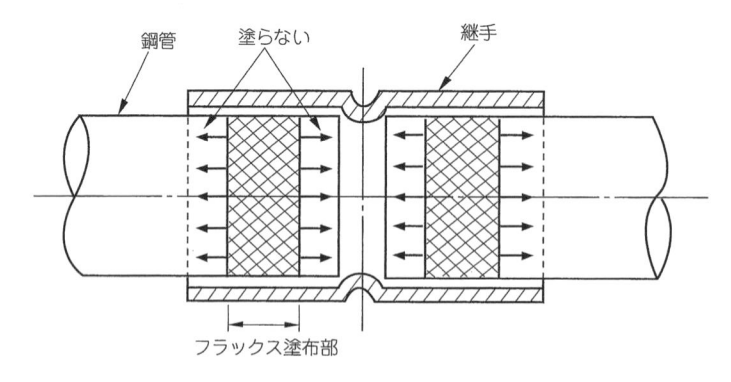

図5-116 フラックスの塗布

③　フラックスを塗布した銅管を継手に差し込み，1～2回転させ，フラックスを継手になじませる。
④　接合部から3～6cm離れたところから，図5－117に示すように順次継手側へ向かってトーチで加熱していき，図の⑤，⑥の段階で継手が赤熱したらろうに直接炎を当てないで，継手のすき間にろうを押し当てる（図5－118）。

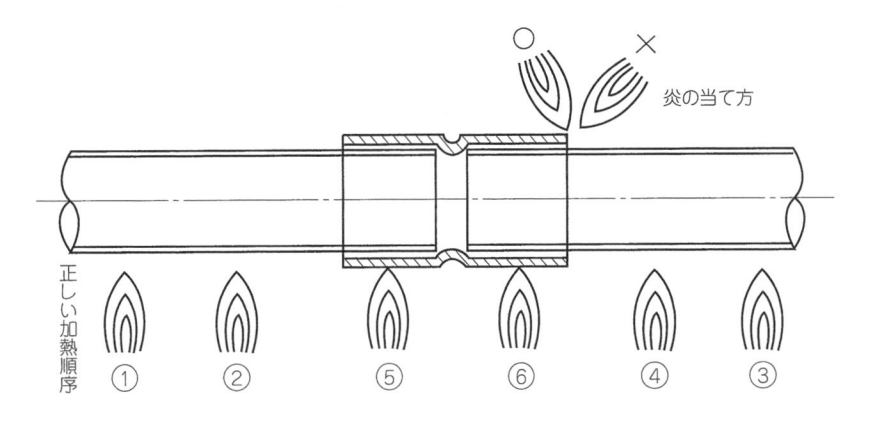

図5－117　接合部の加熱順序

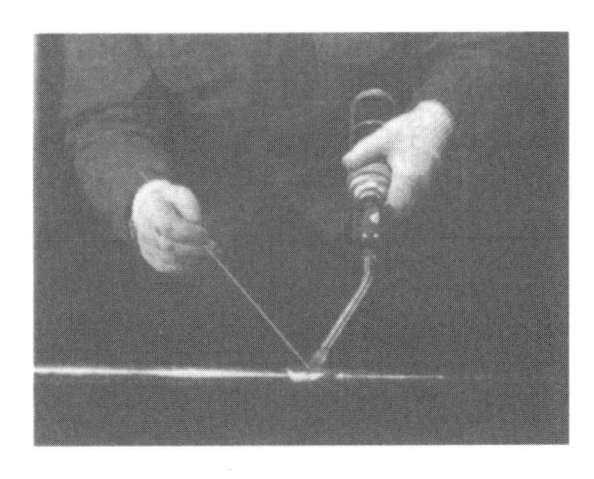

図5－118　ろう付け作業

⑤　ろうは毛細管現象で管と継手の間へ入っていき，すき間に隅肉（フィレット）ができたら完成である（図5－119）。
⑥　接合部の周囲から接合部に向かって，ぬれたウエスなどをかぶせて冷却させる。水をかけて急冷させると，ろうが飛び散るので水漏れの原因となるから，徐々に冷却するよう注意する。

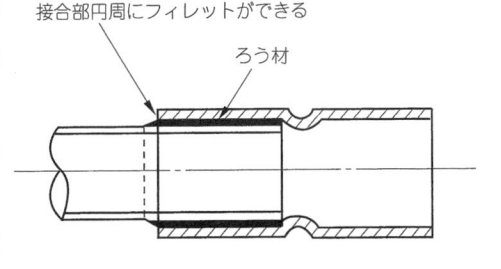

図5－119　完全なろう付け状態

ろう付けの加熱に用いるトーチランプの外観を図5-120に示すが,最近はガストーチが多く使用されている。

　　　　(a)　ガストーチ　　　　　　　　　　(b)　ガソリントーチ

図5-120　トーチランプ

　ろう付け接合の一種に差込みろう付けフランジ接合がある。フランジ本体は銅合金で,これに銅管を差し込んだ後管端を押し広げ,銅管とフランジのすき間からろうを流し込む。差込みろう付けフランジの形状を図5-121に示す(JIS B 2240)。

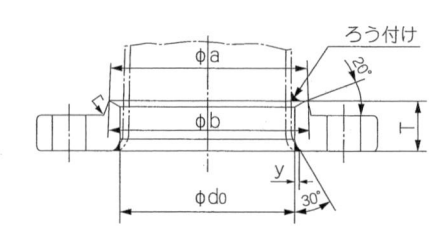

図5-121　差込みろう付けフランジ

c．機械的接合

　(社)日本銅センターで,図5-122の4種の継手を制定している。これらは,銅管の管端を無加工,又はフレア加工して機械的に接合するものである。

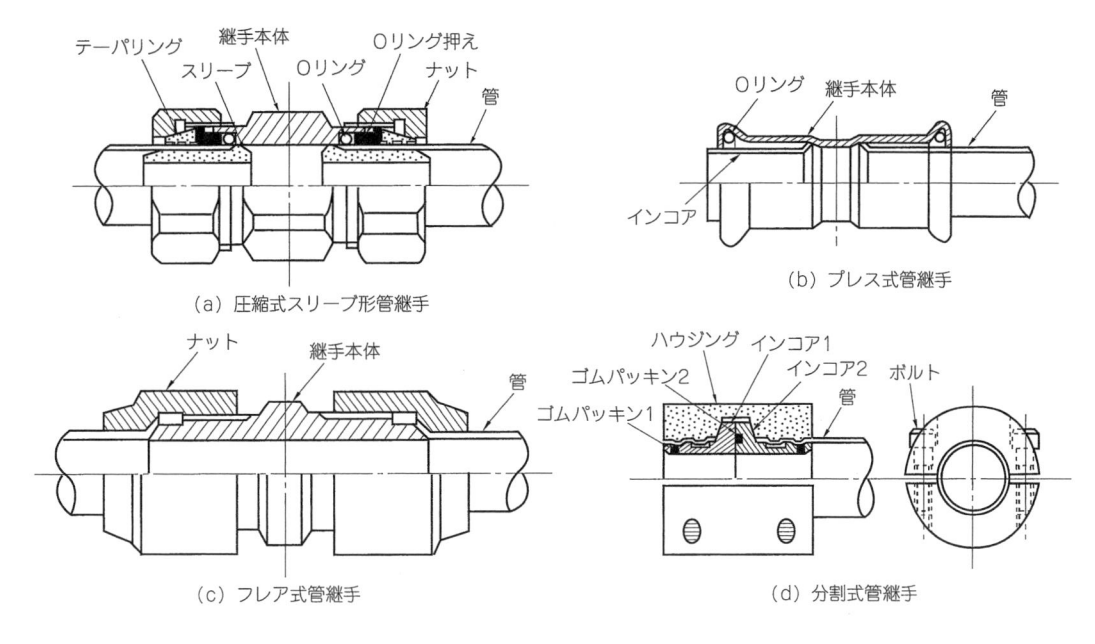

図5-122 銅管用機械的継手（15A～25A）

これと類似の継手に，図5-123に示すフェルール継手というのがあり，多くの種類が開発されている。

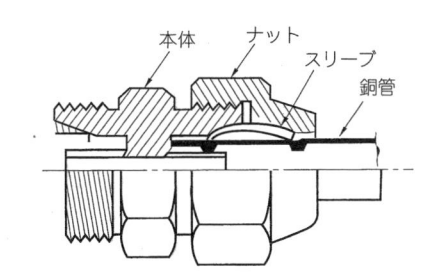

図5-123 フェルール継手による接合方法

3．4 硬質塩化ビニル管の接合法

（1） 硬質塩化ビニル管の切断法

硬質塩化ビニル管の切断は，一般に金切りのこを使用する。これは鋼管用と同じものである。このほかビニル用のパイプカッタで切断することもあるが，いずれの場合も切断面は管軸に直角になるように切断しなければならない。また，金切りのこによる切断は，かえりが管口に残るから，取り除かないと，後日，各種器具類の故障の原因となることがある。また，大口径の切断の場合には，管周囲に切断線を記入し，それにならって肉厚の半分を切り込みし，のちに切断すると，斜めになることもなくきれいに切断できる。

(2) 硬質塩化ビニル管の接合法

a．ＴＳ接合（Tapar sleeve method）

この接合方法は，継手の受け口にテーパのついたＴＳ継手を使用する。

施工順序は次のとおりである。

① おす管（差し込む方の管）の管端外周を面取りする。面取り幅は管径30mm以下は約１mm，以上は約２mmである。

② 図５－124の受け口長さlを測定し，おす管の管端からlの位置に標線を書き込む。

③ おす管を受け口に軽く挿入して，管の止まる位置，ゼロポイントを確認する。この位置が受け口先端から$\frac{1}{3}l \sim \frac{1}{2}l$であれば良好である。

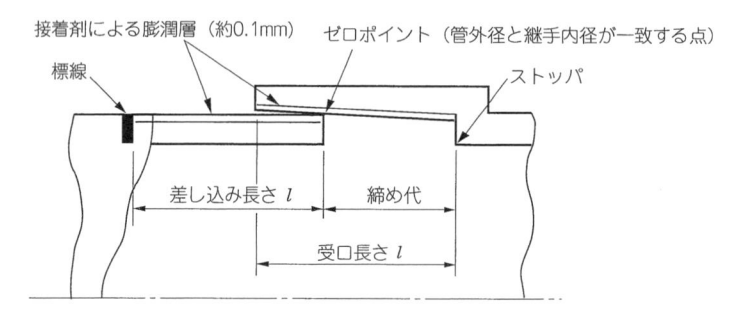

図５－124　ＴＳ接合

④ 受け口，挿し口の接合面の油分，水分，土砂をウエスなどで除去してから，受け口内面，おす管外面に接着剤を塗布する。

⑤ 小口径管は手で，75mm以上の管は挿入機（図５－125参照）を用いて標線まで差し込み，夏期は約１分，冬期は２～３分そのまま保持する。はみ出した接着剤はそのまま固まってしまうので，早めにふきとる。

⑥ 接着剤が完全に乾燥するのは半日から１日かかるので，水圧試験，通水試験は24時間以上経過してから行うようにする。

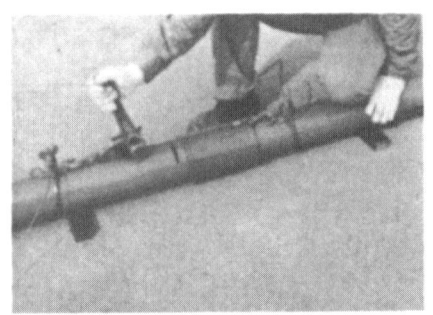

図５－125　挿入機による挿入

b．ゴム輪接合

この接合方法は，ＪＷＷＡ Ｋ 128，Ｋ 130で規定されている水道用ゴム輪形硬質塩化ビニル管継手の形状を持った受け口の接合法である。

施工順序は次のとおりである。

① 差し込むおす管の管端を図５－126のようにやすりで面取りする。

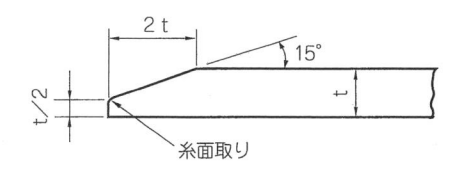

図5−126 挿し口の面取り

② 管の挿入長さの目安とするため，図5−127の要領で2本の標線をおす管に記入する（ただし定尺管では工場であらかじめ標線が記入されている。）。

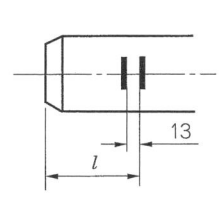

呼び径	l	呼び径	l
50	107	150	152
75	120	200	175
100	132	250	194
125	138	300	214

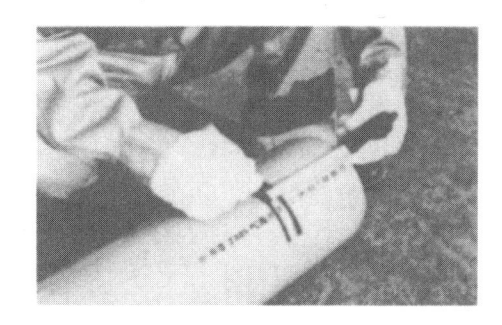

図5−127 標線の記入

③ 受け口，挿し口の接合面の油分，水分，土砂をウエスなどで除去する。

④ ゴム輪のすべりをよくするために，バケツに水を張り，ゴム輪（水道用ゴム，JIS K 6353）を漬けてから，図5−128のように突起（フラップ）を前にして輪をハート形にくぼませ，受け口の溝にはめ込む。

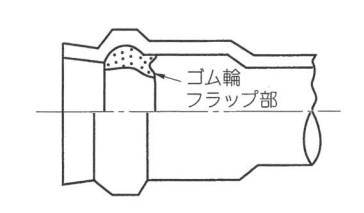

図5−128 ゴム輪の挿入

⑤ 接合する両管に玉掛ワイヤを1本ずつ掛け，挿入機を取り付ける（図5－129）。

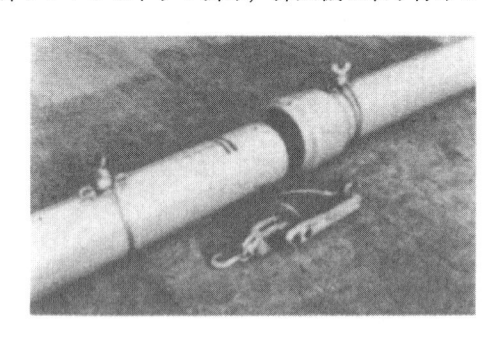

図5－129　挿入機の取付け

⑥ 専用の滑り剤を，おす管の外面とゴム輪にはけ塗りする。おす管の外面には，先端から挿入長さの $\frac{1}{2}$ 程度まででよく，標線付近まで塗る必要はない。

⑦ 挿入機で2本の標線の中間まで両管を差し込み，受け口へすきまゲージを挿入してゴム輪が正常な位置に収まっていることを確認する（図5－130）。

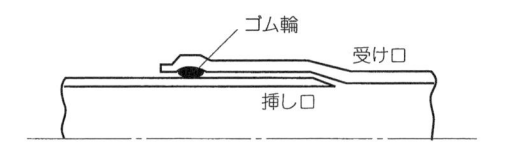

図5－130　接合完了図

c．メカニカル接合

硬質塩化ビニルの管継手は，このほか種々のものがあるが，水道用硬質塩化ビニル管継手（JIS K 6743）には，このうち伸縮管継手が規定されている（図5－131）。

構造はゴム輪を圧縮して水密を保つものであって，ある程度の伸縮と曲がりが許容できるようになっている。

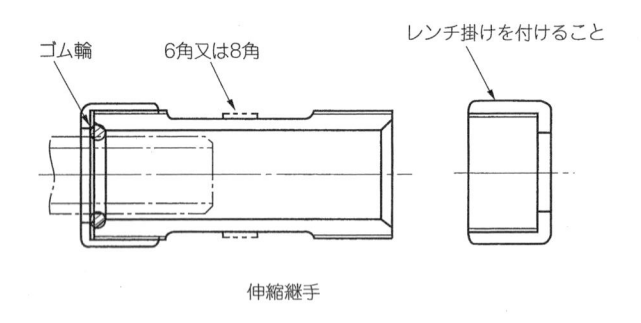

図5－131　硬質塩化ビニル管用メカニカル継手

3．5　ポリエチレン管の接合法

（1）　ポリエチレン管の切断法

管の切断位置に標線を管の全周に入れて目の細かいのこぎりで標線に沿って切断し，ばりなどを取り除く。

(2) ポリエチレン管の接合法

ポリエチレン管の接合は大別して熱溶着による接合と金属継手による接合に分けられ，前者はガス用配管，後者は給水用配管に多く用いられている。

a. 熱溶着による接合

管同士を直接加熱・溶着させる突き合わせ（バット）融着接合という方法もあるが，ここではJIS K 6775-1，JIS K 6775-3で規定されている管継手を使用する方法を示す。

(a) HF接合

ヒートフュージョン（熱溶着）接合の略である。管と同材質の継手を用い，管外周と継手内部を加熱ジグを用いて溶かし，ジグを外して管を継手内に差し込み，2～3分間そのまま保持する。加熱に先立って，管の外周は面取りを行っておく必要がある。加熱温度は硬質管で200～220℃，軟質管で180～200℃が適当で，加熱ジグにはアルミニウム合金をテフロン加工したものが用いられる。加熱は，トーチランプで加熱ジグを直接温める方法もあるが，最近は電熱を利用する加熱ジグが多く用いられている。第3章第3節3.1 (5) b.ポリエチレン管継手参照。

(b) EF接合

エレクトロフュージョン（電熱線入り差込み）接合の略で，JIS K 6775ガス用ポリエチレン管継手で規定されている。原理は，管と同材質で電熱線を巻き込んだEF継手の両側から接合しようとするポリエチレン管を差し込み，通電すると継手部の温度が上昇し管と継手が融着される（図3-15参照）。この工程を図5-132に示す。

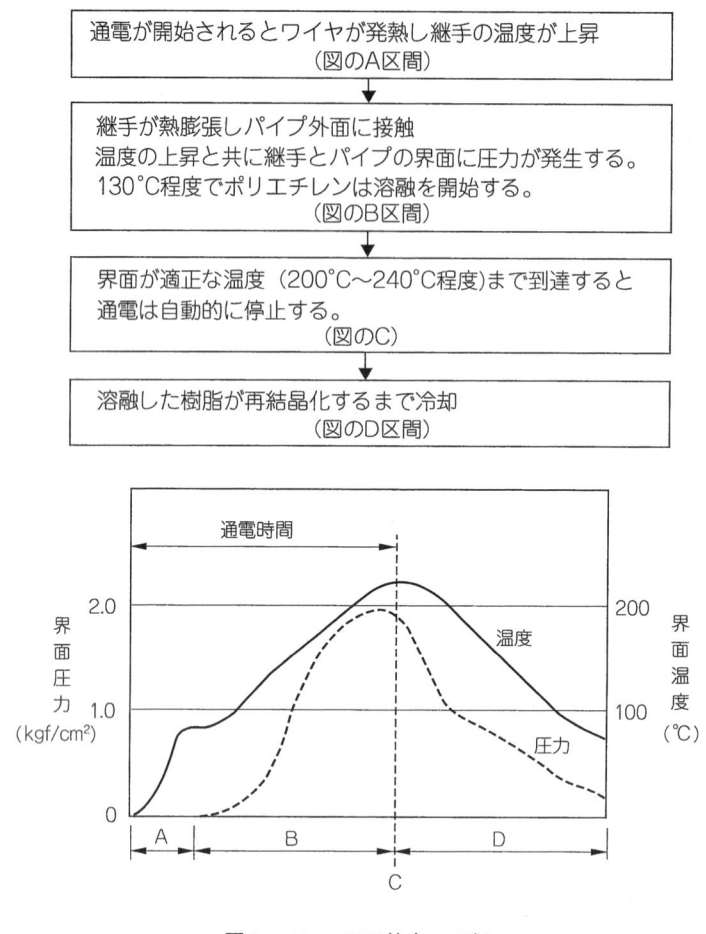

図5-132　EF接合の工程

b．金属継手による接合

金属継手でポリエチレン管を接合する方法は，JIS K 6988「水道用架橋ポリエチレン管継手」とJWWA B 116「水道用ポリエチレン管金属継手」で規定されており，市販の継手は後者に準拠して製作されているものが多い。詳細は第3章第3節3.1（5）b．ポリエチレン管継手を参照されたい。

3．6　鉛管の接合法

（1）鉛管の切断法

切断工具には鉛工のこを使用する。管軸に対し直角に切断し，切断後かえりを取り除く。
かえりが残っていると，接合に当たって故障の原因となる。

（2）鉛管の接合法（プラスタン接合法）

鉛管の接合法には，プラスタン接合法，盛りはんだ接合法があるが，ここでは一般的なプラスタ

ン接合法による直線接合について説明する。

① 接合しようとする管の一方を挿し口，他方を受け口に加工する。
② 挿し口のほうは，図5－133（a）のように鉛管削りで外面をテーパ状に仕上げる。
③ 受け口のほうは，トーチランプで管端を加熱し，タンピンを打ち込んでラッパ状に広げ，丸スクレーパか丸ブラシで内面を薄く削り仕上げる（図（b））。
④ 受け口，挿し口を仮に差し込んで，ラッパの周囲をハンマで軽くたたいてかしめ（図（c）），接合面をなじませて引き抜く。
⑤ ペースト状の流れ止め剤を受け口のラッパの奥，挿し口の先端に当たるところにマッチ棒か針金の先につけて線状に盛り上げる。接着面にこれが付着するとプラスタンが接着しないから注意しなければならない。
⑥ プラスタンは，鉛60％，すず40％の合金で，この粉末と中性の溶剤とをクリーム状に混和したものをクリームプラスタン（練りプラスタン），針金状にしたものをワイヤプラスタンという。
⑦ クリームプラスタンを挿し口の接合面に塗り，挿し口を受け口に差し込んで動かないようにする。
⑧ トーチランプでラッパの周囲を一様に加熱し，クリームプラスタンが溶けて銀色になったらワイヤプラスタンをラッパの口に当ててすき間へ溶け込ませる（図（d））。
⑨ ワイヤプラスタンは，ラッパのあちこちから溶け込ませるのでなく，なるべく1箇所から溶け込ませるようにする。
⑩ プラスタンがラッパから盛り上がるようになったら完了となるので，火を止め，接合部を水で冷却する。

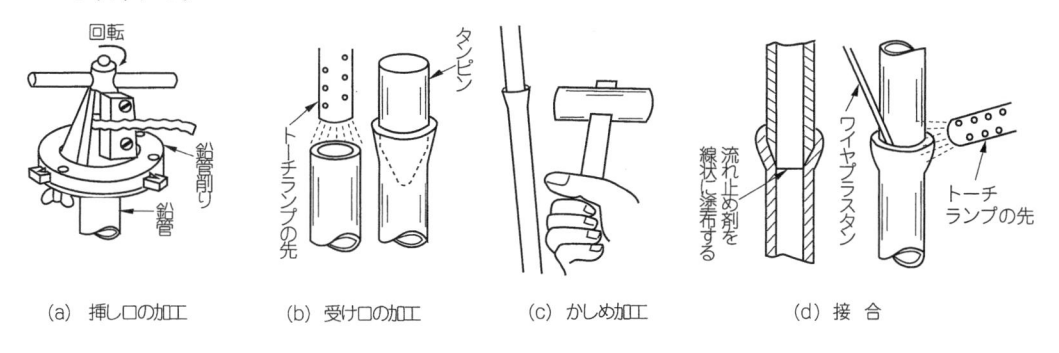

（a）挿し口の加工　　（b）受け口の加工　　（c）かしめ加工　　（d）接　合

図5－133　プラスタン直線接合

プラスタン接合には，このほかT字形に枝管を出す分岐接合，給水栓ソケットなどを接合する水栓ソケット接合，90°に水栓ソケットを接合するときのおしどり接合，管端を閉鎖するチャンブル接合などがあるが，工法はほぼ直線接合と同じなので省略する。

（3）　**鉛管の接合法（盛りはんだ接合法）**

盛りはんだ接合は，はんだを接合材として用いる接合法で，排水鉛管の接合法として用いられる

程度である。

　プラスタン接合の①〜④の工程は盛りはんだ接合の場合も同様である。④のかしめ加工が終わったら，接合面の受け口・挿し口に溶着剤のヘッドを塗布して挿し込み，両管の周囲をトーチランプで加熱しながら棒はんだを接合部に溶着・盛り上げていく。一定量に盛り上げたら，加熱したはんだごてなどで整形する。

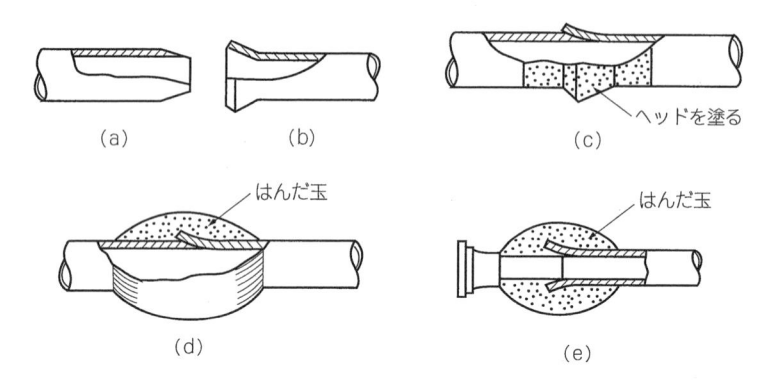

図5－134　盛りはんだ接合

3．7　ステンレス鋼管の接合法

（1）　ステンレス鋼管の接合法の一般事項

a．ステンレス鋼管の切断法

　ステンレス鋼管の切断用工具には，金切りのこ，ロータリチューブカッタ，高速といし切断機などがある。

　ステンレス鋼は熱伝導が悪く，刃先温度が高くなり，炭素鋼用の切断刃物では，刃先が鈍り焼き付けを起こしやすいため，切断刃物はステンレス鋼用のものを使用しなければならない。

　切断は他の管類と同様，管軸に対し直角に切断し，ばりやかえりをよく取り去り，管内を清浄にする。

b．ステンレス鋼管の接合法

1）　溶接接合法

　溶接接合は，かなり高度の技術と熟練を必要とするので，プレハブ及びユニット化し，工場で加工するほうがよい。

2）　メカニカル接合法

　メカニカル接合は，鋼管の接合法で述べたメカニカル形・ハウジング形管継手を用いる方法で，構造は鋼管用の管継手と同一であるため詳細は省略する。

3）　フランジ接合法

　ステンレス鋼管のフランジ接合には図5－135のようなフランジを用いる。

また，給湯用に使用する場合にはフランジのパッキン材に，四ふっ化樹脂製又は耐熱性ゴムを使用する。

4） その他の接合法

その他，管の接合法には次のようなものがあり，主として小口径の管の接合に用いられる。

① 圧縮式
② プレス式
③ 伸縮可とう式（土中埋設管用）

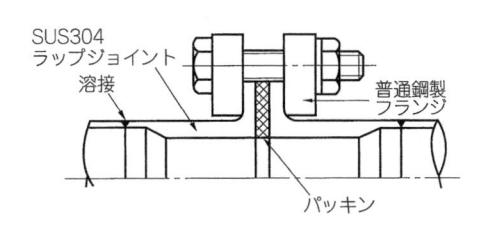

図5-135 フランジ接合

（2） 圧縮式接合法

圧縮式接合は専用工具不要で，取り外しが可能な接合法である（図5-136）。まず，管を袋ナットと鋼製のスリーブを装着した継手のストッパに当たるまで差し込んで，袋ナットを手締めした後，図5-137に示すように，確認印A及びBを付ける。確認印Aを目印にして，スパナ又はモンキレンチで$1\frac{1}{6}$回転締め付ける。本締め後，確認印Bと袋ナット端部との間隔が7mm以内であることを確認する。これが7mm以上ある場合には，接合不良であるので，スリーブを交換して再度接合する。また，1回締め付けてから締め直す場合には，必ず新しいスリーブを使用する。

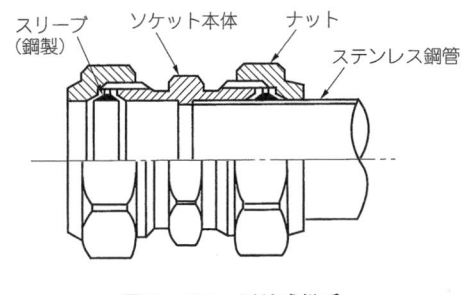

図5-136 圧縮式継手　　　　　図5-137 確認印の位置

（3） プレス式接合法

プレス式接合はプレス式継手を用い，専用締付け工具で締め付ける接合法である。

継手の端部に特殊合成ゴム輪を挿入し，継手に管を差し込み，専用締付け工具の先端の締め口を管径に合わせて図5-138のように装てんし，スイッチを入れると締め口が閉じ，継手と管が図5-139のように整形され接合が完了する。

接合部はだ円と六角の二段締めに管径が縮小されて水密性を保つ。

この方法は差し込み量を正確に確認して実施しないと，漏水の原因となる。

これを防止するためのセンサ付きの締付け工具もある。図5-140にプレス工具による締付けを示す。

160 配管概論

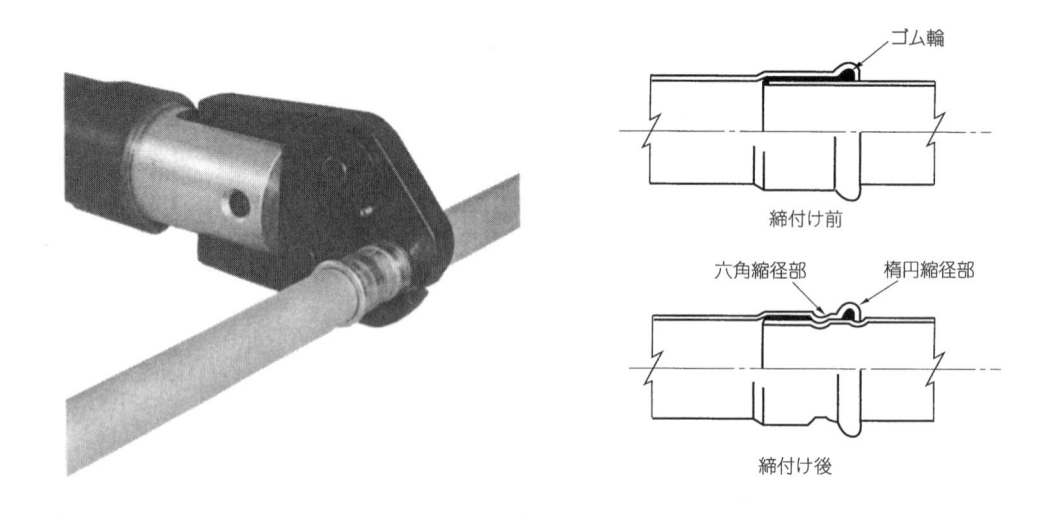

図5−138　締付け作業

図5−139　プレス式接合法

締付け前

六角縮径部　楕円縮径部

ゴム輪

締付け後

図5−140　プレス工具による締付け

(4) 伸縮可とう式接合法

　伸縮可とう式接合は，地中埋設用として地盤の変動に対応することを目的とした接合方法である。
　図5−141に示すように袋ナットを締め付けることによって気密性を保ち，くい込み環で管の抜け出しを防ぎ，ゴム輪が地下水の浸入を防ぐようになっている。

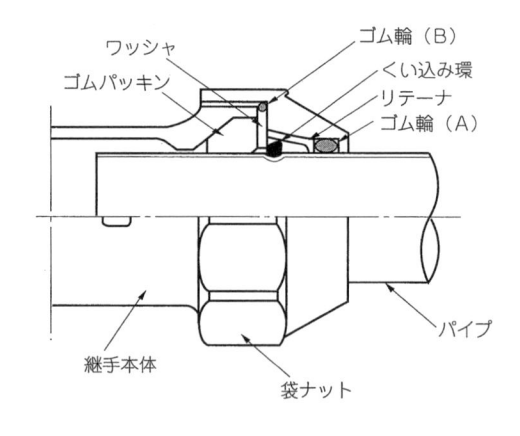

図5−141　伸縮可とう式継手の端部

（ワッシャ，ゴムパッキン，ゴム輪（B），くい込み環，リテーナ，ゴム輪（A），継手本体，袋ナット，パイプ）

3.8 ダクタイル鋳鉄管の接合法

(1) ダクタイル鋳鉄管の切断法

ダクタイル鋳鉄管は，給水，排水用とも現在はJIS G 5526によるダクタイル鋳鉄管が多く使われているが，排水用はこのほかJSWAS G－1によるダクタイル鋳鉄管が使用されることもある。

ダクタイル鋳鉄管の切断法は，たがね，ダイヤによる方法は時間を要し，また発熱があるので適さない。鋳鉄管の切断法を表5－13に示す。

表5－13 ダクタイル鋳鉄管の切断法

切断機の種類	切断方法	評価	備考	図番
帯のこ盤（バンドソー）	刃のこの回転運動によるもの	○	メーカにより数種類のものがある。	5－72
往復のこ盤	弓のこの往復運動によるものなど	○		5－73
高速といし切断機	特殊といしを高速回転させる。	◎	切断時間が速い。	5－75
門形パイプカッタ	そろばんの玉のような刃を管の外周に押しつけて回しながら切る。	○	既設埋設管の場合掘削幅が狭いと切断しにくい。	5－71
ロータリパイプカッタ	同上	○		5－142
リング式カッタ	同上	○	通常φ200程度まで	5－143
マイティカッタ	手動式，バイトを管外周に回し切断する。	○	既設管や埋設管の切断用にも用いられ，切断とともに面取りも同時に行える。	5－144
ガス切断機（器）	管の外周より溶かし流していく。	△	切断面が荒く，ばりを取る必要がある。	5－76 5－77
金切りのこ	人力による往復動	×	時間がかかる。	5－69
たがね・ダイヤ	たがねで切り目をつけ，たたき折る。	×	時間がかかる。 切りくずが飛ぶ。	5－145 5－146

〔注〕◎印：最適，○印：適する，△印：難点がある，×印：適さない

表中のロータリパイプカッタ，リング式カッタ，マイティカッタ，たがね，ダイヤを図5－142～146に示す。

162　配　管　概　論

図5-142　ロータリパイプカッタ

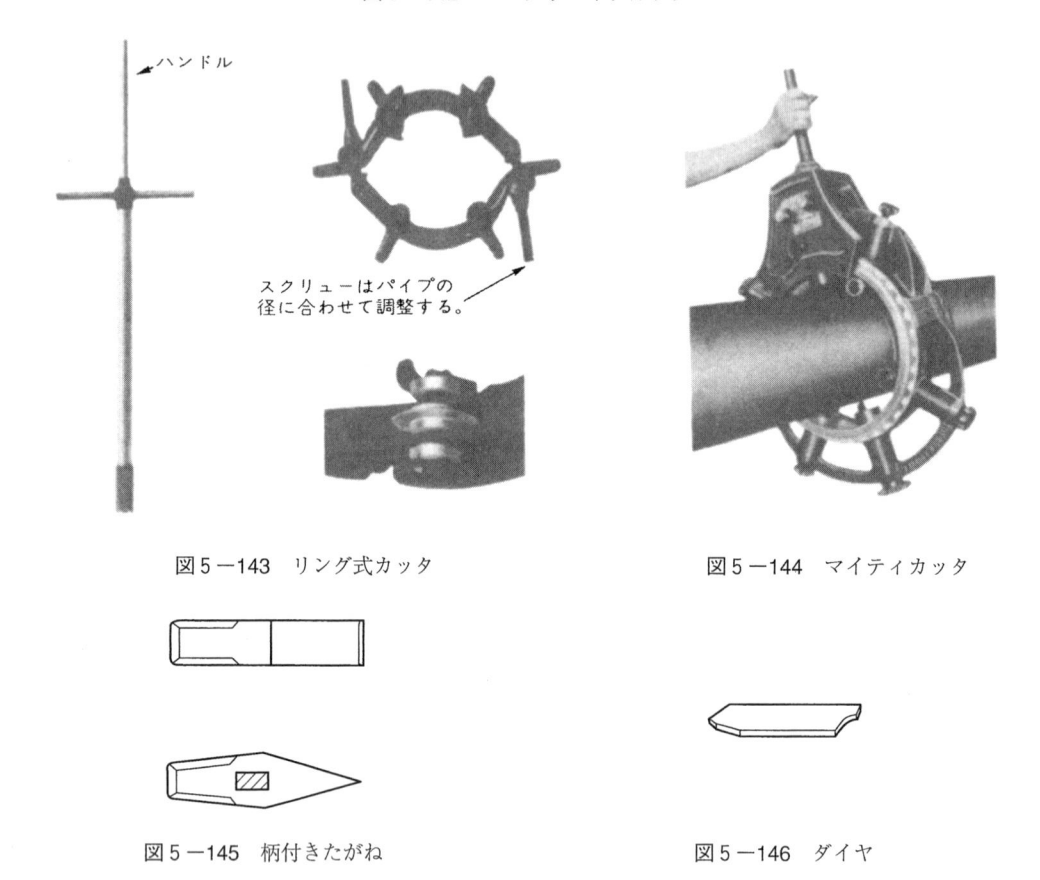

ハンドル

スクリューはパイプの
径に合わせて調整する。

図5-143　リング式カッタ　　　　　　　図5-144　マイティカッタ

図5-145　柄付きたがね　　　　　　　　図5-146　ダイヤ

(2)　ダクタイル鋳鉄管の接合法

　ダクタイル鋳鉄管の接合法は第3章を参照されたい。

3.9　異種管の接合法

(1)　一般事項

　配管作業において，材質の異なる管を接合する必要は当然起こり得ることで，継手類のメーカ，その他で種々のものが製作されている。

　ここでは，一般に使用されているものを重点に述べる。

異種管の接合に当たっての注意事項としては，中間に特殊な形状，材質のガスケット，パッキンなどを使用するものが多く，指定された以外のものを使用すると，漏れなどの原因となる場合が多い。

またボルト，袋ナットなどによる接合のものが多いので片締め，又は袋ナットなどの締付けトルクの不足による漏れ，過大な締付けによる破損などの事故発生率が高い。

また，双方が異種金属管の場合，電食の発生が起きる恐れがあり，銅と鉄が接触していれば，鉄の部分に腐食が起きる可能性が大きい。

したがってその接合箇所には，電気的に接触が断たれる絶縁継手が必要とされる。鋼管に銅管，黄銅管，ステンレス管などを接続する場合は，特に注意しなければならない。

(2) 各種管材の接合法

a．鋼管とダクタイル鋳鉄管

(a) フランジ管による方法

鋳鉄管の一端がフランジになっている場合は，そのフランジと同形状の内ねじフランジをガスケットを介し，ボルト接合し，内ねじ部に鋼管をねじ接合する（図5－147参照）。

(b) ダクタイル鋳鉄管に短管1号，2号を使用する方法

ダクタイル鋳鉄管の先端が受け口の場合はK形短管2号を，挿し口の場合はK形短管1号をメカニカル接合し，短管のフランジと同寸法の鋼管用内ねじフランジをガスケットを介してボルト接合する。この鋼管用フランジに鋼管をねじ接合する（図5－148参照）。

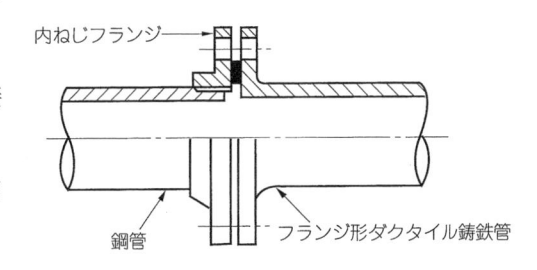

図5－147 フランジ接合

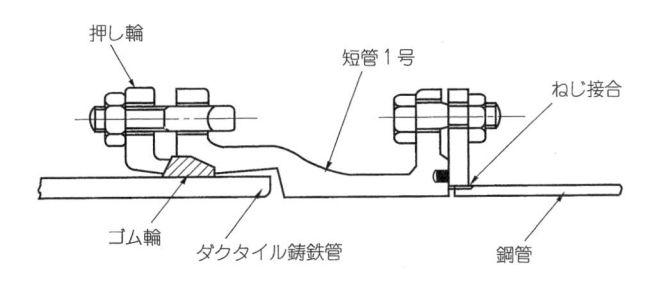

図5－148 短管1号と鋼管フランジによる接合

b．鋼管と銅管

(a) 絶縁ユニオンによる方法

鋼管用ユニオンとほぼ同形状のもので，一端が可鍛鋳鉄製で内ねじ，他端が銅製で銅管を，はんだ接合できるものである。図5－149に示すように内部にゴムパッキンと電気絶縁用のスペーサを介して，袋ナット接合する（銅管を最初にろう付け接合し，冷してから鋼管をねじ接合する）。

164　配 管 概 論

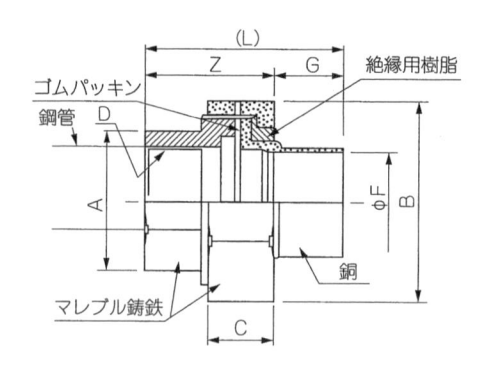

図5－149　鋼管と銅管の絶縁ユニオンによる接合

(b) 絶縁フランジによる方法

絶縁フランジは図5－150 (b) のような鋼製アウトフランジ，合成樹脂製絶縁つば，銅製スリーブに銅管をろう付けする。相手側の鋼管は内ねじフランジをねじ込み，両者を絶縁ガスケットを挟んでボルト結合する。

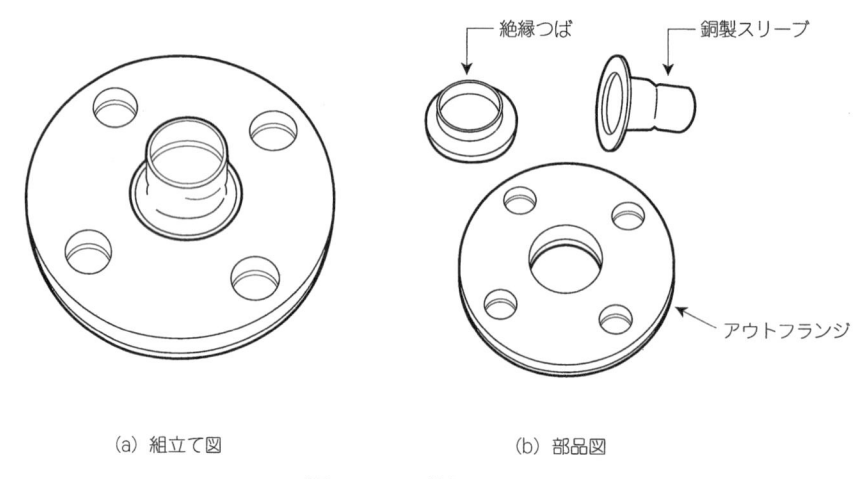

(a) 組立て図　　　　　(b) 部品図

図5－150　絶縁フランジ

(c) 銅製アダプタを使用する方法

一端が管用内ねじ（めすアダプタ），又は管用外ねじ（おすアダプタ）で他端に銅管がはんだ接合できる銅製アダプタを使用して銅管部をはんだ接合し，鋼管部をねじで直接接合する方法である（図5－151及び152）。

また，銅管接合部はフレア接合できるものもある。いずれも電食が発生するので，仮配管などの一時的な接合法である。

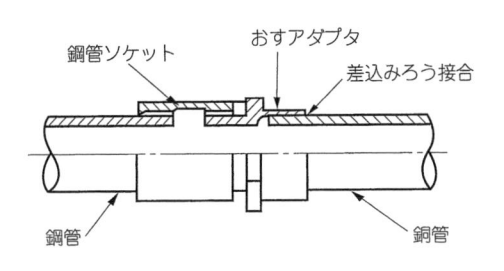

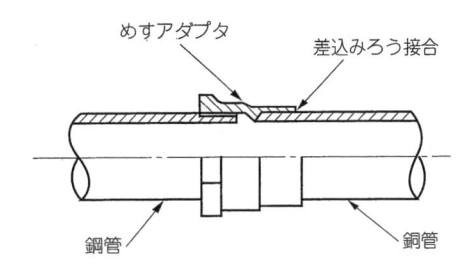

図5－151　おすアダプタによる鋼管と銅管の接合　　　図5－152　めすアダプタによる鋼管と銅管の接合

c．鋼管と硬質塩化ビニル管
(a)　バルブ用ソケットを使用する方法

　給水，排水ともに図5－153に示す硬質塩化ビニル製，バルブ用ソケットを使用するが，25mm以下のバルブ用ソケットはねじ部が折れやすいので，ねじ込み・取り外しを繰り返す箇所は図5－154に示す金属おねじ付きバルブ用ソケット（インサートバルブソケット）を使用する。

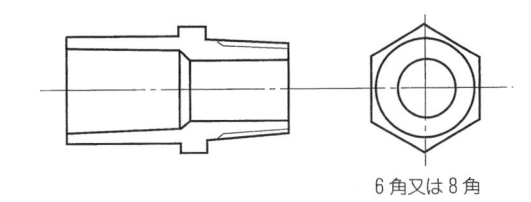

図5－153　硬質塩化ビニル管継手〈バルブ用ソケット〉

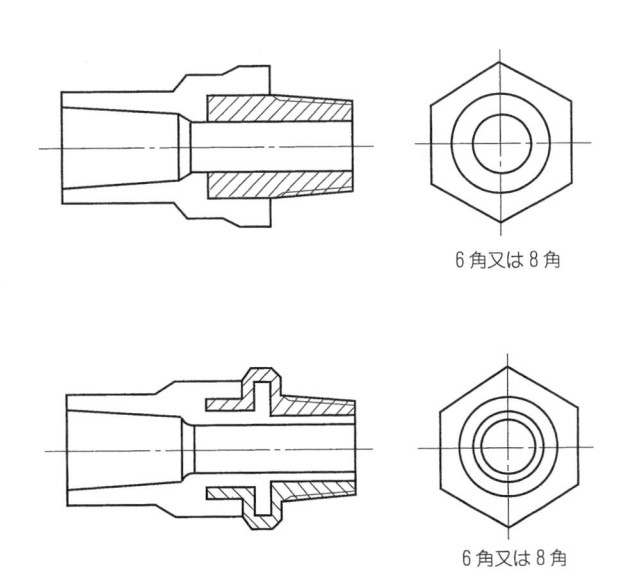

図5－154　硬質塩化ビニル管継手〈金属おねじ付きバルブ用ソケット〉

接続はバルブ用ソケットに硬質塩化ビニル管をTS接合（第5章第3節）し，ねじ部には鋼管用の継手をねじ接合する（図5-155）。

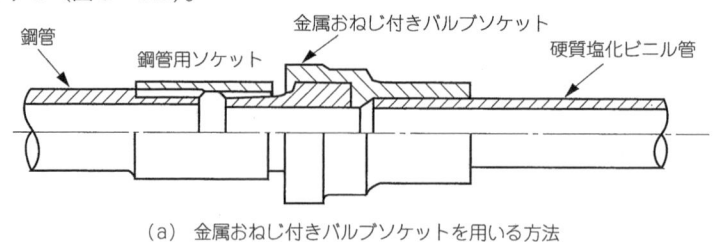

(a) 金属おねじ付きバルブソケットを用いる方法

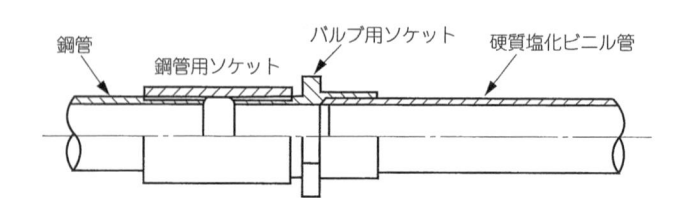

(b) バルブ用ソケットを用いる方法

図5-155　バルブソケットを用いた鋼管と硬質塩化ビニル管との接合部

(b)　ユニオンソケットと砲金製鋼管用ユニオンを使用する方法

硬質塩化ビニル製のユニオンソケット（図5-156）は，ビニル管の直管部と同径となっている。鋼管との接合には砲金製の鋼管用ユニオン（図5-157）を使用し，ユニオンの袋ナットにユニオンソケットを通しておく。

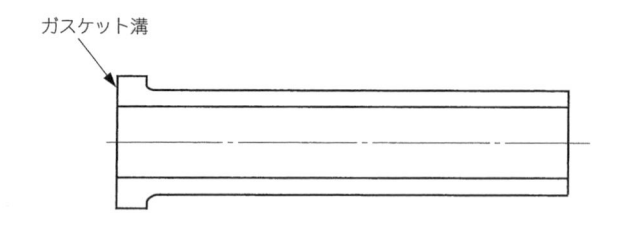

図5-156　硬質塩化ビニル管継手〈ユニオンソケット〉

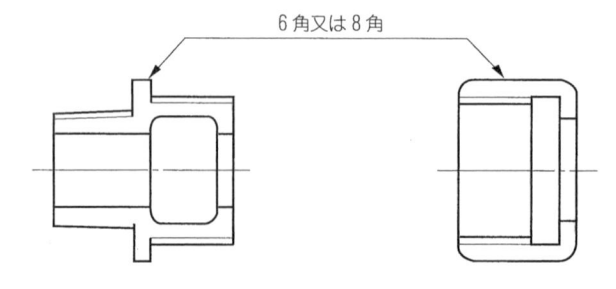

図5-157　鋼管用ユニオン

次に鋼管用ソケットを，ユニオンのソケットにねじ接合する。最後に袋ナットと，ソケットの間にガスケットを挟んで締め付け接続を完了する（図5-158）。

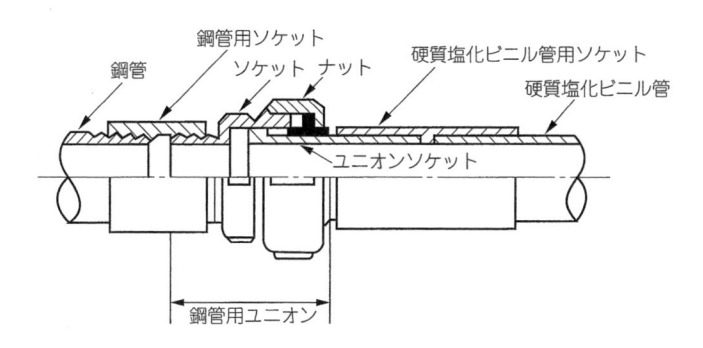

図5－158 鋼管用ユニオンとユニオンソケットによる鋼管と硬質塩化ビニル管との接合

ユニオンソケットによる接合は簡単であるが，長期使用中に袋ナットの緩みによる漏水事故が多い。取り外しを必要としない地中埋設配管などには，前記のバルブソケットによる接合のほうが確実である。

d．ダクタイル鋳鉄管と硬質塩化ビニル管

給水用，排水用とも各メーカにより，それぞれ独自の形状，名称で多数作られている。共通点としては，ビニル管部は，ＴＳ接合又はゴム輪接合で，鋳鉄管部はフランジ接合又はメカニカルジョイント形式のものが多い。図5－159，図5－160にその一例を示す。

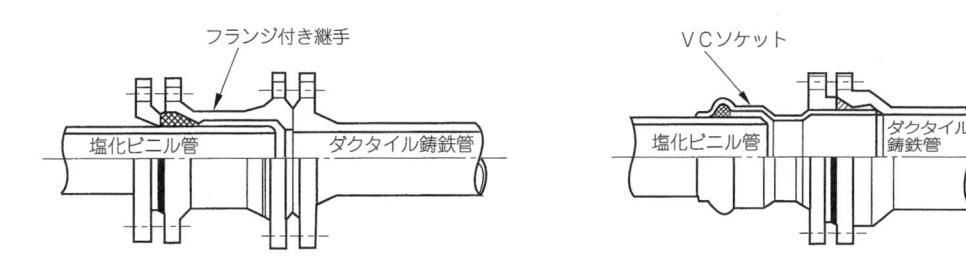

図5－159 フランジ付き継手による接合（水道）　　　図5－160 ＶＣソケットによる接合（水道）

e．ダクタイル鋳鉄管とポリエチレン管

最近はポリエチレン管の需要が大となり異種管接合の例も増加しつつある。図5－161はダクタイル管とポリエチレン管を接合する継手の例である。右側のポリエチレン短管に，接合しようとするポリエチレン管をＥＦ接合し，左側のＦＣＤ製短管の相手側はダクタイル鋳鉄管のＳⅡ形受け口とし

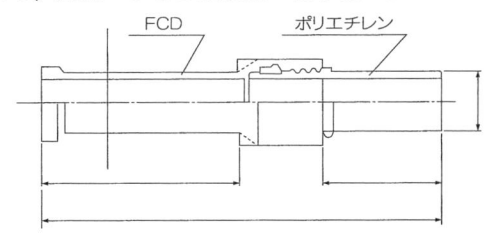

図5－161 ダクタイル管とポリエチレン管を接合する継手の例

てこれに挿入し接合する（図3-1参照）。

　f．ステンレス鋼管と炭素鋼鋼管

電食発生の恐れがあるので，必ず絶縁ユニオン又は絶縁フランジを使用する。

(a) 絶縁ユニオンによる方法

鋼管部はねじ接合とし，ステンレス部は圧縮式又はプレス式による接合とする。図5-162に絶縁ユニットによる接合法を示す。

(b) 絶縁フランジによる方法

大口径管に使用され，フランジ部分はいずれも溶接接合とする（図5-163）。

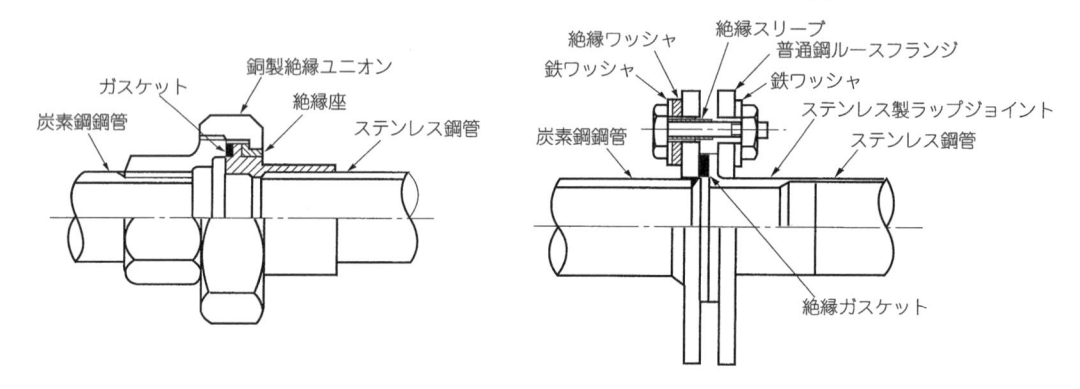

図5-162　絶縁ユニオンによる接合

図5-163　絶縁フランジによる接合

　g．ステンレス鋼管と銅管の接合

ステンレス鋼管は，一般配管用ステンレス鋼管（JIS G 3448）と，配管用ステンレス鋼管（JIS G 3459）の2種類があり，同じ呼び径でも外径が異なるので注意が必要である。50SU以下の建築設備用としてはJIS G 3448規格のものが多く使用され，そのうち13SUから25SUまでは，一般に使用されている水道用銅管（ASTM B 88）と同外径なので，ステンレス鋼管の継手に直接銅管をプレス又は圧縮接合することができる。30SU以上の場合は，フランジ接合（図5-164）か，又は，いずれか一方をおすアダプタ，他方をめすアダプタを使用するねじ接合（図5-165）とする。

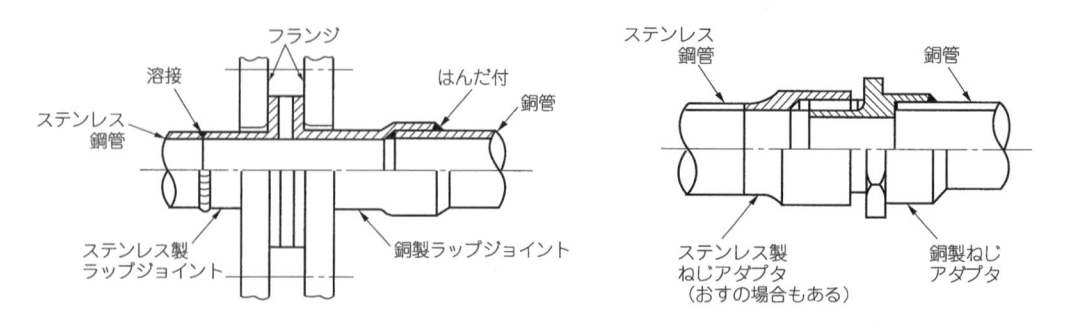

図5-164　フランジによる接合

図5-165　おすアダプタとめすアダプタを使用した接合

h．ステンレス鋼管と硬質塩化ビニル管の接合

一般に，ステンレス鋼管の先端にめすアダプタを接合し（プレス式か圧縮式），塩化ビニル製のバルブソケットをねじ込む方式が多い（図5－166）。また反対に，ステンレス鋼管におすアダプタを，塩化ビニル管に水栓ソケットを使用することもできる。

このほか，フランジによる接合法もある（図5－167）。

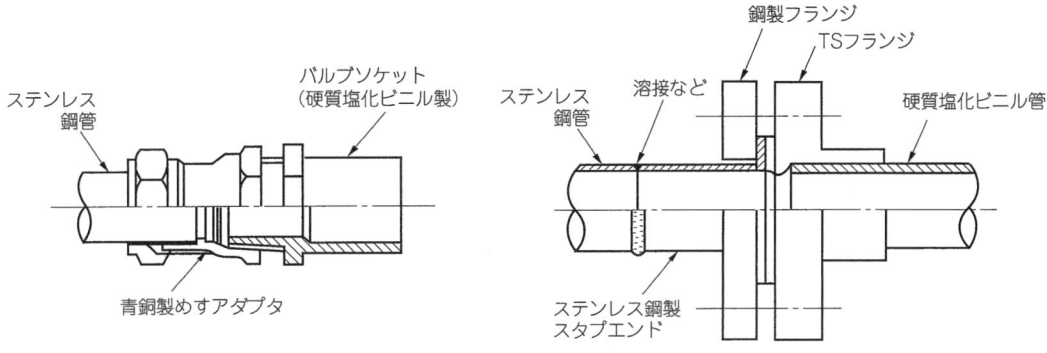

図5－166 ステンレス鋼管にめすアダプタを，硬質塩化ビニル管部にバルブソケットを使用した場合

図5－167 フランジ接合

i．銅管と鉛管の接合

銅管も鉛管もはんだ接合することができるので，一般には鉛管先端を拡管して銅管を差し込み，プラスタン接合する。この場合，鉛管と銅管との間隔は小さいほど，接合強度が大きくなる。図5－168に銅管と鉛管の差し込み接合を示す。

また，他の方法として，銅管にめすアダプタを，鉛管の先端に砲金製シモクをそれぞれはんだ接合し，双方をねじ接合することもできる（図5－169）。

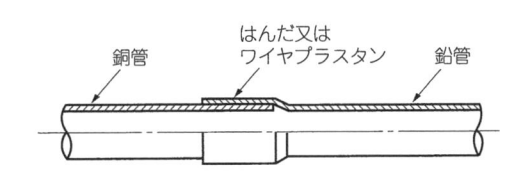

図5－168 銅管と鉛管の差し込み接合

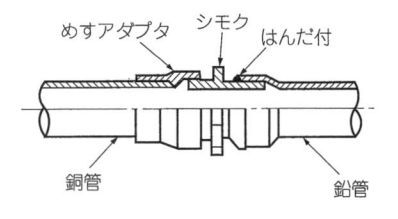

図5－169 めすアダプタとシモクによる接合

第4節　管曲げ法

4.1　鋼管の曲げ加工

(1)　型取り

　管を所定の形状に曲げるため，管の曲がりや管の長さを示すひな型をつくる作業を型取りという。ひな型を単に型といい，型棒と型板がある。

　型は，一般に管の中心線に沿って取る中心型を用いるが，特別の場合には，腹型又は背型を用いることもある。

　型棒は，主として，直径9～12mmの軟鋼丸棒が用いられ，型板は亜鉛鉄板が用いられる。型棒を曲げるには，図5－170に示すような型曲げ工具を使用する。

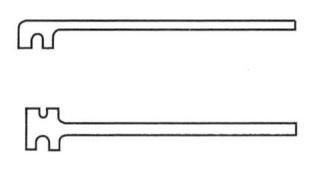

図5－170　型曲げ工具

a．現図型取り

　管工作図，又は見取り図などから現図を描き，これに合わせて型を取る方法を現図型取りという。

　ロータリ式パイプベンダで管を曲げるときは，管工作図の図面寸法だけで曲げることができるが，特に複雑な曲がり管や焼き曲げする管などは現図型取りをする。

b．現場型取り

　現場の配管状態に合わせて型を取る方法を現場型取りという。

　管系統の中で，特に複雑な曲がり管や最終連絡管などは，現場型取りをする。

(2)　機械による管曲げ

a．管曲げ機（パイプベンダ）

　油圧管曲げ機にはロータリ式とラム式がある。

　図5－171は，ロータリ式の油圧管曲げ機で，200Aまでの管を常温のまま曲げることができる。

　ロータリ式の主要部分は，図(b)に示すとおり，曲げ型，クランプ型，圧力型，心金などから構成されている。曲げ型は，管の曲げ半径に合わせてつくられ，管を巻き取ることにより曲げる役目をする。クランプ型は，管を曲げ型に固定し，圧力型は，管を曲げるときの反力を支えている。心金は，管の中に挿入して，しわの発生や管のだ円化を防止する。

(a) ロータリ式パイプベンダ 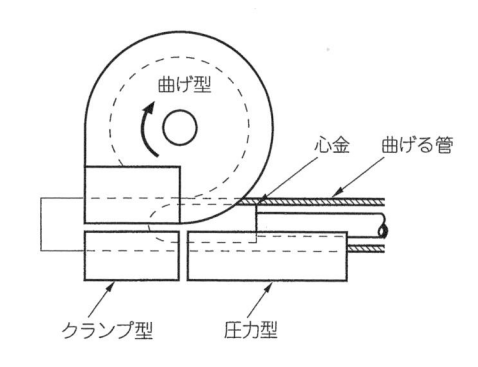　　　　　　　　　　　　(b) 主要部分

図5-171　ロータリ式パイプベンダ

　図5-172は，ラム式の油圧管曲げ機である。センタフォーマをラムの先端に取り付け，エンドフォーマで管を支え，油圧でラムを押して管を曲げる。ラム式は心金を使わないから，肉厚の薄いものや曲げ半径の小さいときは，管の仕上がりが悪いが，同じ曲げ型を使って異なった曲げ半径の管を曲げることができるし，曲げ半径の特に大きな管を曲げることもできる。

図5-172　ラム式パイプベンダ

b．管曲げ

(a) ロータリ式パイプベンダによる管曲げ

　ロータリ式パイプベンダによる管曲げの基本作業は，次のような手順による。

①　曲げ型を取り付け，クランプ型，圧力型，心金を調整する。

　クランプ型は，管が滑らないように固くする。心金は，曲げ型の中心よりわずかに進ませておく。その長さは，管内径と心金とのすき間，管径，曲げ半径，管の肉厚などによって異なり，だいたい0～30mmくらいである。図5-173に球面形心金の標準位置を示す。

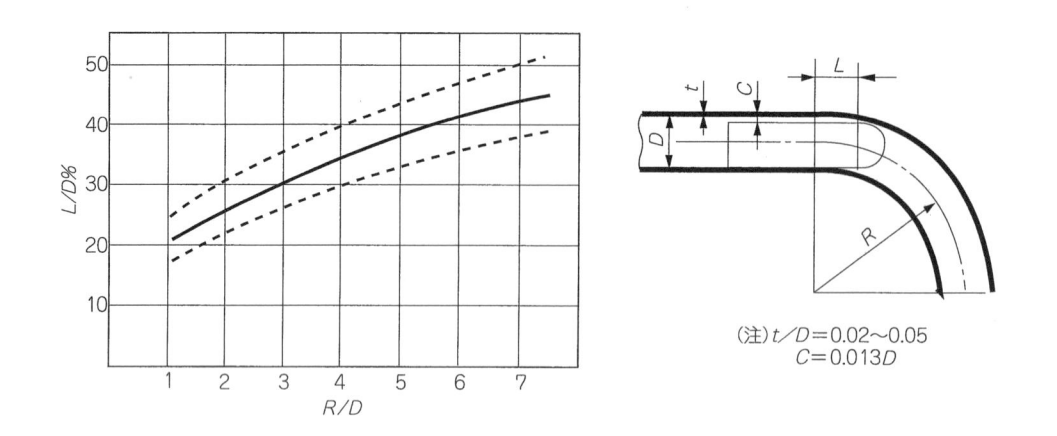

図5−173 心金の標準位置

② 曲げ角度選択装置により曲げ角度をセットする。

　曲げ角度をセットするときは，スプリングバックを見込んでおかなければならないが，機械の構造上曲げ戻しができないから，曲げすぎないように注意する。

③ 管を固定する。

　管に曲げ箇所の印をつけ，心金に油を塗り，管の長手溶接部が中立線上にくるように挿入する。曲げ始めの位置を曲げ型の中心に合わせ，管を固定する。曲がりの多い管は，曲げ始めの位置と曲げ順序に注意する。

④ 管を曲げる。

　曲げ型を回転すると管は曲がり，所定の角度に曲がると自動停止装置が作動して止まる。

⑤ 管を取り外す。

　管が曲がったら，クランプ型，圧力型を緩めて管を取り外す。圧力型をもとの位置に戻し，回転テーブルを戻すと，曲げ始めの状態になる。

　ロータリ式パイプベンダで管を曲げるときの欠陥とその原因を，表5−14に示す。

表5-14 管曲げの欠陥と原因

欠　　陥	原　　因
管がすべる。	管の締付け不良。 クランプ又は管に油が付着している。 圧力型の調整が堅すぎる。
管が破損する。	圧力型の調整が堅く抵抗が大きい。 心金が出すぎている。 曲げ半径が小さすぎる。 材料に欠陥がある。
しわが発生する。	管がすべる。 心金がさがりすぎている。 曲げ型の溝が管径より小さい。 曲げ型の溝が管径より大きすぎる。 外径に比べて肉厚が小さい。 曲げ型が主軸に対して偏心している。
管がだ円になる。	心金がさがりすぎている。 心金と管内径とのすき間が大きい。 心金の形状が悪い。 材質が軟かく，しかも肉が薄い。

(b) ラム式パイプベンダによる管曲げ

ラム式パイプベンダによる管曲げの基本作業は，次のような手順による。

① センタフォーマをラムに取り付ける。

管径に合わせて，センタフォーマをラムに取り付ける。

② 管を固定する。

型棒に合わせて曲げ箇所に印をつけ，曲げ箇所の中央をセンタフォーマの中心に合わせ，水平に置く。型棒により印をつけるときは，図5-174に示すように，型棒を管の中心線上で転がして曲げ始点と終点に印をつける。

③ 曲げ半径に応じてエンドフォーマをラムに取り付ける。

④ 管を曲げる。

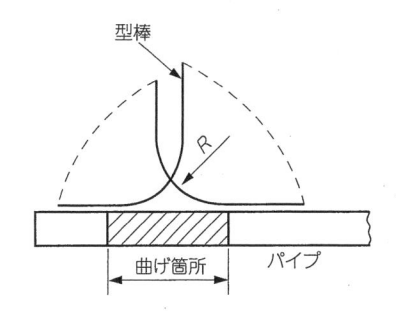

図5-174 型棒の合わせ方

ハンドルを静かに押して，ラムを前進させ，スプリングバックを見込んで，少し曲げすぎるくらいに管を曲げる。また，曲げ角度，曲げ半径などにより，1回で曲がらないときは，数回に分けて曲げるが，ねじれが生じないように注意する（図5-175）。曲げが終わったらラムを戻し，エンドフォーマを外して管を取り外す。

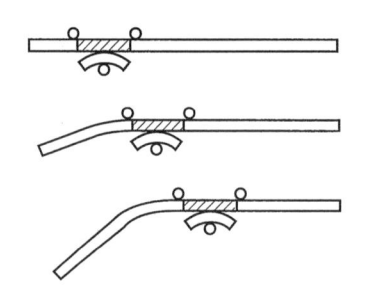

図5−175　ラム式パイプベンダによる管曲げ

（3）　手動式パイプベンダによる管曲げ

　管径25mm程度以下の小径管は，図5−176に示すような形状をした手動式パイプベンダで管曲げを行うことができる。作業要領は前記のラム式パイプベンダとほとんど同じであるので省略する。

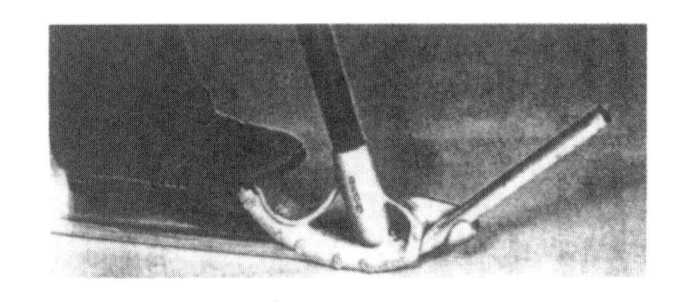

図5−176　手動式パイプベンダ

4．2　硬質塩化ビニル管の曲げ加工

　呼び径20mm以下の硬質塩化ビニル管は，トーチランプ，ガスバーナなどで加熱して，自由な角度に曲げることができる。

　硬質塩化ビニル管の曲げの基本作業は，次のような手順による。

　①　現図を描く。

　管を曲げるには，現図を描く（図5−177）。から曲げの場合の曲げ半径は，管外径の3〜4倍以上とする。

　②　管に曲げ始点と曲げ終点の印をつける。

　曲げようとする管の有効寸法に多少の余裕長さを加えた管を用意し，管端に少し余裕長さを見込んで曲げ始点及び曲げ終点の印をつける。

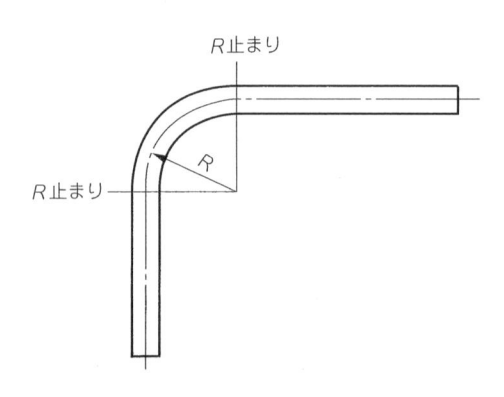

図5−177　現図

③ 管の曲げ部分を加熱する。

トーチランプ，ガスバーナ，電熱器などで，曲げ部分を中心に，曲げ部分より少し幅広く加熱する。加熱温度は，110～140℃が適当である。硬質塩化ビニル管は，約210℃以上になると，茶褐色にこげるので，加熱するときは，次の点に注意する。

1) 管外面に油などが付着しているとこげやすいので，ウエスなどできれいにふきとる。
2) トーチランプ，ガスバーナの炎は，少し弱めに調整し，炎を管に直接当てず，間接に加熱する。
3) トーチランプ，ガスバーナは，図5－178のように管軸に斜めの方向に往復運動させながら，かつ管を回転させながら加熱する。

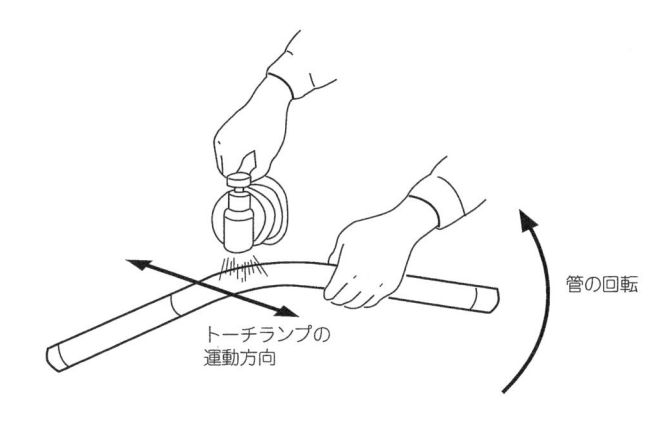

図5－178 管の加熱

4．3 銅管の曲げ加工

軟質銅管の管曲げは，銅管用パイプベンダを用いる（図5－179）。

銅管の管曲げに使用するベンダは，銅管の外径と曲げ半径により各種のものがあるので目的に合うものを使用する。管の外径に合わないものを使用するとつぶれの原因となる。

銅管用手動パイプベンダによる管曲げの基本作業は，次のような手順による。

① 管に曲げ始点の印をつける。

図5－180のように管端から管曲げ寸法（Lmm）になる位置をAとする。

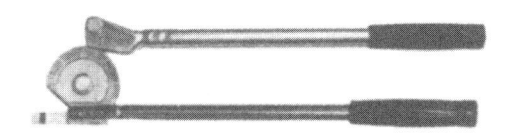

図5－179 銅管用パイプベンダ

(a)　　　　　　　　　　　　　(b)

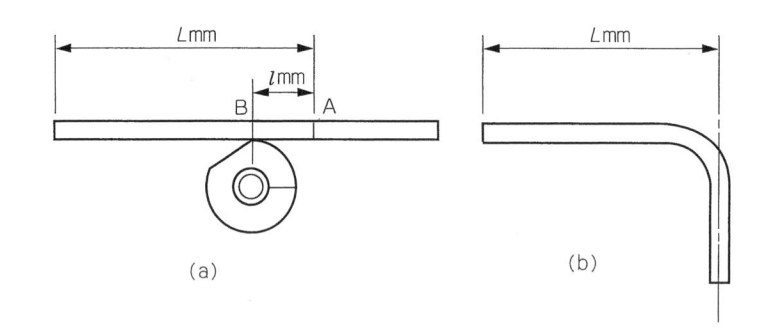

図5－180　曲げ始点の求め方

　Aの位置からベンダの$\frac{1}{4}$円周に0.64を乗じた値の長さ l（mm）を左にとった位置をBとすると，Bの位置が曲げ始点となる。

　②　管を固定する。

　ベンダ曲げ型の目盛り0（ゼロ）と管の曲げ始点を合わせ，ハンドルを直角に開いて管をベンダに固定する（図5－181）。

　なお，固定方法には，クランプを倒して固定するものもある。

　③　管を曲げる。

　圧力型ハンドルと曲げ型ハンドルの両方に力を加え，管を曲げる。曲げ角度は，曲げ型の目盛りと圧力型の基線を合わせて決める（図5－182）。

　曲げ終了後，管をベンダから取り外す。

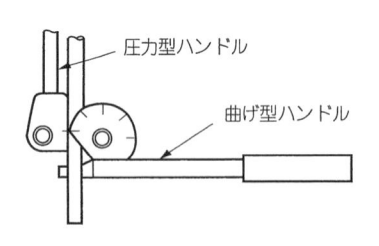

図5－181　管の固定　　　　　　　図5－182　管曲げ

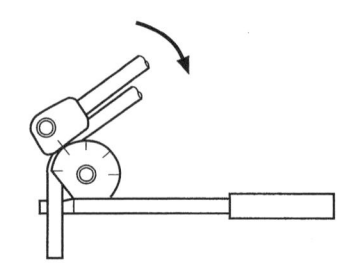

4.4　ステンレス鋼管の曲げ加工

(1) ステンレス鋼管用パイプベンダ

　一般配管用ステンレス鋼管などを曲げるときは，図5－183に示すようなステンレス鋼管用パイプベンダを使用する。

　ステンレス鋼管用パイプベンダの主要部分は，曲げ型，パイプ押さえ，サイドプレート，旋回ア

ームなどから構成されている。

パイプ押さえは，管を曲げ型に固定する役目をし，サイドプレートは，管を曲げるときの反力を支えている。

管曲げは，旋回アームを回転移動させることにより行う。

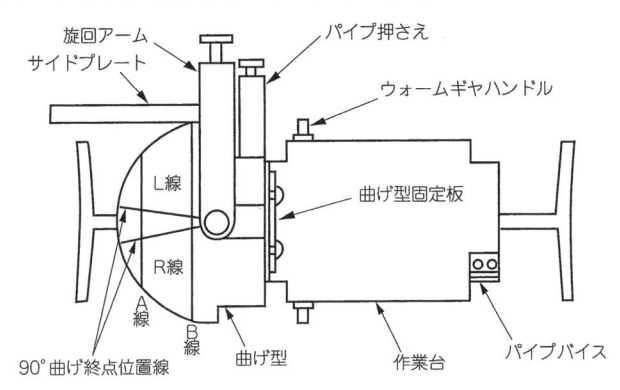

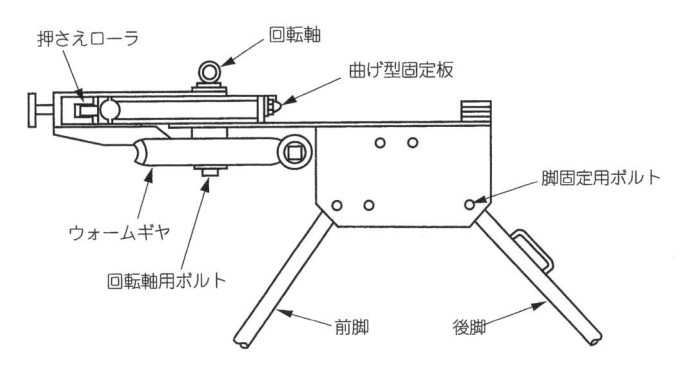

図5－183　ステンレス鋼管用パイプベンダ

（2）　ステンレス鋼管用パイプベンダによる管曲げ加工

ステンレス鋼管用パイプベンダによる管曲げ（90°）の基本作業は，次のような手順による。

① 管に曲げ始点の印をつける。

管端面より必要直線部の長さの位置に曲げ始点となるR止まりの印をつける（図5－184）。

② 管を曲げ型に差し込みパイプ押さえで，所定の位置に固定する（図5－185，図5－186）。

管を曲げ型に差し込みパイプ押さえで，管を所定の位置に確実に固定する。この場合管の曲げ始点の印を曲げ型に表示してあるA線（本体側より

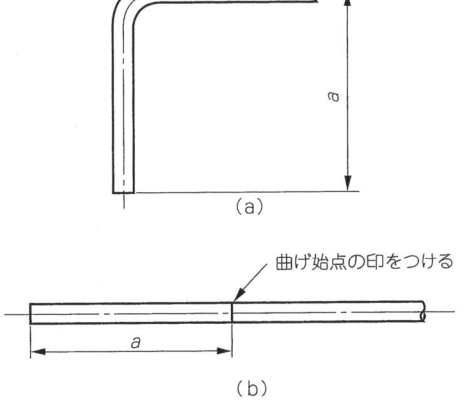

図5－184　曲げ始点のけがき

寸法を測る場合）又はB線（本体の前方より寸法を測る場合）に合わせる（図5－186）。

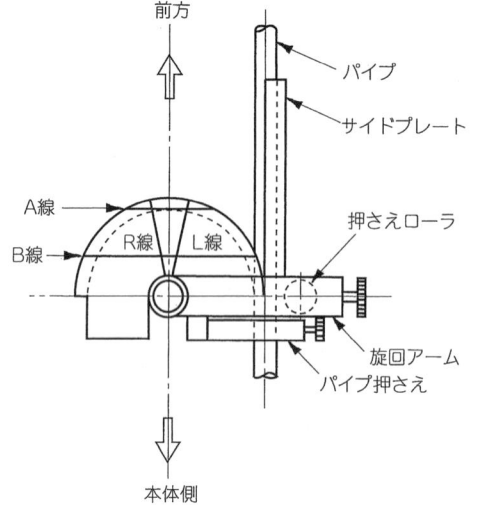

A線：本体側よりパイプ寸法を測る場合に使用
B線：本体の前方よりパイプ寸法を測る場合に使用
R線：本体右側より曲げた場合に使用
L線：本体左側より曲げた場合に使用

図5－185　管の固定（1）

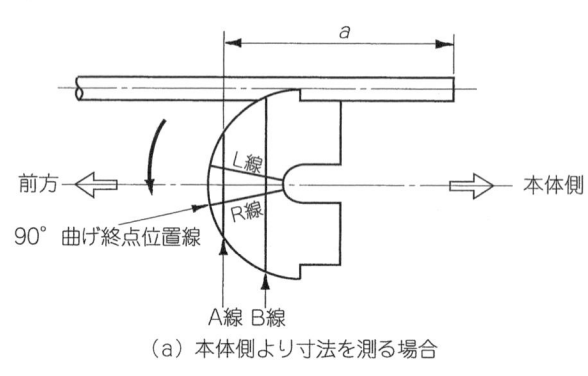

（a）本体側より寸法を測る場合

（b）本体前方より寸法を測る場合

図5－186　管の固定（2）

③ サイドプレートを取り付ける。

サイドプレートを曲げ型と旋回アームとの間に差し込み,押さえローラにより管を固定する。

④ 管を曲げる。

ラチェットハンドルで旋回アームを回転移動させて,管曲げを行う。

本体の右側から曲げる場合,90°曲げでは曲げ型に表示してあるR線まで回転移動させる。反対に左から曲げる場合には,L線まで回転移動させる。なお,90°曲げ終点位置線(R線,L線)は,管のスプリングバックを見込み,90°以上の位置となっている。

⑤ サイドプレートを取り外す。

管曲げが終わったら,旋回アームをもとの位置に戻し,押さえローラを緩めてサイドプレートを取り外す。

⑥ 管を取り外す。

パイプ押さえを緩めて,管を取り外す。

なお,小口径用のパイプベンダとして,銅管用パイプベンダに類似した図5－187のようなものもある。

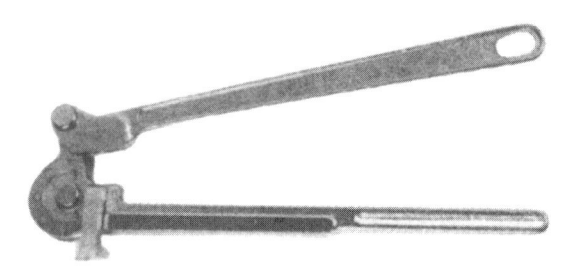

図5－187 小口径ステンレス鋼管用パイプベンダ

第5節 せん孔法

5．1 水道用ダクタイル鋳鉄管のせん孔法

(1) 一般事項

a．分岐口径

配水管から給水管を分岐し取り出す場合の最大口径は,その地域の配水管の水圧,給水能力などから限定されていることがあるので注意が必要である。

b．分岐間隔

せん孔による配水管の強度低下や作業性などの関係で,せん孔間隔は最小でも300mm以上とする。また分岐は必ず直管部とし,曲管,T字管などの異形管にせん孔してはならない。

c．分岐工法

給水管の分岐工法には，サドル付分水栓，分水栓，割T字管又はチーズ，T字管を用いる方法がある。ここでは，最も一般的な工法であるサドル付分水栓方式，分水栓方式について述べる。

（2） サドル付分水栓方式

a．サドル付分水栓の規格

サドル付分水栓は，一般には日本水道協会規格によるものが多いが，各地方自治体の水道管理者が独自に制定したものもある。表5-15に呼び径，図5-188にその構造例を示す。

表5-15 日本水道協会規格のサドル付分水栓

取付管の種類	呼び径	
	止水機構	サドル機構
DIP （ダクタイル鋳鉄管）	20, 25, 30, 40, 50	75[1], 100, (125), 150, 200, 250, 300, 350
VP （硬質塩化ビニル管）	13, 20, 25	40[2], 50[2], 75, 100, 150
	30, 40, 50	75[1], 100, 150
SP （鋼　管）	20, 25	40[2], 50[2], 75, 100, 125, 150, 200
	30, 40, 50	75[1], 100, 125, 150, 200

〔注〕[1]　サドル機構の呼び径75については，止水機構の呼び径50を取り出してはならない。
〔注〕[2]　サドル機構の呼び径40，50については，止水機構の呼び径25を取り出してはならない。

備考　取付管のうち，種類DIPは，ダクタイル鋳鉄管以外の鋳鉄管も含む。

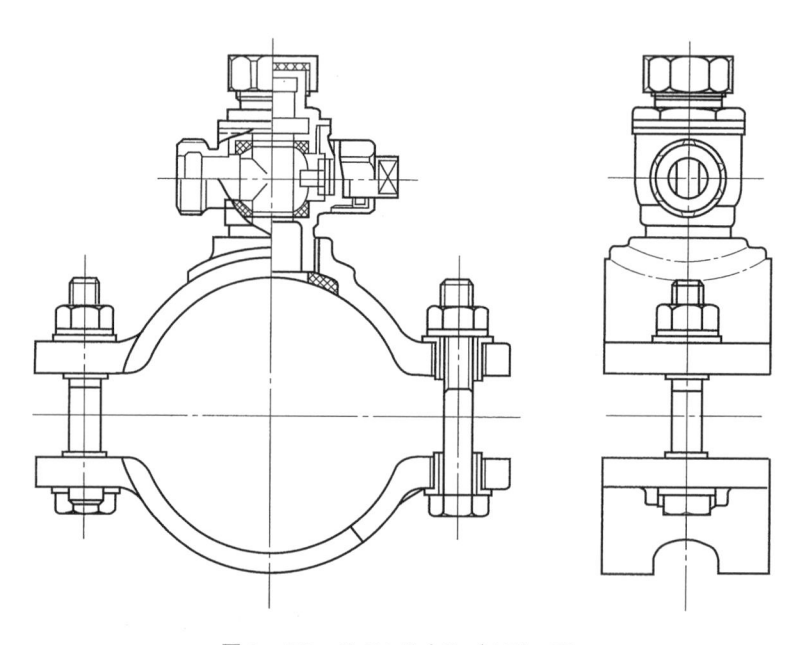

図5-188 サドル分水栓（A形の例）

b．サドル式せん孔機の種類

せん孔機の種類は大別して，手動式と動力式とがある。動力式はさらにせん孔機本体に小形電動機が一体に組み込まれているものと，離れた場所に設置されたガソリンエンジンなどの回転力をせん孔機に伝達するものとに分けられる。図5－189に手動式せん孔機と電動式せん孔機の外観を示す。

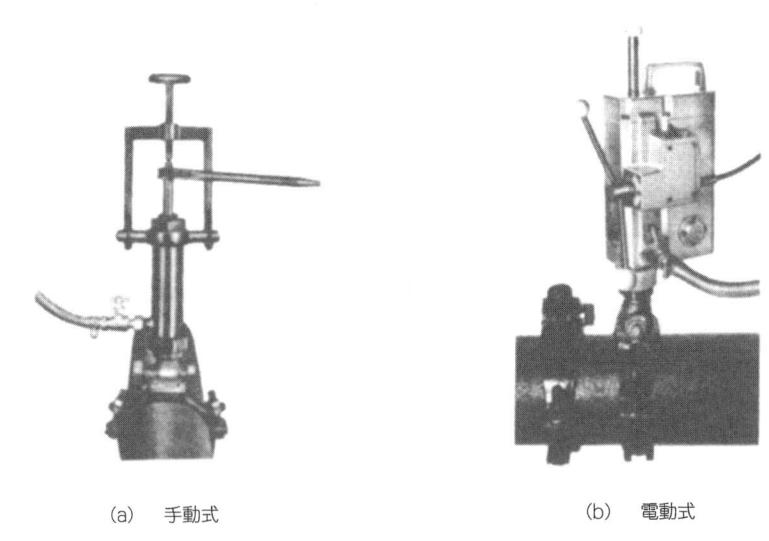

(a) 手動式　　　　　　　　　(b) 電動式

図5－189　せん孔機

c．手動式せん孔機の構造

手動式せん孔機の構造は，図5－190に示す形態のものが一般的である。構造を大別すれば次のようになる。

・本体（内部にスピンドルとその先端に鋳鉄管をせん孔するきりが内蔵されている。）
・鳥居（長ねじの調節によりスピンドルの送り量を加減することができる。）
・ラチェットハンドル（スピンドル自体に，手動による回転力を与える。先端のつめの操作により回転方向を変換することができる。）
・アダプタ（ねじにより本体を，サドル分水栓に固定する金具。分水栓のサイズに合わせ各寸法のものがある。）
・排水コック（せん孔作業中コックを開き，切りくずを水圧により外部に放出するためのもので，ホースが付属している。）

182 配管概論

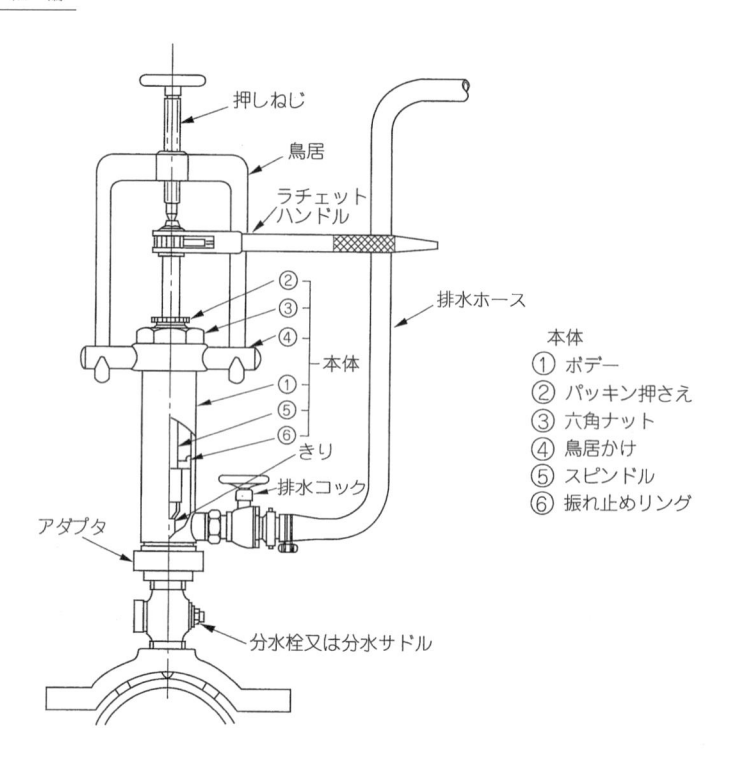

図5－190 手動式せん孔機の図解及び部品

d．動力式せん孔機の構造

動力式には，前述のように電動機直結式のものと，駆動部分離式のものとがある。いずれも回転駆動力を動力式にしたもので，扱い方は同じである。図5－191に電動式せん孔機の一例を示す。

使用上の注意としては，感電防止のため必ずアースを取る必要がある。また，電源は電動機に記載された電圧であるかどうか確認する。

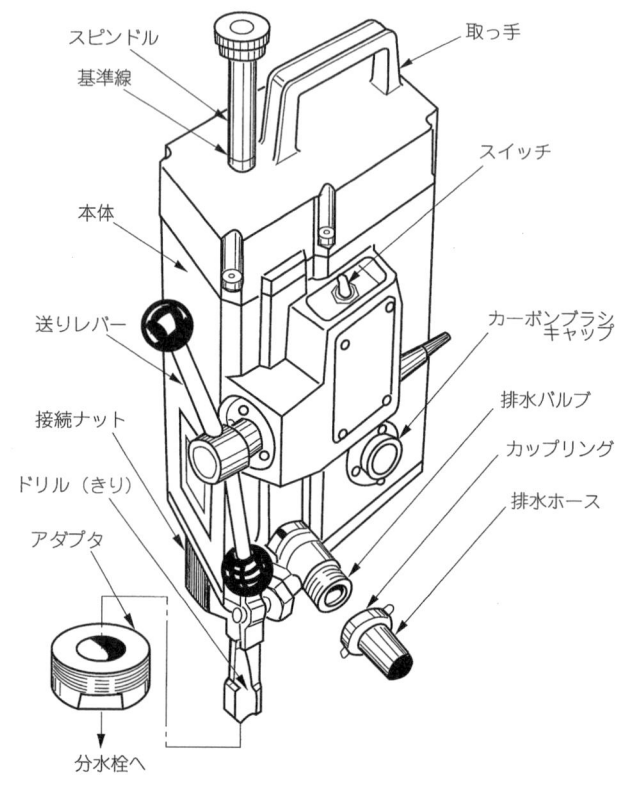

図5－191 サドル分水栓用電動せん孔機

(3) 分水栓方式

a. 分水栓の規格

ダクタイル鋳鉄配水管から給水管を分岐する場合にねじ込み式の分水栓を用いることがある。甲形と乙形があり口径は13mm, 20mm, 25mmの3種類である（図5-192）。したがって, 30mm以上の分岐をする場合は, サドル付分水栓法によらなければならない。鋳鉄管にねじ込まれる部分は, テーパおねじになっている。

(a) 甲形分水栓　　(b) 乙形分水栓

図5-192　ねじ込み式分水栓

b. せん孔機

分水栓方式のせん孔機は, 図5-193に示すように1本のきりでせん孔後, ねじ立てを行い, 次に分水栓をねじ込む一連の作業ができるようになっている。ねじ切り作業や分水栓の取付けには, 微妙な感触による手作業が必要で, すべて動力式で行うこともできるが, 分水栓の取付けは, 手作業で行うほうが確実である。

手動式の不断水せん孔機の外観を図5-194に, 構造の概略を図5-195に示す。

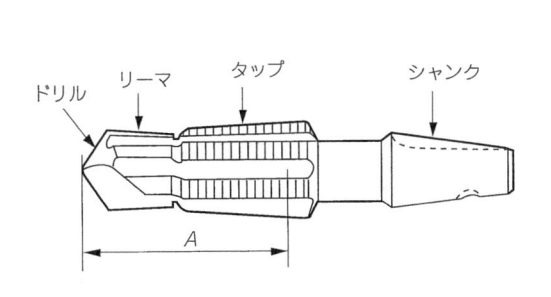

図5-193　きりの形状図　　　　図5-194　不断水せん孔機

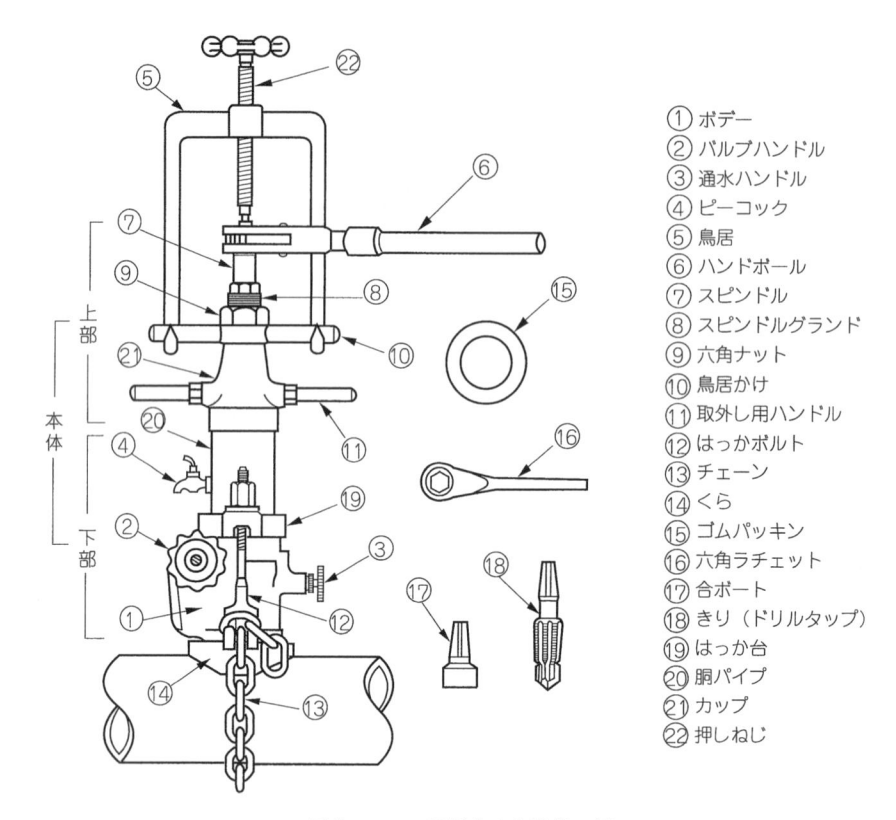

① ボデー
② バルブハンドル
③ 通水ハンドル
④ ピーコック
⑤ 鳥居
⑥ ハンドボール
⑦ スピンドル
⑧ スピンドルグランド
⑨ 六角ナット
⑩ 鳥居かけ
⑪ 取外し用ハンドル
⑫ はっかボルト
⑬ チェーン
⑭ くら
⑮ ゴムパッキン
⑯ 六角ラチェット
⑰ 合ボート
⑱ きり（ドリルタップ）
⑲ はっか台
⑳ 胴パイプ
㉑ カップ
㉒ 押しねじ

図5－195　不断水せん孔機の例

5．2　ガス用鋳鉄管のせん孔法

(1)　一般事項

a．基本事項

　ガスの本支管の管種は，鋼管，ポリエチレン管，鋳鉄管に大別することができる。したがって，供給管（各家庭その他へ供給するため本支管から分岐される管）は，本支管の管種，管径及び分岐管径に応じた適切な分岐方法及び材料を使用しなければならない。

b．分岐管径

　導管をせん孔により分岐する場合の元管のせん孔径及びねじにより分岐する場合のねじの呼び径は，元管の種類及び元管の外径に応じて分岐の方法ごとに掲げる値以下としなければならない（告示第86条第5号）。

c．分岐間隔

　せん孔位置は，既設接合部，既設せん孔部から原則として300mm以上の間隔をとる。また，せん孔位置は直管部とし，異形管からの取り出しは避けるようにする。

d．分岐工法

鋳鉄管からの供給管分岐工法は，クランプ又は割スリーブによるものと，元管をせん孔ねじ立て（せん孔法）するものとの2方法がある（大管径管を分岐する場合は，元管を切断し鋳鉄T字管を取り付ける。）。

e．せん孔

せん孔に当たり次の点に留意する。

①　せん孔に先立ち，せん孔対象管が設計図書に記載されているものであることを確認する。
②　せん孔作業に当たっては，作業時の漏出ガスを少なくするとともに，火気等に注意して行う。
③　せん孔は，状況に応じて適切な方法により行う。
④　せん孔は，所定の位置に許容最大せん孔径を超えない範囲で行う。

本支管から供給管の取り出し例を図5－196に示す。

・割スリーブによる取り出し例
（割スリーブ＋トランジションエスチーズ）

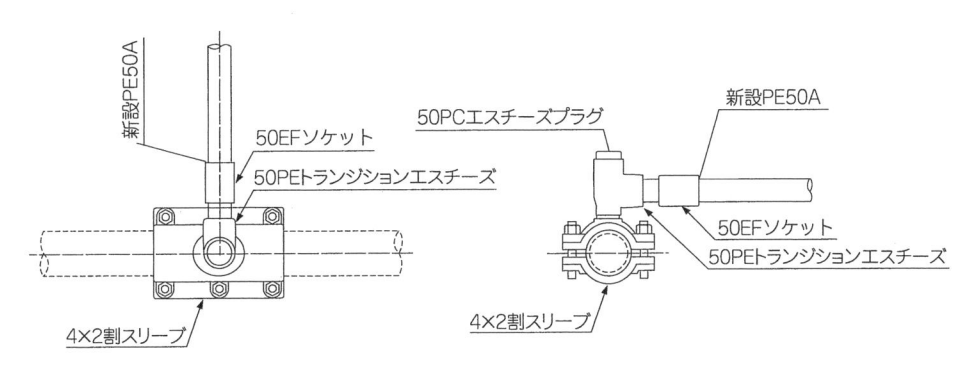

・せん孔による取り出し例
（せん孔＋トランジションエスチーズ）

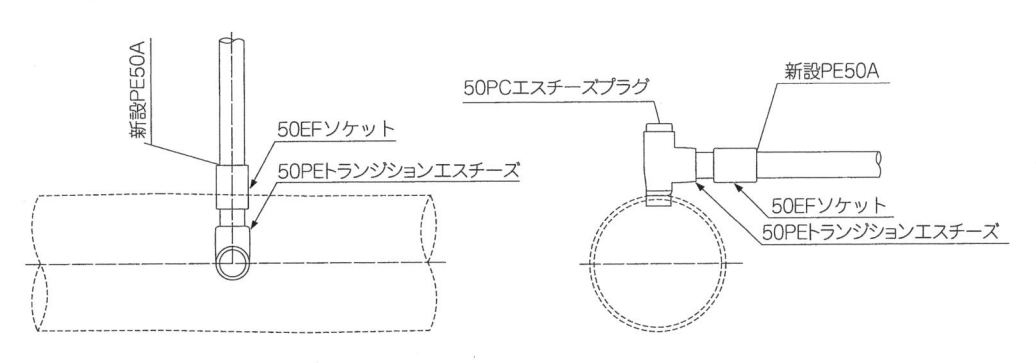

図5－196　供給管取出し例

f. せん孔機

(a) 種類

せん孔機は，手動式と電動式の2種がある。最近はほとんど電動式である。

いずれも取扱い方法は同じであるが，電動式せん孔機を用いる場合は，漏出ガスのスパークによる引火防止のため，通風，換気に十分注意して作業する必要がある。

(b) 構造

各メーカにより多少形状が異なるが，構造上大きな差異はない。クランプ，割スリーブはめねじのものが多く，鋼管にソケットを溶接し分岐する場合にも共用できる。図5-197に構造例を示す。

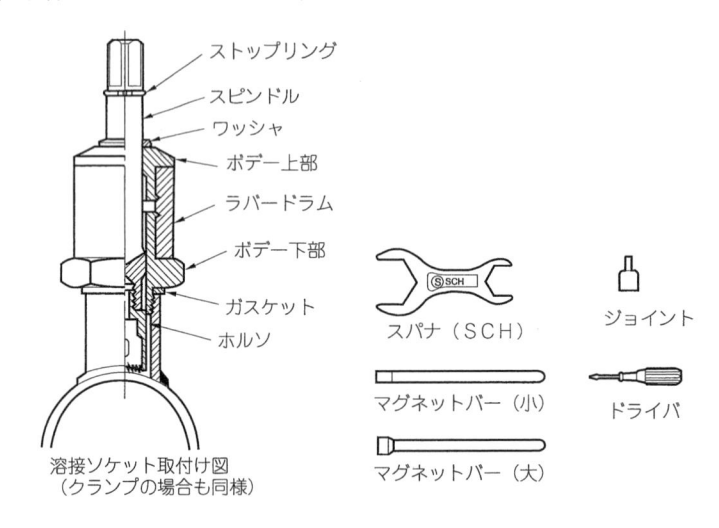

図5-197 クランプ，割スリーブせん孔機

(2) 無噴出工法

作業時の管内圧力の急激な変化や漏出ガスによる臭気の発生などを防止し，安全な作業を行う工法として無噴出（ノーブロー）工法がありガス管連絡結び工事の主流を占めている。これは，図5-198に示すように4個のシャッタ装置を管路に取り付け，最上流部と最下流部をバイパス管で連結し，ガスの供給を継続しながら，作業箇所を挟んだ箇所のシャッタ装置からバッグを挿入して膨らませ，ガスを遮断した後その中央部を切断加工して分岐用のT字管を取り付け，分岐管路を取り出す工法である。

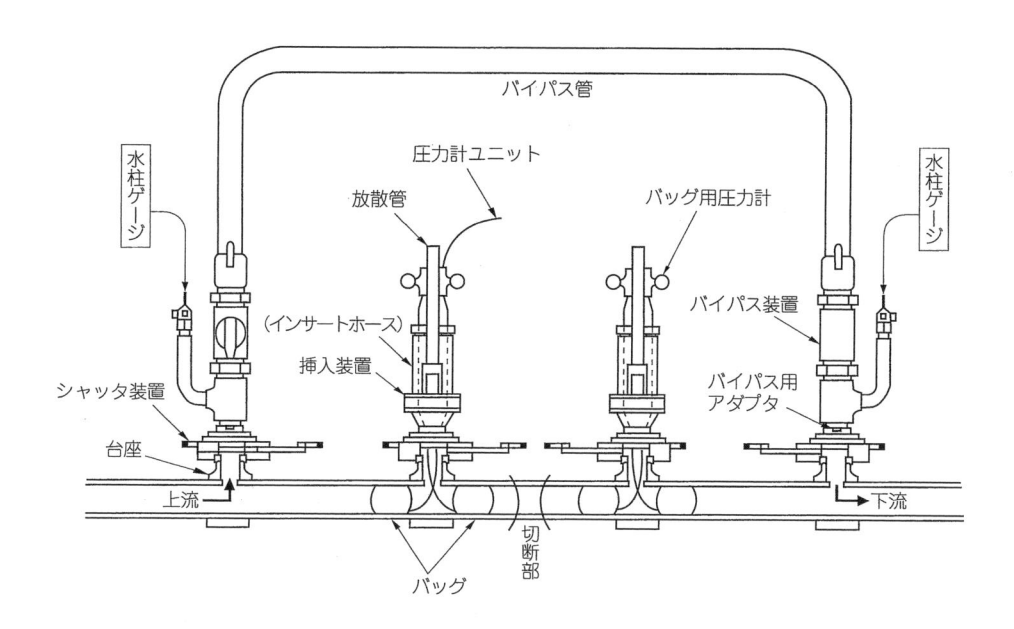

図5-198 無噴出工法概念図

(3) 工事現場の安全

a. 安全装置

① 安全マスク，安全帯，安全ロープ，保護めがね，長靴など，安全作業用具，救護用具などを常に整備しておき，作業内容に応じて現場に携行して使用する。

② 電動作業工具は，電源に適切なキャブタイヤケーブルを用い，定められた方法により，大地アースを確実に施す。

③ 裸電球，損傷したケーブルなどは使用しない。

b. 生ガス事故の防止

切断工事，せん孔工事，漏れ修理工事などで，ガスの漏出するおそれがある作業を行う場合には，次の事項を遵守する。

① 作業は，ガスを遮断してから開始することを原則とする。

② 火気の使用は原則として避ける。溶接作業などで火気を使用する場合は，定められた方法により，安全を確認してから行う。
　　また，作業場所の近くには，消火器を準備しておく。

③ 作業は2人以上で行い，ガスの漏出する作業には，安全マスクなどを着用する。

④ 電気配線，照明具などは，火花を発しない安全な構造のものを用いる。

⑤ バルブピット内，マンホール内，パイプシャフト内，天井裏，地下室など密閉された場所で

作業する場合は，必要に応じて事前にガス検知器などにより，ガスの有無を確認してから作業を開始する。

第6節 支持金物

　支持金物は配管を支持するために必要な金物で，管の荷重，振動などに耐え得るものでなければならない。水平配管用のものと立て管用のものとがある。さらに，振動の伝ぱを防ぐ必要がある場合は，防振材付きのものを用いる。

6.1 水平配管支持金物

　水平配管用金物は，インサートとつり金物で構成される。インサートを，建築物のコンクリート打設前に，型枠に取り付けておく。打設後，型枠の取りはずしを待って，つり金物をこれに取り付ける。インサートの材質には，鋼製，鋳鉄製，プラスチック製などが使われている。

　つり金物は，配管を水平に支持するのに便利なように，いろいろな形状のものがあり，バンドは平鉄製のものが主に使われる。並列する配管が多い場合は，共用の形鋼などを用いて，管を支持する。また，防振を必要とする場合は防振用のゴムの入った防振支持金物を使用する。

　これらの形状例を，図5－199及び5－200に示す。

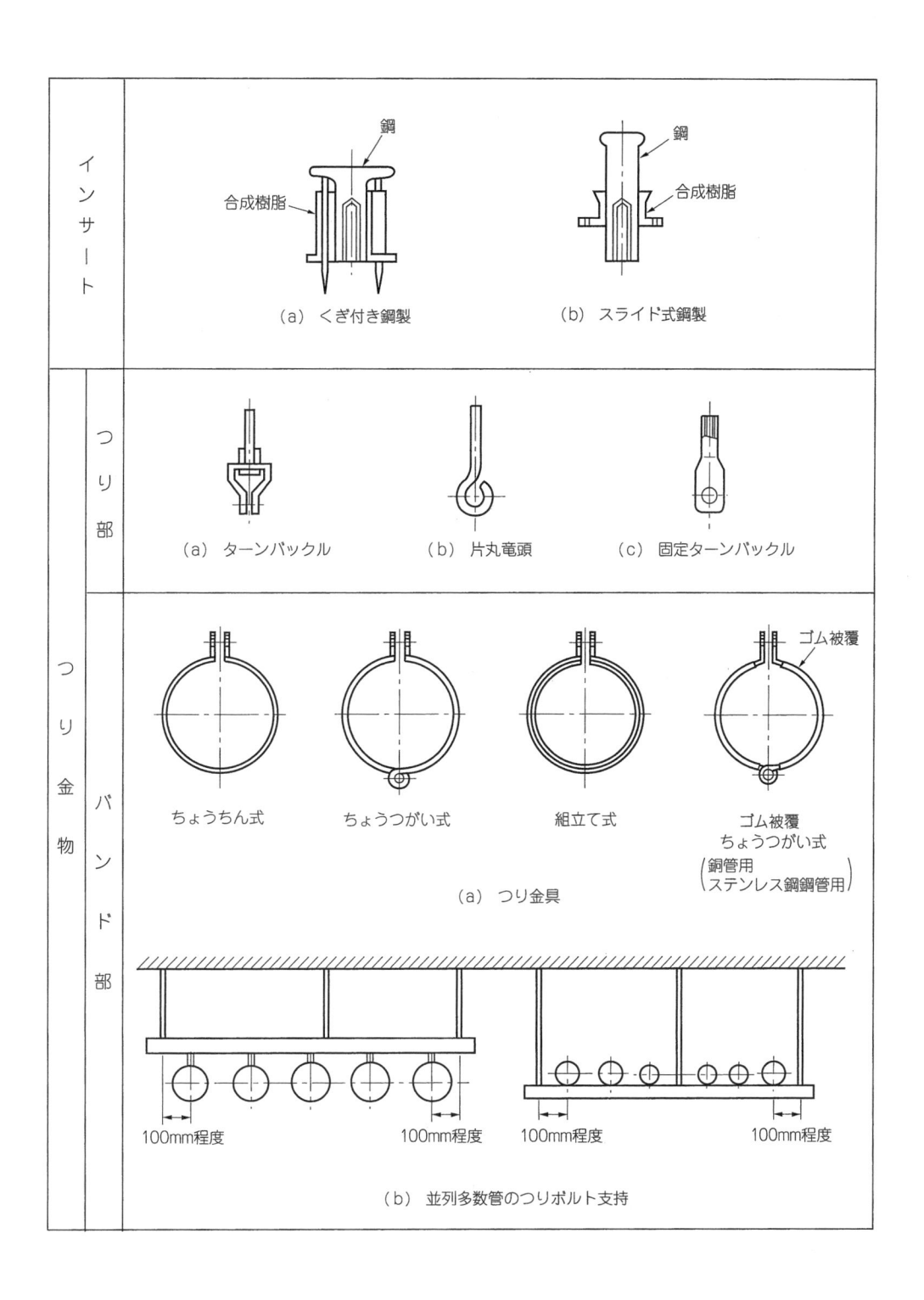

インサート	(a) くぎ付き鋼製　鋼／合成樹脂	(b) スライド式鋼製　鋼／合成樹脂
つり部	(a) ターンバックル　(b) 片丸竜頭　(c) 固定ターンバックル	
つり金物　バンド部	(a) つり金具 ちょうちん式　ちょうつがい式　組立て式　ゴム被覆ちょうつがい式（銅管用／ステンレス鋼鋼管用） (b) 並列多数管のつりボルト支持　100mm程度	

図5－199　インサート，つり金物

(a) 並列多数管の防振支持　　　　　　　　(b) 単管の防振支持

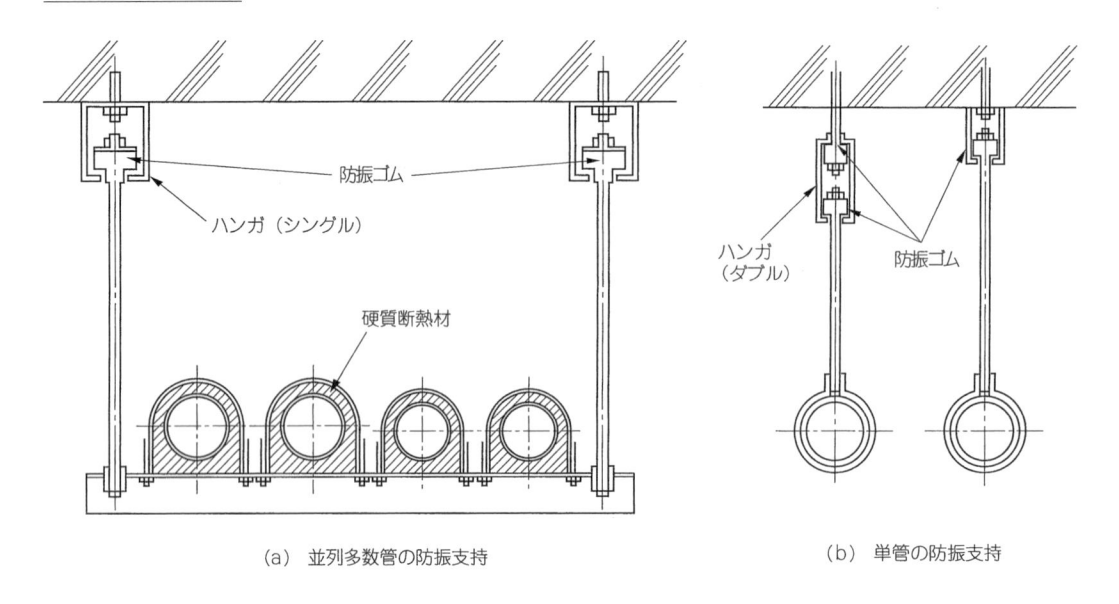

図5-200　防振支持金物

6.2　立て管支持金物

　立て管支持金物には，壁面で支持するものと，床面で支持するものとがある。

　壁面用の支持金物には，図5-201に示すようなものがあり，床面用には，図5-202に示すようなものがある。並列に数本の立て管配管の場合は，共用の形鋼を用い，管を床面で形鋼に支持する。また，防振を必要とする場合は，図5-203に示すように，防振ゴムの入った支持金物を取り付ける。

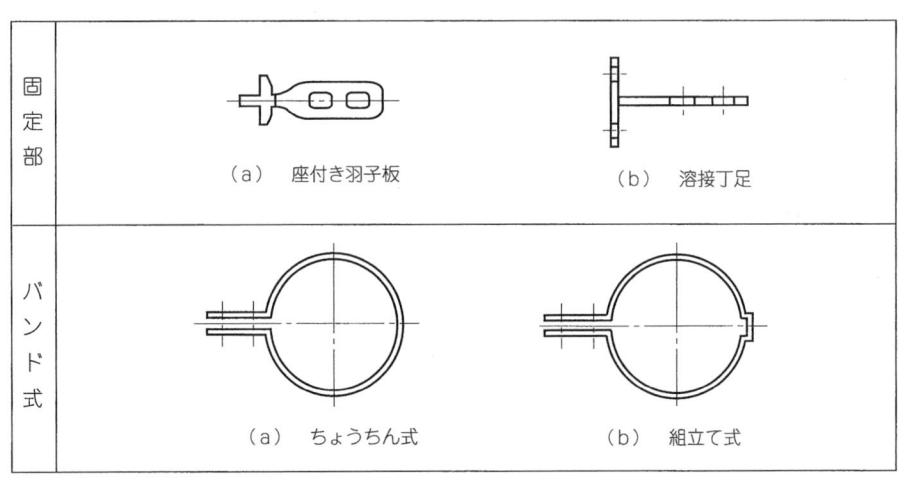

固定部	(a)　座付き羽子板	(b)　溶接丁足
バンド式	(a)　ちょうちん式	(b)　組立て式

図5-201　壁面用支持金物

(a) 単管用

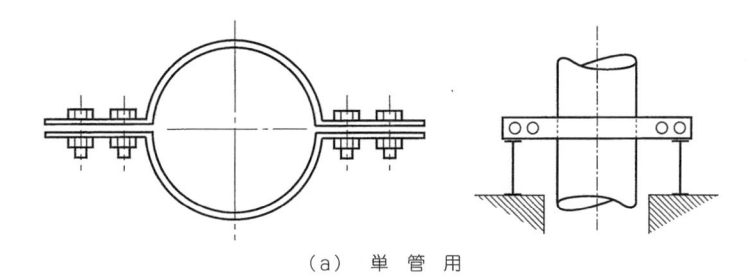

ブロック壁に支持金物を埋め込まないこと

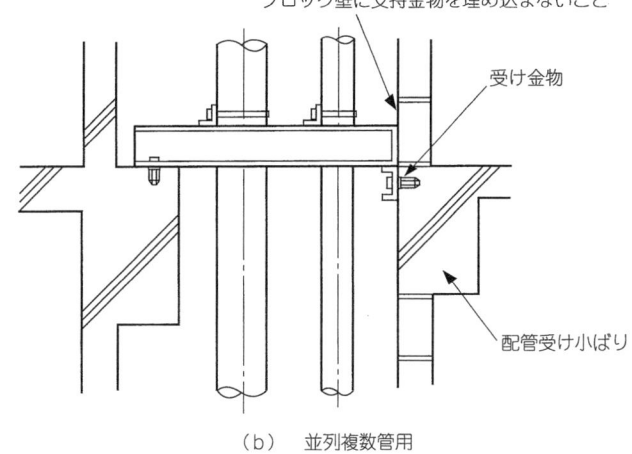

受け金物

配管受け小ばり

(b) 並列複数管用

図5－202　床面用支持金物

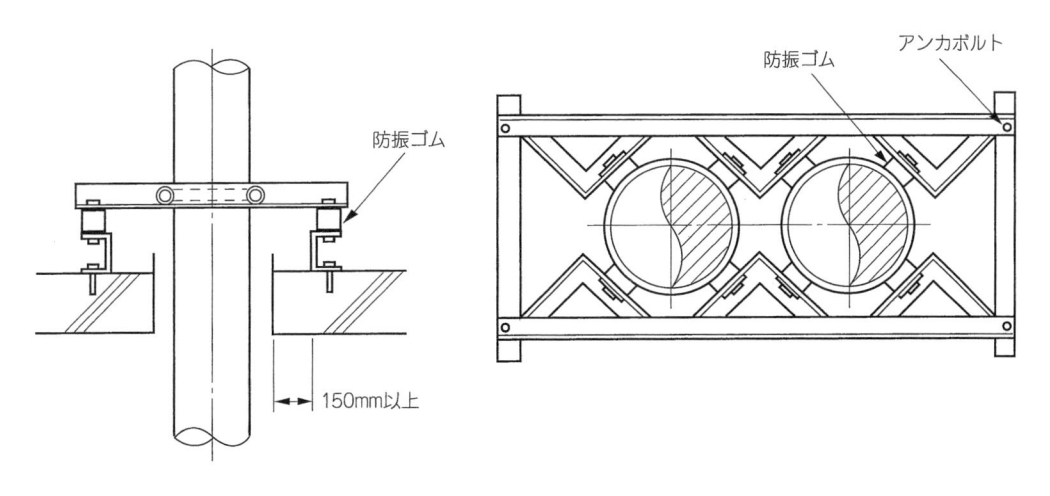

防振ゴム

アンカボルト

防振ゴム

150mm以上

図5－203　立て管の防振支持金物

6.3 固定金物

水平配管でも立て配管でも，管の動揺を防止したり，管の伸縮を吸収したりするため，伸縮管継手を用いる際には，振動・変位を管継手に正しく伝えるために管を固定する必要がある。このような目的で用いるのが，図5-204に示すような固定金物である。

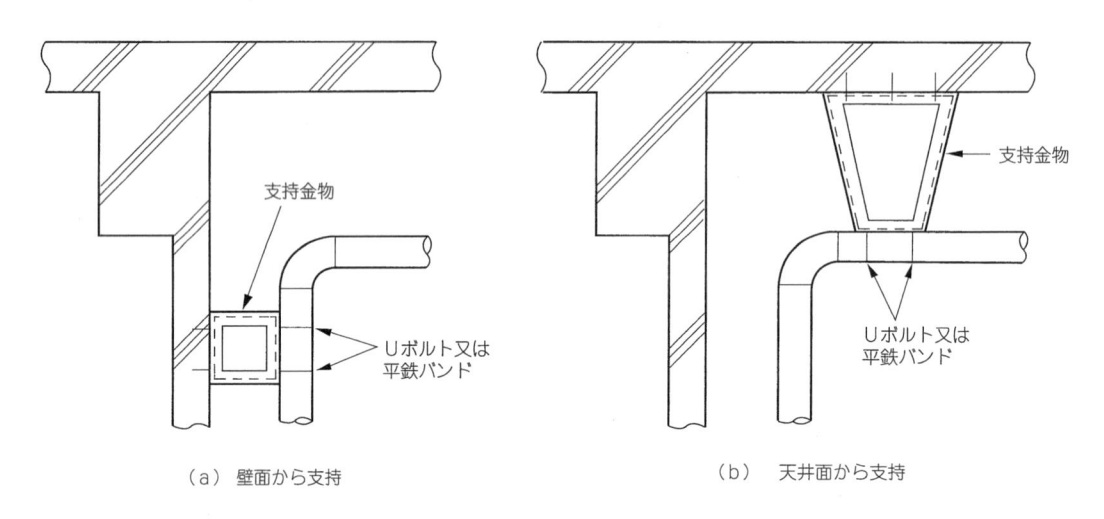

（a）壁面から支持　　　　　　　　　（b）天井面から支持

図5-204　固定金物

6.4 耐震支持金物

地震による配管の損傷を防ぐため，建築設備耐震設計施工基準（日本建築センター）では設計用標準震度を基準とした耐震クラスS，A，Bを定めている。この区分を表5-16（a）に示す。

表5-16（a）　建築設備機器の設計用標準震度

	建築設備機器の耐震クラス			適用階の区分
	耐震クラスS	耐震クラスA	耐震クラスB	
上層階，屋上及び塔屋	2.0	1.5	1.0	
中間階	1.5	1.0	0.6	
地階及び1階	1.0 (1.5)	0.6 (1.0)	0.4 (0.6)	

（　）内の値は地階及び1階（地表）に設置する水槽の場合に適用する

上層階の定義
・2～6階建ての建築物では，最上階を上層階とする。
・7～9階建ての建築物では，上層の2層を上層階とする。
・10～12階建ての建築物では，上層の3層を上層階とする。
・13階建て以上の建築物では，上層の4層を上層階とする。
中間階の定義
・地階，1階を除く各階で上層階に該当しない階を中間階とする。

配管は，各耐震クラスにより表5－16（b），（c），（d）のS_A，A，B種の耐震支持を施すことになっている。

表5－16（b）　耐震支持の適用

設置場所	配管 設置間隔	配管 種類	ダクト	電気配線
耐震クラスA・B対応				
上層階，屋上，塔屋	配管の標準支持間隔（表5－16（c）（d）参照）の3倍以内（ただし，銅管の場合には4倍以内）に1箇所設けるものとする。	すべてA種	ダクトの支持間隔約12mごとに1箇所A種又はB種を設ける。	電気配線の支持間隔約12mごとに1箇所A種又はB種を設ける。
中間階		50m以内に1箇所は，A種とし，その他はB種にて可。	通常の施工方法による。	通常の施工方法による。
地階，1階		すべてB種でも可。		
耐震クラスS対応				
上層階，屋上，塔屋	配管の標準支持間隔（表5－16（c）（d）参照）の3倍以内（ただし，銅管の場合には4倍以内）に1箇所設けるものとする。	すべてS_A種	ダクトの支持間隔約12mごとに1箇所S_A種又はA種を設ける。	電気配線の支持間隔約12mごとに1箇所S_A種を設ける。
中間階		50m以内に1箇所は，S_A種とし，その他はA種にて可。	ダクトの支持間隔約12mごとに1箇所A種を設ける。	電気配線の支持間隔約12mごとに1箇所A種又はB種を設ける。
地階，1階		すべてB種でも可。		
ただし，以下のいずれかに該当する場合は上記の適用を除外する。				
	（ⅰ）50A以下の配管，ただし，銅管の場合には20A以下の配管　（ⅱ）吊材長さが平均30cm以下の配管。		（ⅰ）周長1.0m以下のダクト　（ⅱ）吊長さが平均30cm以下のダクト。	（ⅰ）φ82以下の単独電線管。（ⅱ）周長80cm以下の電気配線　（ⅲ）定格電流600A以下のバスダクト。（ⅳ）吊材長さが平均30cm以下の電気配線。

表5－16（c）　横引鋼管の標準支持間隔の例

呼び径（A）	15	20	25	32	40	50	65	80	100	125	150	200以上
標準支持間隔（ℓ_V）〔m〕	1.8	1.8	2.0	2.0	2.0	3.0	3.0	3.0	4.0	4.0	4.0	5.0

〔注〕簡易なインサート金物などを用いて支持する際は配管の支持間隔に注意すること。

表5－16（d）　横引銅管の標準支持間隔の例

呼び径（A）	15	20	25	32	40	50	65	80	100	125	150	200以上
一般配管用標準支持間隔（ℓ_V）〔m〕	1.0	1.0	1.5	1.5	1.5	2.0	2.5	2.5	2.5	3.0	3.0	3.0
冷媒配管用標準支持間隔（ℓ_V）〔m〕	2.0	2.0	2.0	2.0	2.5	2.5	3.0	－	－	－	－	－

194　配管概論

（1）　S_A，A種耐震支持方法

大別して4種の支持方法が示されている。以下抜粋して示す。

① 柱・壁の利用

　　はり材を柱や壁に取り付け，Uボルトで配管を固定する方法である。図5－205に例を示すが，このほか柱と壁，壁と壁を利用する方法もある。

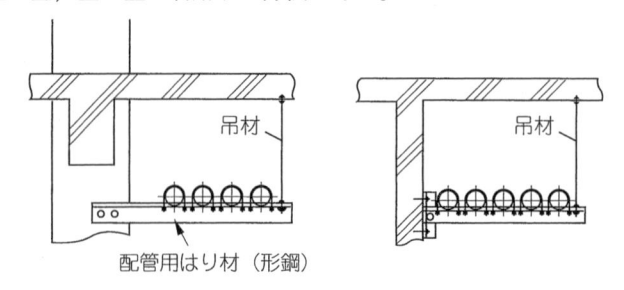

　　　　　　　(a) 柱を利用する例　　　　(b) 壁を利用する例

　　　　　　　図5－205　S_A，A種耐震支持（1）

② ブランケット支持

　　柱や壁にブランケットを取り付け，Uボルトで配管を固定する方法である。図5－206に例を示す。

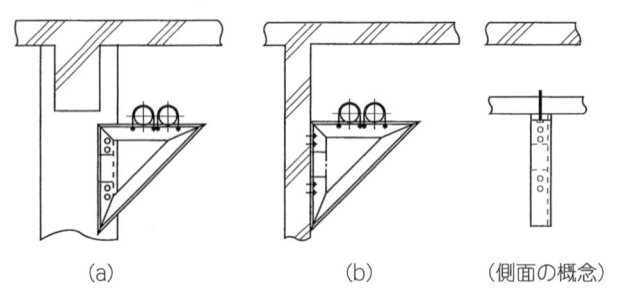

　　　　(a)　　　　　　(b)　　　　（側面の概念）

　　　　　　　図5－206　S_A，A種耐震支持（2）

③ はり・天井スラブ吊下げ

　　はり又は天井のスラブに架台を取り付け，Uボルトで配管を固定する方法で，図5－207に示す架台は接合部が剛構造であるラーメン架構の例であるが，ターンバックルを備えた斜材で支持するトラス架構の例も示されている。

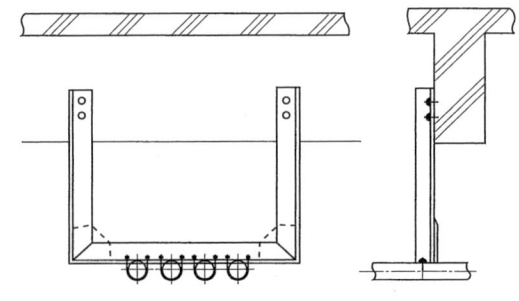

　　　　　　　図5－207　S_A，A種耐震支持（3）

④ 床スラブ支持

　床面に架台を固定し，Uボルトで配管を固定する方法である。図5-208に例を示す。

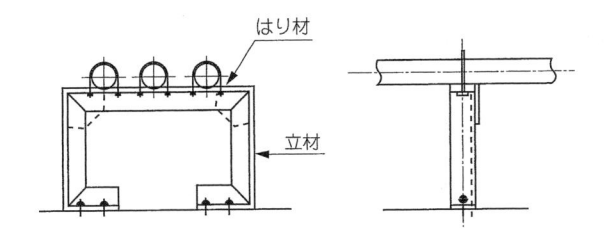

図5-208　S_A，A種耐震支持（4）

（2）　B種耐震支持方法

　つり材と同程度以上の強さを持つ斜材を両側に設けて横揺れを防止する方法である（図5-209）。管の重さはつり材で支え，斜材は振れ防止用であるから締めすぎないようにする。

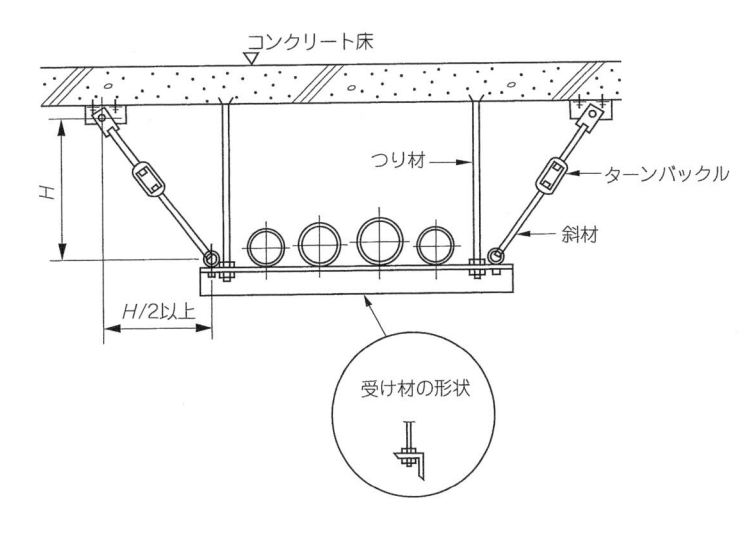

図5-209　B種耐震支持

第7節　ガスケット及びパッキン

　ガスケット及びパッキンは，配管，機器，装置などの接合部又は回転部の漏れを防止するために使われる。JIS B 116「パッキン及びガスケット用語」では配管用フランジなどのような固定部のシールに用いるものをガスケット，回転部，しゅう動部のような運動部分のシールに用いるものをパッキンと定義している。

7.1 フランジ用ガスケット

(1) ゴム及加工品

 天然ゴムは弾性が大きく，希薄な酸やアルカリには侵されないが，熱や油には弱い。100℃以上の高温では使用されず，-55℃で硬化変質する。用途としては，給水，排水，空気配管などに用いられるが，油，蒸気，温水，冷媒配管などには使用できない。そのため，現在はほとんどの場合，合成ゴムが使用されている。合成ゴムにはアクリルニトリルブタジエンゴム（NBR），スチレンブタジエンゴム（SBR），ブタジエンゴム（BR），クロロプレンゴム（CR）などがあり，その性質は天然ゴムに似ているが，耐油，耐熱，耐酸，耐候性を持ち，機械的性質もよく，引張り，引き裂き，摩耗などにも強い。-46～+121℃の間で安定し，120℃以下の配管にはほとんど使用できる。蒸気配管を除き，水，空気，油，冷媒配管などに広く使われている。

(2) 合成樹脂ガスケット

 四ふっ化エチレン樹脂（テフロン）は，合成樹脂ガスケットのなかで最も優れている。薬品，油に侵されにくく，耐熱範囲は-260～+260℃で，使用範囲が大きい。板のままガスケットとして使うこともあるが，弾性に乏しいから，波形金属板などに包んだものも使われている。また特殊な方法でこれを水に溶かし，繊維質のガスケットにしみ込ませたものや，黒鉛，グラスファイバーなどと混合して，成形したものもある。

(3) 管フランジ用渦巻形ガスケット

 JIS B 2404「管フランジ用ガスケットの寸法」で規定されているもので，テープ状の波形金属薄板と石綿紙を重ね合わせ，巻き始めと巻き終わりを点溶接したものが基本形であり，これに内輪を付けたもの，外輪を付けたもの，内外輪付きのものなどがある。

 波形金属薄板はステンレス鋼，内輪もステンレス鋼，外輪は鋼製である。管フランジの合わせ面に挿入し，フランジボルトで締め付け変形させて使用する。ガスケットの断面を図5-210，挿入した状態を図5-211に示す。

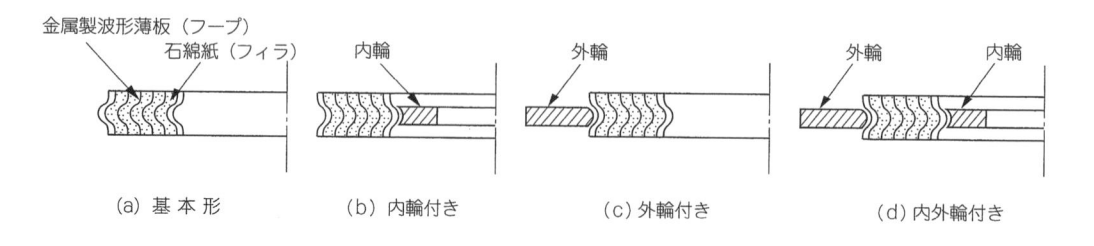

(a) 基本形　　(b) 内輪付き　　(c) 外輪付き　　(d) 内外輪付き

図5-210　渦巻形ガスケット

(a) 基本形　　　　　　　　(b) 内輪付き　　　　　　　　(c) 外輪付き

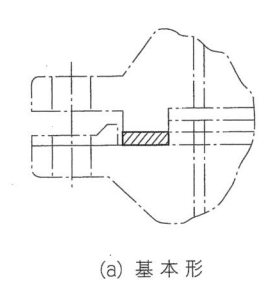

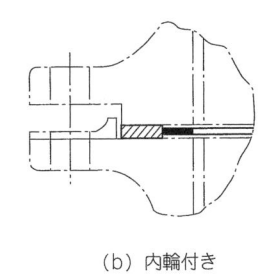

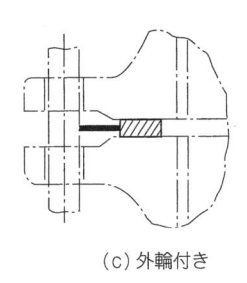

図5−211　ガスケットの挿入

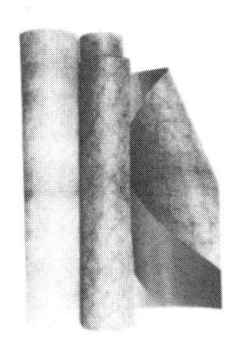

(4) ジョイントシート

　ジョイントシートは繊維材料の充てん材・ゴム・配合薬品を均一に混合させたあと，加熱ロールで加圧圧延したシート状のガスケットで，管フランジの形状に合わせ切断加工して使用する。図5−212にジョイントシートの外観を示す。繊維材料には白石綿（クリソタイル）が多く用いられていたが，脱公害の面から最近はアラミド繊維・無機繊維を用いた非石綿ジョイントシートが用いられるようになった。通常，整形されたシートの両面にガスケットペーストというグリース状の液体を塗布し管フランジの合わせ面に挿入する。

図5−212　ジョイントシート

7.2　ねじ込み用ガスケット

　ねじ込み用ガスケットには，液状合成樹脂ガスケット，シールテープなどがある。
　液状合成樹脂ガスケットは，主成分がシリコン又はアクリル系樹脂などからなるペースト状の粘液で，一般に化学薬品に強く，耐油性を持ち，−30〜＋130℃の蒸気，水，温水，ガス，薬品などの配管に用いられている。
　シールテープは，四ふっ化エチレン樹脂などの特殊コンパウンドをテープ状にしたもので，厚さは

0.1mm程度である。使用温度範囲は－100℃～＋260℃といわれ，電気絶縁性もよく，化学的にも優れている。各種の溶剤，薬品にも耐え，風化や老化の心配もなく，強じんであるから，すべての配管に使用できる。テープをねじ部の先端に1巻きし，数mm重ね合わせ巻きとしてねじ込めばよく，ねじ込み，取り外しとも容易で，一般に，小口径の管に用いられる。

7.3 グランドパッキン

弁，ポンプなど，軸がケースを貫通するところの漏れ止めに使用される。従来は石綿角打ちパッキンが多く使用されていたが，公害の関係から既に一部の石綿（青石綿・茶石綿）は使用禁止となり，白石綿も禁止となる可能性が大であることから，これに代えて炭化繊維，炭素繊維，四ふっ化エチレン繊維，アラミド繊維，植物繊維など，多種多様な繊維を用いた製品が開発されている。

通常これらの繊維を編組みし，グリース，黒鉛，潤滑油などの潤滑材を含浸させて軸の回転やしゅう動が滑らかに行われるようになっている。

普通，図5－213に示すような長いひも状で販売されており，これを軸に巻き付け，ナイフなどで切断して使用する。

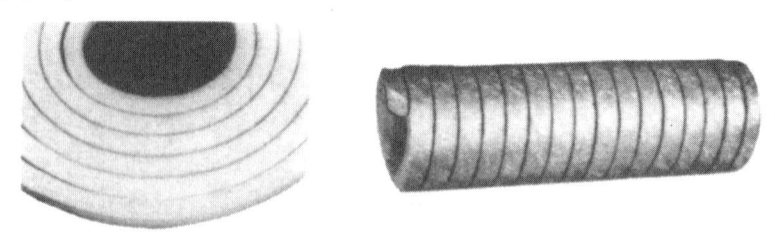

図5－213　グランドパッキン

第8節　管の被覆施工

配管の防露・防凍・保温・保冷のため，管の被覆を行うことがある。保温材にはいろいろな種類があり，用途によって選定する。保温材はそれ自体の強度が小さいため，外側を金属板やクロス，テープなどで補強する。この補強材を「外装材」という。被覆の施工例を図5－214に示す。

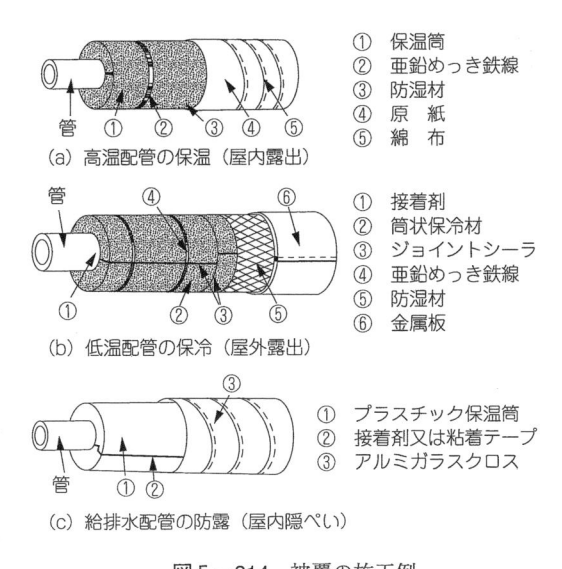

① 保温筒
② 亜鉛めっき鉄線
③ 防湿材
④ 原　　紙
⑤ 綿　　布

(a) 高温配管の保温（屋内露出）

① 接着剤
② 筒状保冷材
③ ジョイントシーラ
④ 亜鉛めっき鉄線
⑤ 防湿材
⑥ 金属板

(b) 低温配管の保冷（屋外露出）

① プラスチック保温筒
② 接着剤又は粘着テープ
③ アルミガラスクロス

(c) 給排水配管の防露（屋内隠ぺい）

図5－214　被覆の施工例

8.1　管の被覆

(1)　被覆材の種類

a．ロックウール保温材

　安山岩，玄武岩などを溶融して，繊維状にしたものに接着剤を用いて形成したもので，b．グラスウール保温材とともにJIS A 9504「人造鉱物繊維保温材」に規定されている。保温板，保温筒，保温帯などの製品があり，耐熱性が高いのが特徴である。低温に使用する場合は，防水処理をしたものとする。最高使用温度は650℃である。ボイラ回りの高温配管などに適するが，一般の常用温度でも用いられている。

b．グラスウール保温材

　ガラス原料を溶融，繊維状にしたもので，グラスウール保温筒，グラスウール保温板などがあり，防湿のため保温板などにクラフト紙裏打ちアルミはくを片面に張ったものが使用されている。最高使用温度は400℃で，ダクトや建築物の断熱材のほか，配管の保温保冷材として，広く用いられている。

c．けい酸カルシウム保温材

　けい酸質原料と石灰質原料が主材で少量の無機質繊維が含まれている。製造工程が異なると使用温度範囲も変わる。e．はっ水性パーライト保温材とともにJIS A 9510に規定されており，1号はゾノトライト系で最高使用温度が1000℃，2号はトバモライト系で650℃以下で使用する。

d．ポリスチレンフォーム保温材

　ポリスチレンフォーム保温材はJIS A 9511「発泡プラスチック保温材」に規定されており，一

般に発泡スチロールと呼ばれる。製造方法によってEPSとXPSに分類される。EPS類は，予備発泡させたビーズ状のポリスチレンを金型に充てんし，蒸気で加熱成形して板状や筒状の製品としたものである。XPS類は原料のポリスチレンと発泡材料とを押し出し機に入れて溶融し，連続的に発泡させながら板状の保温材としたものである。最高使用温度は70℃以下である。防露・凍結防止に多く用いられる。

e．はっ水性パーライト保温材

パーライト粒が主成分でこれに接着剤，繊維，はっ水剤を均一に混合成形したものである。オーステナイト系のステンレス鋼や普通鋼の応力腐食割れの抑制に効果を示すけい酸ナトリウムが含まれている。アルミニウムを腐食しやすいので注意を要する。最高使用温度は900℃以下で，高温配管に用いられる。

f．硬質ウレタンフォーム保温材

ポリウレタンを骨格とした発泡体で，冷蔵庫用断熱材として多用されている。軽量かつ吸水しにくい材料で，熱伝導率は空気よりも小さく，優れた保温保冷性能を持つ。最高使用温度は100℃である。

g．ポリエチレンフォーム保温材

低密度ポリエチレン樹脂と有機系発泡材などを混合溶融し，保温板や保温筒に成形加工したものである。独立気泡のため熱伝導率が小さく，吸水性がないので熱伝導率の性能が変わらない。最高使用温度は120℃で，冷媒配管に多く使用されている。

(2) 外 装 材

a．カラー亜鉛鉄板

JIS G 3312「塗装溶融亜鉛めっき鋼板」で規定された厚さ0.27～0.80mmのものが多く使われる。平板と丸波板，角波板を用途に応じて使いわける。

b．ステンレス鋼板

JIS G 4305「冷間圧延ステンレス鋼板」で規定された厚さ0.20～0.70mmのものが多く使われる。ほかにSUS 410，SUS 430，SUS 316など，目的に応じて使いわける。

c．アルミニウム板

JIS H 4000「アルミニウム及びアルミニウム合金の板及び条」に規定された厚さ0.20～1.20mmの平板が多く使われる。ほかに丸波板，角波板がある。

d．綿 布

主として，1m²当たり115g以上のものが管の外装用に使用される。

e．ガラスクロス

JIS R 3414「ガラスクロス」で規定されたＥP21に，ほつれ止めを施した無アルカリ平織ガラスクロスを使用する。

f．アルミガラスクロス

JIS H 4160「アルミニウム及びアルミニウム合金はく」で規定された厚さ0.02mmのアルミニウムはくに，JIS R 3413「ガラス糸」によるガラス糸13ミクロン200フィラメント単糸を用いた平織りクロスで織り，布重量1m²当たり85g以上のものをアクリル系接着剤にて接着させたものを使用する。

第9節 塗　　装

配管材料のなかには，ステンレス鋼管，銅管，非金属管のように，塗装を行わなくてもよいものもあるが，配管用鋼管（ガス管），支持金物，架台のような鉄製品，ポンプ，弁のような機器類は防せいと美観のため塗装を行う。

9．1 塗装の種類と回数

塗装は，普通1回で終わりということではなく，下塗り（さび止め塗装），中塗り，上塗りと合計3回以上（場合により中塗りを省略して2回），塗料を違えて施工する。塗料の種類は現在極めて多く，特定な塗料を使用しなければならないという規定は諸官庁などでは定まっていることがあるが，一般的には決まっていない。参考として空気調和・給排水設備施工標準（（社）建築設備技術者協会）のものを表5-17に示す（一部現状に合わせ変更）。

表5-17　一般的な塗装仕様

素地	適用部材	塗装環境		塗料名	塗り回数
鉄面	各種鋼材・架台・黒ガス管・支持金物・鉄板ダクト・鋼板製タンク・煙道・電線管・放熱器などの鉄面部分	屋内	一般	一般用さび止めペイント1種	1
				合成樹脂調合ペイント（中塗り）	1
				合成樹脂調合ペイント（上塗り）1種	1
			耐熱（シルバー塗り）屋外にも使用可	耐熱さび止めペイント1種	1
				アルミニウムペイント	1
		屋外	一般	一般用さび止めペイント1種	1
				合成樹脂調合ペイント（中塗り）	1
				合成樹脂調合ペイント（上塗り）2種	1
			耐候・耐塩分	ノンブリード形エポキシ樹脂系下塗り塗料	2
				塩化ゴム樹脂系中塗り塗料	1
				塩化ゴム樹脂系上塗り塗料	1
			高耐候	ノンブリード形エポキシ樹脂系下塗り塗料	2
				ポリウレタン樹脂系中塗り塗料	1
				ポリウレタン樹脂系上塗り塗料	1

			接水・多湿	エポキシ樹脂系塗料	3
			高温（100℃～600℃）	シリコン樹脂系下塗り塗料	2
				シリコン樹脂系上塗り塗料	2
			酸・アルカリ	ノンブリード形エポキシ樹脂系下塗り塗料	2
				塩化ビニル樹脂系中塗り塗料	1
				塩化ビニル樹脂系上塗り塗料	1
亜鉛めっき	各種めっき鋼材・白ガス管・めっき継手・めっき支持金物・亜鉛鉄板ダクトなどの亜鉛めっき部分	屋内	一般	エッチングプライマー	1
				合成樹脂調合ペイント（中塗り）	1
				合成樹脂調合ペイント（上塗り）1種	1
			耐熱（シルバー塗り）屋外にも使用可	エッチングプライマー	1
				アルミニウムペイント	2
		屋外	一般	エッチングプライマー	1
				合成樹脂調合ペイント（中塗り）	1
				合成樹脂調合ペイント（上塗り）2種	1
			耐候・耐塩分	ノンブリード形エポキシ樹脂系下塗り塗料	1
				塩化ゴム樹脂系中塗り塗料	1
				塩化ゴム樹脂系上塗り塗料	1
			高耐候	ノンブリード形エポキシ樹脂系下塗り塗料	1
				ポリウレタン樹脂系中塗り塗料	1
				ポリウレタン樹脂系上塗り塗料	1
			接水・多湿	エポキシ樹脂系塗料	3
			高温（100℃～600℃）	シリコン樹脂系下塗り塗料	1
				シリコン樹脂系上塗り塗料	2
			酸・アルカリ	エッチングプライマー	1
				塩化ビニル樹脂系中塗り塗料	1
				塩化ビニル樹脂系上塗り塗料	1
保温外装	綿布仕上げ面	屋内一般		目止め塗料	1
				合成樹脂調合ペイント（中塗り）	1
				合成樹脂調合ペイント（上塗り）1種	1
	ガラスクロス仕上げ面	屋外一般		目止め塗料	2
				合成樹脂調合ペイント（中塗り）	1
				合成樹脂調合ペイント（上塗り）1種	1

以下，主な塗料について解説する。

9.2 塗料の種類

(1) 下塗り塗料（さび止め塗料）

中塗り・上塗り塗料を直接塗装すると，さびが発生したり，塗膜の下に結露が発生したりして塗料がふくれ，又ははがれが生じるので，さび止めを行う。主な塗料は次のとおりである。

a．エッチングプライマー

ウォッシュプライマーともいう。ビニル樹脂系の塗料で主剤と添加剤の2種から成り，塗装の直前に混合して使用する。配合されたりん酸などによって金属の素地と反応し，強力に付着するとともに表面が凸凹状となって中塗りとの密着性を高める性質を持っている。

b．一般用さび止めペイント

JIS K 5621で規定されているもので，1～3種があり，1種はボイル油を主体としたもの，2，3種はワニスを主体としたもので，2，3種が速乾性，1種が遅乾性である。めっきが施されていない鋼管，鋼材のほとんどに使用されている。

c．エポキシ樹脂下塗り塗料

防せい力が強いので耐候・耐塩・耐酸・耐アルカリ用として使用される。合成樹脂塗料と相性がよいので塩化ゴム，エポキシ樹脂，ウレタン樹脂系塗料の下塗りとして用いられることが多い。

d．エポキシ，タールエポキシ樹脂系塗料

下塗りとしてのほかに，重ね塗りをして中塗り，上塗りとすることができる。耐水性，耐湿性が大きく，槽内配管，埋設配管などに使用される。タールエポキシ樹脂塗料は，発がん性物質を含有するため最近は製造中止の方向にあり，エポキシ樹脂塗料に移項しつつある。

e．目止め塗料

綿布面，ガラスクロス面の下地目止め用として用いられる。合成樹脂塗料の1種で，粘度や塗膜硬度を高くしたものである。

(2) 中塗り・上塗り塗料

a．合成樹脂調合ペイント

一般的に広く使用される中塗り，上塗り塗料である。1種中塗り，2種中塗り，2種上塗りの3種類があり，1種は下塗り後数日以内に塗り重ねる。2種は主として大形構造物の中塗り，上塗り用であるが，建築関係では屋外の露出配管に用いられている。

b．塩化ゴム樹脂系，塩化ビニル樹脂系，エポキシ樹脂系，ポリウレタン樹脂系塗料，ふっ素樹脂塗料

これらは耐酸，耐アルカリ，耐塩分など，耐候性に優れ，塗装の耐久性を必要とする配管・機器類の塗装に用いる。特にポリウレタン樹脂，ふっ素樹脂塗料は高性能であるため，屋外の機器に多く用いられる。

c．アルミニウムペイント

水分や湿気が透過するのを防止する性質がある。蒸気管，屋外の配管などに用いられる。

d．シリコン樹脂系塗料

耐熱塗料で600℃程度まで使用できる。ボイラ，煙道，蒸気管などに用いられる。

第5章の学習のまとめ

本章では管・ダクト類の仕上げ加工と管の接続・組み立てに関する一般的な知識について記述したが，管材料，継手，付属品などの性能・種類・工法は日々進化し続けているため，内容が明日にも陳腐化してしまう可能性が大きい。したがって，常に市場の動向に注意を払い，現状として最適な計画・設計・施工を行うようにされたい。

【練習問題】

（1）鋼管のねじ接合において，漏洩防止に用いる材料として適当なものを表1の番号で答えなさい。

表1　鋼管のねじ接合漏洩防止材

番号	漏洩防止材
1	ガスケット
2	液状ガスケット
3	ゴム輪
4	シールテープ
5	はんだ

（2）ポリエチレン管の接合法で，現在行われている方法を表2から選び，その番号を答えなさい。

表2　ポリエチレン管の接合方法

番号	接合方法
1	AF接合
2	BF接合
3	CF接合
4	DF接合
5	EF接合
6	FF接合
7	GF接合
8	HF接合

（3）工事現場の安全並びに生ガス事故の防止に関する下記の設問の空欄を埋めなさい。

① （　　　），安全（　　），安全ロープ，（　　）めがね，長靴など，安全作業用具，（　　）用具などを常に準備しておき，作業内容に応じて現場に（　　）して使用する。

②電動作業工具は，電源に適切な（　　　　）ケーブルを用い，定められた方法により，（　　　）を確実に施す。

③作業は，（　　）を遮断してから開始することを原則とする。

④（　　）の使用は原則として避ける。溶接作業などで（　　）を使用する場合は，定められた方法により，（　　）を確認してから行う。また，作業場所の近くには，（　　）を準備しておく。

⑤作業は（　）人以上で行い，（　　）の噴出する作業には，（　　　）を使用する。

⑥電気配線，照明具などは，（　　）を発しない安全な構造のものを用いる。

⑦バルブピット内，マンホール内，パイプシャフト内，天井裏，地下室など（　　）された場所で作業する場合は，必要に応じて（　　）検知器などにより，（　　）の（　　）を確認してから作業を開始する。

第6章　漏れ試験法

　配管工事が完了した後，又は配管に総ての器具を取り付けた後に系統に漏れる箇所がなく十分な機能を示すことを確認するために行う試験が漏れ試験である。本章では，漏れ試験の種類と方法について概説する。

第1節　漏れ試験法

1．1　漏れ試験の種類

　漏れ試験の種類は，配管の系統，使用される機器などにより，次のような種類がある。
① 　水圧試験
② 　満水試験
③ 　気圧試験
④ 　通水試験
⑤ 　煙試験
⑥ 　はっか試験

1．2　水 圧 試 験

　給水管，給湯管，消火管などは配管完了後，又は現場の状態により一部完了後，水圧試験を行う。この試験は被覆工事施工前に，それぞれの開口部を閉じて，配管の頂部から空気を抜きつつ管内に水を送り込み，満水したのち，水圧ポンプで加圧水を送り，所要の圧力になれば水圧ポンプも止めて，ポンプの出口のバルブを閉じ，配管部分の継手その他の接合箇所から漏れないかどうかを検査する。

　試験を行う場合には，空気が残留していると高圧が発生するので，管内の空気排除に最も注意しなければならない。また，屋外配管など気温の変化を敏感に受ける場合は，長時間試験のため放置すると，圧力計の指針が上がったり下がったりして，正確な指示をしないこともあるので注意を要する。

　試験に使用する水は上水とする。また，配管を区域別に試験を実施する場合は，水圧試験を実施しない部分が残らないようにする。

　耐圧試験値が異なる機器，器具などを配管接続した後，水圧試験を行うときは，それらの機器，

器具の耐圧試験値以上の圧力が加わることにならないように注意する。

図6-1に手動による水圧試験機を示す。

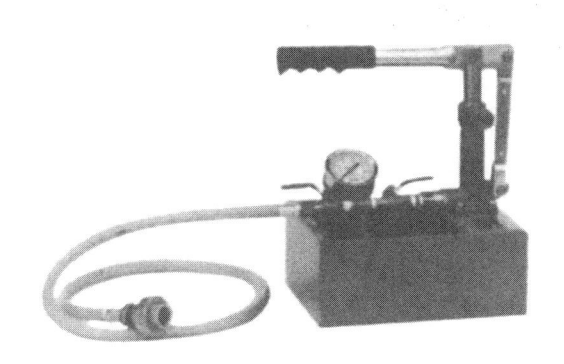

図6-1　水圧試験機

1.3　満水試験

満水試験は排水管水槽の漏れ試験に用いられる。排水配管の完了後、被覆工事の施工前に行う。試験は試験を行う配管の最高開口部を除いてすべて閉鎖し、管内に水を満たした上で、配管の漏れの有無を確認する。このとき、試験される配管は30kPa以上の水圧がかかるようにする（図6-2）。

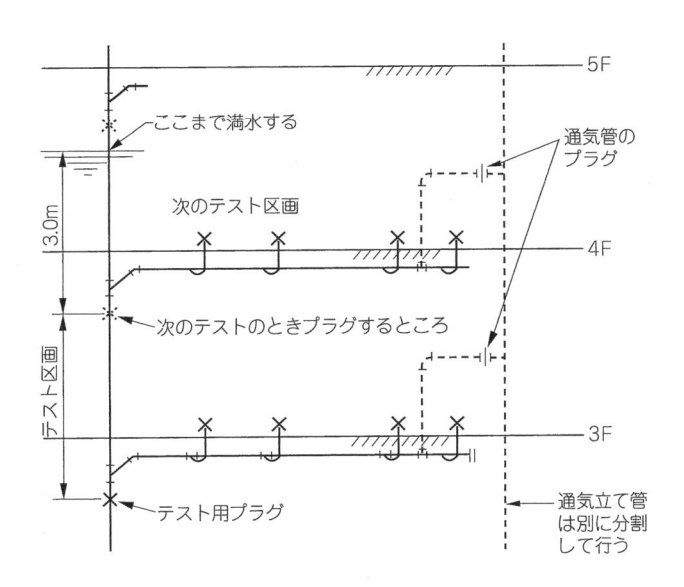

図6-2　満水試験要領

208　配 管 概 論

1.4　気圧試験

　排水管で，寒冷地など，水が凍結する恐れがあるとき満水試験の代わりとして行われる。空気又は窒素ガスを空気圧縮機を用いて，配管内に 35kPa 送気加圧し15分間放置して水柱ゲージ計又は自記圧力計で圧力を測定し，漏れのないことを確認する。

　漏れは石けん水を毛筆などで配管に塗り，泡立ちによって判定する。

1.5　通水試験

　各器具を取付け後，その器具の使用状態に適応した排水量を流して，排水，通気の系統の漏れの有無を目視により検査する方法である。

1.6　煙試験

　排水管，通気管系統の試験で，衛生設備のすべての器具を取付け完了後に行う。全トラップを水封したのち，煙試験器を用いて全排水通気系統に刺激性の煙，又は有色煙をブロワで送り込み，煙が屋根上の頂部開口部から見え始めたとき密閉し，管内気圧を水柱0.25kPaに保たせ，15分間維持したのち検査する。

　発煙材料としては，工場などの機械室で使用した油のしみ込んだウエス，タールペーパのくず，ウエスに重油をしみ込ませたものなど着火の比較的にぶい油が適当である。

　有色煙の代わりに刺激性の強い薬剤（例えば，はっか油，エーテルなど）が使用されることもある。

　図6－3に煙試験器とその付属工具を示す。

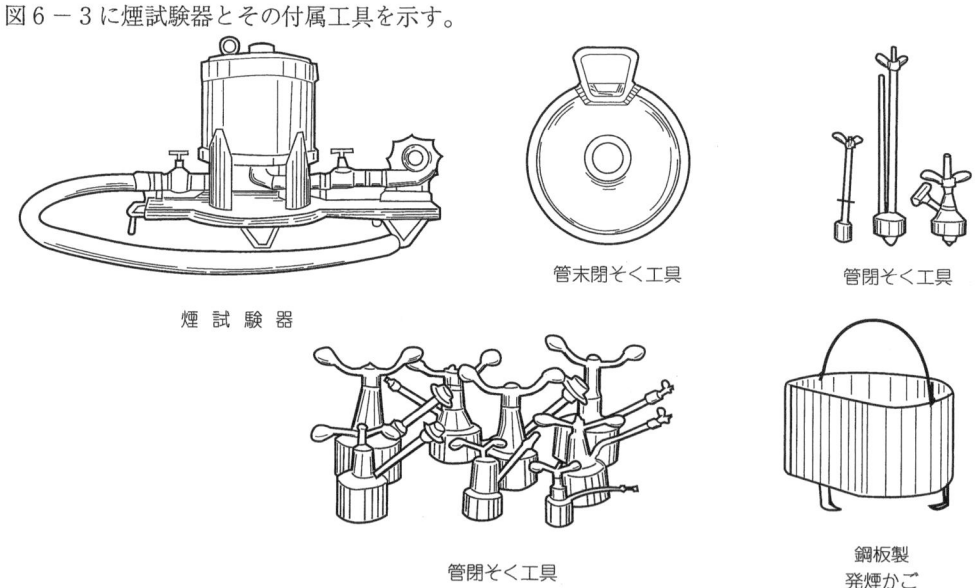

煙試験器　　　　　管末閉そく工具　　　　　管閉そく工具

管閉そく工具　　　　　鋼板製発煙かご

図6－3　煙試験器とその付属工具

1.7 はっか試験

煙試験の代わりに行われる。排水，通気管に衛生器具を取付け後，最終試験として行う。配管，トラップを水封し，立て管7.5mにつき，はっか油50gを4ℓ以上の熱湯に溶かし，その溶液を立て管頂部の通気口より注入する。注入後ただちに閉鎖し臭気により漏れの有無を検査する。

試験中は窓や扉を閉鎖し，また衛生器具の使用を禁止する。

また，はっか溶液製作者は注入口のそばで製作し，他の人は試験が終了するまで建物内に入らない。

この試験でははっか油の香りのひろがりが早く，かすかな漏れでも広範囲にひろがり，漏れ箇所の発見が困難となる欠点がある。

また，連続して試験を2回以上行えない。

1.8 試験標準値

表6-1に各種試験の最小保持時間などを示す。

この数値は各官庁その他機関の仕様書により多少異なる。

表6-1 配管試験の基準値

試験種別 系統	水圧・満水試験						気圧試験	煙試験
最少圧力など	1.75MPa		実際に受ける圧力の2倍		設計図書記載のポンプ揚程の2倍	30kPa	満水	35kPa	濃煙 0.25kPa
最少保持時間	配管工事完了後 60min	すべての器具の取付け完了後 2min	配管工事完了後 60min	すべての器具の取付け完了後 2min	60min	60min	30min	24h	15min	原則として 15min
給水・給湯 直接	○	○							
給水・給湯 高置水槽以下			○*	○*					
給水・給湯 揚水管					○*				
給水・給湯 水槽類								○	
排水 建物内汚水・雑排水管						○......○		○......○	○
排水 敷地排水管							○		
排水 建物内雨水管						○......○		○......○	
排水 排水ポンプ吐出し管					○**				
通気						○......○		○......○	○
注	水道事業者に規定のある場合はそれに従うこと。圧力は配管の最低部におけるもの。		圧力は配管の最低部におけるもの。 * 最小0.75MPaとする。 ** 最小0.2MPaとする。				排水ますを含む。		

○……○ いずれかの○印に該当する試験を行う。

第6章の学習のまとめ

　試験法は，試験を行う系統により試験圧力・保持時間が異なってくるが，特に水圧試験を行う際には管内の空気を完全に排除した後，徐々に圧力を上昇させていくことが重要で，空気が残留し急速に昇圧を行うと管内に異常高圧が発生し，管を破裂させたり継手が破壊されたりする事故が発生する恐れがある。試験を行う際は部外者の接近を禁止し，熟練した作業者立会いの下で行うよう注意されたい。

【練習問題】

「全揚程25m」と銘板に記されたポンプから高置水槽までの揚水管の試験水圧と試験時間を答えなさい。

第7章 配管法規

法規には,
- 国会の議決によって定められる「法律」(法)
- 内閣で定められる「政令」(令)
- 各省の大臣が定める「省令」(規則)
- 各省の大臣が一般に向けて通知する「告示」
- 以上の法令に基づき各自治体が定める「条例」

があり,全体として各々が重複・矛盾することなく整合するように体系化されている。本章では,配管に関連する法規について概説する。

第1節 配管設備にかかわる法規

1．1 建築基準法関係

（1） 関連法令

建築基準法関係の法令は,建築基準法,建築基準法施行令,建築基準法施行規則である。このほかに,各地方自治体による条令がある。例えば,東京都の場合は,東京都建築安全条例,東京都建築基準法施行細則がある。

（2） 建築設備の定義

建築設備に関しては,建築基準法に規定されている。関係部分の抜粋を次に示す。

建 築 物 (法第2条一)	土地に定着する工作物のうち,屋根及び柱若しくは壁を有するもの（これに類する構造のものを含む。),これに附属する門若しくは塀,……略……をいい,建築設備を含むものとする。
建 築 設 備 (法第2条三)	建築物に設ける電気,ガス,給水,排水,換気,暖房,冷房,消火,排煙若しくは汚物処理の設備又は煙突,昇降機若しくは避雷針をいう。

（3） 配管設備

配管設備に関しては,建築基準法施行令に規定されている。
関係部分の抜粋を次に示す。

給水・排水
（令第129条の2の5）

建築物に設ける給水，排水その他の配管設備の設置及び構造は，次に定めるところによらなければならない。

一　コンクリートへの埋設等により腐食するおそれのある部分には，その材質に応じ有効な腐食防止のための措置を講ずること。

二　構造耐力上主要な部分を貫通して配管する場合においては，建築物の構造耐力上支障を生じないようにすること。

三　エレベーターの昇降路内に設けないこと。ただし，エレベーターに必要な配管設備の設置及び構造は，この限りでない。

四　圧力タンク及び給湯設備には，有効な安全装置を設けること。

五　水質，温度その他の特性に応じて安全上，防火上及び衛生上支障のない構造とすること。

六　（省略）

七　給水管，配電管その他の管が，第112条第15項の準耐火構造の防火区画，第113条第1項の防火壁，第114条第1項の界壁，同条第2項の間仕切壁又は同条第3項若しくは第4項の隔壁（以下この号において「防火区画等」という。）を貫通する場合においては，これらの管の構造は，次のイからハまでのいずれかに適合するものとすること。ただし，第115条の2の2第1項第一号に掲げる基準に適合する準耐火構造の床若しくは壁又は特定防火設備で建築物の他の部分と区画されたパイプシャフト，パイプダクトその他これらに類するものの中にある部分については，この限りでない。

　イ　給水管，配電管その他の管の貫通する部分及び当該貫通する部分からそれぞれ両側に1m以内の距離にある部分を不燃材料で造ること。

　ロ　給水管，配電管その他の管の外径が，当該管の用途，材質その他の事項に応じて国土交通大臣が定める数値未満であること。

　ハ　防火区画等を貫通する管に通常の火災による火熱が加えられた場合に，加熱開始後20分間（第112条第1項から第4項まで，同条第5項（同条第6項の規定により床面積の合計200m²以内ごとに区画する場合又は同条第7項の規定により床面積の合計500m²以内ごとに区画する場合に限る。），同条第8項（同条第6項の規定により床面積の合計200m²以内ごとに区画する場合又は同条第7項の規定により床面積の合計500m²以内ごとに区画する場合に限る。）若しくは同条第13項の規定による準耐火構造の床若しくは壁又は第113条第1項の防火壁にあつては

　　　　　１時間，第114条第１項の界壁，同条第２項の間仕切壁又は同条第３項
　　　　　若しくは第４項の隔壁にあつては45分間）防火区画等の加熱側の反対
　　　　　側に火炎を出す原因となるき裂その他の損傷を生じないものとして，国
　　　　　土交通大臣の認定を受けたものであること。
　　八　３階以上の階を共同住宅の用途に供する建築物の住戸に設けるガスの配
　　　　管設備は，国土交通大臣が安全を確保するために必要があると認めて定
　　　　める基準によること。
２　建築物に設ける飲料水の配管設備（水道法第３条第９項に規定する給水装置に該当する配管設備を除く。）の設置及び構造は，前項の規定によるほか，次に定めるところによらなければならない。
　　一　飲料水の配管設備（これと給水系統を同じくする配管設備を含む。この号から第三号までにおいて同じ。）とその他の配管設備とは，直接連結させないこと。
　　二　水槽，流しその他水を入れ，又は受ける設備に給水する飲料水の配管設備の水栓の開口部にあつては，これらの設備のあふれ面と水栓の開口部との垂直距離を適当に保つ等有効な水の逆流防止のための措置を講ずること。
　　三　飲料水の配管設備の構造は，次に掲げる基準に適合するものとして，国土交通大臣が定めた構造方法を用いるもの又は国土交通大臣の認定を受けたものであること。
　　　　イ　当該配管設備から漏水しないものであること。
　　　　ロ　当該配管設備から溶出する物質によつて汚染されないものであること。
　　四　給水管の凍結による破壊のおそれのある部分には，有効な防凍のための措置を講ずること。
　　五　給水タンク及び貯水タンクは，ほこりその他衛生上有害なものが入らない構造とし，金属性のものにあつては，衛生上支障のないように有効なさび止めのための措置を講ずること。
　　六　前各号に定めるもののほか，安全上及び衛生上支障のないものとして国土交通大臣が定めた構造方法を用いるものであること。
３　建築物に設ける排水のための配管設備の設置及び構造は，第１項の規定によるほか，次に定めるところによらなければならない。
　　一　排出すべき雨水又は汚水の量及び水質に応じ有効な容量，傾斜及び材質を有すること。
　　二　配管設備には，排水トラップ，通気管等を設置する等衛生上必要な措

　　　　　三　配管設備の末端は，公共下水道，都市下水路その他の排水施設に排水
　　　　　　上有効に連結すること。
　　　　　四　汚水に接する部分は，不浸透質の耐水材料で造ること。
　　　　　五　前各号に定めるもののほか，安全上及び衛生上支障のないものとして
　　　　　　国土交通大臣が定めた構造方法を用いるものであること。

(4) 貫通部の管外径

貫通部の管外径を定める下記の告示がある。

〔平成12年5月31日建設省告示第1422号〕

○準耐火構造の防火区画等を貫通する給水管，配電管その他の管の外径を定める件

　　最終改正　平成12年12月26日建設省告示第2465号

　建築基準法施行令（昭和25年政令第338号）第129条の2の5第1項第七号ロの規定に基づき，準耐火構造の防火区画等を貫通する給水管，配電管その他の管の外径を次のように定める。

　建築基準法施行令（以下「令」という。）第129条の2の5第1項第七号ロの規定に基づき国土交通大臣が定める準耐火構造の防火区画等を貫通する給水管，配電管その他の管（以下「給水管等」という。）の外径は，給水管等の用途，覆いの有無，材質，肉厚及び当該給水管等が貫通する床，壁，柱又ははり等の構造区分に応じ，それぞれ次の表に掲げる数値とする。

給水管等の用途	覆いの有無	材質	肉厚	給水管等の外径			
				給水管等が貫通する床，壁，柱又ははり等の構造区分			
				防火構造	30分耐火構造	1時間耐火構造	2時間耐火構造
給水管		難燃材料又は硬質塩化ビニル	5.5mm以上	90mm	90mm	90mm	90mm
			6.6mm以上	115mm	115mm	115mm	90mm
配電管		難燃材料又は硬質塩化ビニル	5.5mm以上	90mm	90mm	90mm	90mm
排水管及び排水管に付属する通気管	覆いのない場合	難燃材料又は硬質塩化ビニル	4.1mm以上	61mm	61mm	61mm	61mm
			5.5mm以上	90mm	90mm	90mm	61mm
			6.6mm以上	115mm	115mm	90mm	61mm

		5.5mm以上	90mm	90mm	90mm	90mm
厚さ0.5mm以上の鉄板で覆われている場合	難燃材料又は硬質塩化ビニル	6.6mm以上	115mm	115mm	115mm	90mm
		7.0mm以上	141mm	141mm	115mm	90mm

1　この表において，30分耐火構造，1時間耐火構造及び2時間耐火構造とは，通常の火災時の加熱にそれぞれ30分，1時間及び2時間耐える性能を有する構造をいう。
2　給水管等が貫通する令第112条第10項ただし書の場合における同項ただし書のひさし，床，そで壁その他これらに類するものは，30分耐火構造とみなす。
3　内部に電線等を挿入していない予備配管にあっては，当該管の先端を密閉してあること。

表中の「覆い」とは，図7-1に示すように鉄板又はガス管などの中に貫通配管を収め，周囲に難燃材をつめるもので，鉄板，ガス管などの長さは壁からそれぞれ1メートル以上ずつとすることになっている。また，「防火構造」とは，外壁が鉄網モルタル塗，しっくい塗などの構造物で，詳細は平成12年建設省告示第1359号「防火構造の構造方法を定める件」で規定されている。

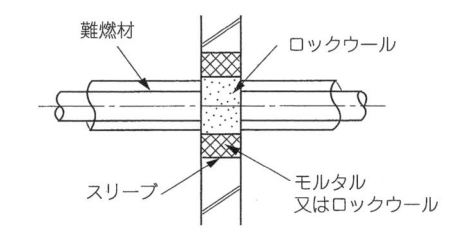

図7-1　覆いの構成

（5）　3階以上の共同住宅のガス配管

3階以上の共同住宅のガス配管に対する建設大臣（現国土交通大臣）の定める基準としては，下記の告示がある。

○3階以上の階を共同住宅の用途に供する建物の住戸に設けるガスの配管設備の基準

　　　（最終改正　昭和62年11月14日建設省告示第1925号）

この告示においては，ガス栓の構造，ガス漏れ警報装置の性能などについて規定されている。

（6）　配管設備の構造

飲料水，排水の配管設備の構造として，建設省の告示がある。告示の抜粋を次に示す。

〔昭和50年12月20日建設省告示第1597号〕

○建築物に設ける飲料水の配管設備及び排水のための配管設備の構造方法を定める件

　　　（最終改正　平成12年5月30日建設省告示第1406号）

建築基準法施行令（昭和25年政令第338号）第129条の2の5第2項第六号及び第3項第五号の規定に基づき，建築物に設ける飲料水の配管設備及び排水のための配管設備を安全上及び衛生上支障のない構造とするための構造方法を次のように定める。

第1 飲料水の配管設備の構造は，次に定めるところによらなければならない。
一 給水管
　イ　ウォーターハンマーが生ずるおそれがある場合においては，エアチャンバーを設ける等有効なウォーターハンマー防止のための措置を講ずること。
　ロ　給水立て主管からの各階への分岐管等主要な分岐管には，分岐点に近接した部分で，かつ，操作を容易に行うことができる部分に止水弁を設けること。
二 給水タンク及び貯水タンク
　イ　建築物の内部，屋上又は最下階の床下に設ける場合においては，次に定めるところによること。
　　（1）　外部から給水タンク又は貯水タンク（以下「給水タンク等」という。）の天井，底又は周壁の保守点検を容易かつ安全に行うことができるように設けること。
　　（2）　給水タンク等の天井，底又は周壁は，建築物の他の部分と兼用しないこと。
　　（3）　内部には，飲料水の配管設備以外の配管設備を設けないこと。
　　（4）　内部の保守点検を容易かつ安全に行うことができる位置に，次に定める構造としたマンホールを設けること。ただし，給水タンク等の天井がふたを兼ねる場合においては，この限りでない。
　　　（い）　内部が常時加圧される構造の給水タンク等（以下「圧力タンク等」という。）に設ける場合を除き，ほこりその他衛生上有害なものが入らないように有効に立ち上げること。
　　　（ろ）　直径60cm以上の円が内接することができるものとすること。ただし，外部から内部の保守点検を容易かつ安全に行うことができる小規模な給水タンク等にあつては，この限りでない。
　　（5）　（4）のほか，水抜管を設ける等内部の保守点検を容易に行うことができる構造とすること。
　　（6）　圧力タンク等を除き，ほこりその他衛生上有害なものが入らない構造のオーバーフロー管を有効に設けること。
　　（7）　最下階の床下その他浸水によりオーバーフロー管から水が逆流するおそれのある場所に給水タンク等を設置する場合にあつては，浸水を容易に覚知することができるよう浸水を検知し警報する装置の

　　　　　設置その他の措置を講じること。
　　　（8）　圧力タンク等を除き，ほこりその他衛生上有害なものが入らない構造の通気のための装置を有効に設けること。ただし，有効容量が2m³未満の給水タンク等については，この限りでない。
　　　（9）　給水タンク等の上にポンプ，ボイラー，空気調和機等の機器を設ける場合においては，飲料水を汚染することのないように衛生上必要な措置を講ずること。
　ロ　イの場所以外の場所に設ける場合においては，次に定めるところによること。
　　　（1）　給水タンク等の底が地盤面下にあり，かつ，当該給水タンク等からくみ取便所の便槽，し尿浄化槽，排水管（給水タンク等の水抜管又はオーバーフロー管に接続する排水管を除く），ガソリンタンクその他衛生上有害な物の貯溜又は処理に供する施設までの水平距離が5m未満である場合においては，イの（1）及び（3）から（8）までに定めるところによること。
　　　（2）　（1）の場合以外の場合においては，イの（3）から（8）までに定めるところによること。
第2　排水のための配管設備の構造は，次に定めるところによらなければならない。
　一　排水管
　　イ　掃除口を設ける等保守点検を容易に行うことができる構造とすること。
　　ロ　次に掲げる管に直接連結しないこと。
　　　（1）　冷蔵庫，水飲器その他これらに類する機器の排水管
　　　（2）　滅菌器，消毒器その他これらに類する機器の排水管
　　　（3）　給水ポンプ，空気調和機その他これらに類する機器の排水管
　　　（4）　給水タンク等の水抜管及びオーバーフロー管
　　ハ　雨水排水立て管は，汚水排水管若しくは通気管と兼用し，又はこれらの管に連結しないこと。
　二　排水槽（排水を一時的に滞留させるための槽をいう。以下この号において同じ。）
　　イ　通気のための装置以外の部分から臭気が洩れない構造とすること。
　　ロ　内部の保守点検を容易かつ安全に行うことができる位置にマンホール（直径60cm以上の円が内接することができるものに限る。）を設けるこ

と。ただし、外部から内部の保守点検を容易かつ安全に行うことができる小規模な排水槽にあつては、この限りでない。

ハ　排水槽の底に吸い込みピットを設ける等保守点検がしやすい構造とすること。

ニ　排水槽の底の勾配は吸い込みピットに向かつて$\frac{1}{15}$以上$\frac{1}{10}$以下とする等内部の保守点検を容易かつ安全に行うことができる構造とすること。

ホ　通気のための装置を設け、かつ、当該装置は、直接外気に衛生上有効に開放すること。

三　排水トラップ

イ　雨水排水管（雨水排水立て管を除く。）を汚水排水のための配管設備に連結する場合においては、当該雨水排水管に排水トラップを設けること。

ロ　二重トラップとならないように設けること。

ハ　排水管内の臭気、衛生害虫等の移動を有効に防止することができる構造とすること。

ニ　汚水に含まれる汚物等が付着し、又は沈殿しない構造とすること。ただし、阻集器を兼ねる排水トラップについては、この限りでない。

ホ　封水深は、5cm以上10cm以下（阻集器を兼ねる排水トラップについては5cm以上）とすること。

ヘ　容易に掃除ができる構造とすること。

四　阻集器

イ　汚水が油脂、ガソリン、土砂その他排水のための配管設備の機能を著しく妨げ、又は排水のための配管設備を損傷するおそれがある物を含む場合においては、有効な位置に阻集器を設けること。

ロ　汚水から油脂、ガソリン、土砂等を有効に分離することができる構造とすること。

ハ　容易に掃除ができる構造とすること。

五　通気管

イ　排水トラップの封水部に加わる排水管内の圧力と大気圧との差によつて排水トラップが破封しないように有効に設けること。

ロ　汚水の流入により通気が妨げられないようにすること。

ハ　直接外気に衛生上有効に開放すること。ただし、配管内の空気が屋内に漏れることを防止する装置が設けられている場合にあつては、この

　　　　限りでない。
　　六　排水再利用配管設備（公共下水道，都市下水路その他の排水施設に排
　　　水する前に排水を再利用するために用いる排水のための配管設備をいう。
　　　以下この号において同じ。）
　　　イ　他の配管設備（排水再利用設備その他これに類する配管設備を除
　　　　く。）と兼用しないこと。
　　　ロ　排水再利用水の配管設備であることを示す表示を見やすい方法で水栓
　　　　及び配管にするか，又は他の配管設備と容易に判別できる色とするこ
　　　　と。
　　　ハ　洗面器，手洗器その他誤飲，誤用のおそれのある衛生器具に連結し
　　　　ないこと。
　　　ニ　水栓に排水再利用水であることを示す表示をすること。
　　　ホ　塩素消毒その他これに類する措置を講ずること。
　第2，三，ロでいう二重トラップとは，図7-2に示すように，管路に2
箇所の水たまりができる状態をいう。このような状態であると，中間の空気が
風船のように伸縮し，正常な排水が行われない。

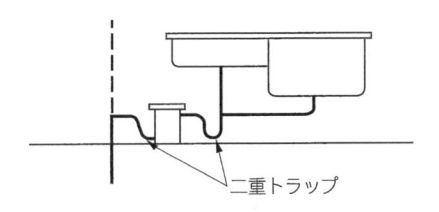

図7-2　二重トラップの例

1.2　水　道　法

（1）　関　連　法　令

水道法関係の法令は，水道法，水道法施行令，水道法施行規則である。
　このほかに，各地方自治体による条例がある。例えば，東京都の場合は，東京都給水条例，東京都給水条例施行規程がある。

（2）　水道法上の用語の定義

用語の定義については，水道法及び同施行令に規定されている。関係部分の抜粋を次に示す。

水　　道 (法第3条第1項)	この法律において「水道」とは，導管及びその他の工作物により，水を人の飲用に適する水として供給する施設の総体をいう。ただし，臨時に施設されたものを除く。
水道事業 (同上第2項)	この法律において「水道事業」とは，一般の需要に応じて，水道により水を供給する事業をいう。ただし，給水人口が100人以下である水道によるものを除く。
簡易水道事業 (同上第3項)	この法律において「簡易水道事業」とは，給水人口が5,000人以下である水道により，水を供給する水道事業をいう。
専 用 水 道 (同上第6項)	この法律において「専用水道」とは，寄宿舎，社宅，療養所等における自家用の水道その他水道事業の用に供する水道以外の水道であつて，次の各号のいずれかに該当するものをいう。ただし，他の水道から供給を受ける水のみを水源とし，かつ，その水道施設のうち地中又は地表に施設されている部分の規模が政令で定める基準以下である水道を除く。 　一　100人を超える者にその居住に必要な水を供給するもの 　二　その水道施設の1日最大給水量（1日に給水することができる最大の水量をいう。以下同じ。）が政令で定める基準を超えるもの
(令第1条)	水道法（以下「法」という。）第3条第6項ただし書に規定する政令で定める基準は，次のとおりとする。 　一　口径25ミリメートル以上の導管の全長1500メートル 　二　水槽の有効容量の合計100立方メートル
簡易専用水道 (法第3条第7項)	この法律において「簡易専用水道」とは，水道事業の用に供する水道及び専用水道以外の水道であつて，水道事業の用に供する水道から供給を受ける水のみを水源とするものをいう。ただし，その用に供する施設の規模が政令で定める基準以下のものを除く。
(令第1条の2)	（簡易専用水道の適用除外の基準） 　法第3条第7項ただし書に規定する政令で定める基準は，水道事業の用に供する水道から水の供給を受けるために設けられる水槽の有効容量の合計が10立方メートルであることとする。
水道施設 (法第3条第8項)	この法律において「水道施設」とは，水道のための取水施設，貯水施設，導水施設，浄水施設，送水施設及び配水施設（専用水道にあつては，給水の施設を含むものとし，建築物に設けられたものを除く。以下同じ。）であつて，当該水道事業者，水道用水供給事業者又は専用水道の設置者の管理に属するものをいう。

| 給 水 装 置 (法第3条第9項) | この法律において「給水装置」とは，需要者に水を供給するために水道事業者の施設した配水管から分岐して設けられた給水管及びこれに直結する給水用具をいう。 |

（3） 水質の基準

水質の基準については，水道法により以下のように規定されている。

関係部分の抜粋を次に示す。

| （法第4条） | 水道により供給される水は，次の各号に掲げる要件を備えるものでなければならない。
一　病原生物に汚染され，又は病原生物に汚染されたことを疑わせるような生物若しくは物質を含むものでないこと。
二　シアン，水銀その他の有毒物質を含まないこと。
三　銅，鉄，弗素，フェノールその他の物質をその許容量をこえて含まないこと。
四　異常な酸性又はアルカリ性を呈しないこと。
五　異常な臭味がないこと。ただし，消毒による臭味を除く。
六　外観は，ほとんど無色透明であること。
2　前項各号の基準に関して必要な事項は，厚生労働省令で定める。 |

〇水質基準に関する省令

　　（平成15年5月30日厚生労働省令第101号）

水道により供給される水は，以下の項目について厚生労働大臣が定める方法によって行う検査により基準値に適合しなければならないことになっている。

番号	項目	基準値	解説	区分
1	一般細菌	100個／ml以下	水の清浄度を示す指標。増加すると病原生物汚染の疑いあり。	病原生物の微生物指標
2	大腸菌	検出されないこと	糞便に由来する病原菌汚染の疑いあり。	
3	カドミウム及びその化合物	カドミウムの量に関して0.01mg／l以下	鉱山排水，工場排水から混入することあり。イタイイタイ病の原因物質。	無機物質・重金属
4	水銀及びその化合物	水銀の量に関して0.0005mg／l以下	工場排水から混入することあり。有機水銀化合物は水俣病の原因物質。	
5	セレン及びその化合物	セレンの量に関して0.01mg／l以下	鉱山排水，工場排水から混入することあり。皮膚障害，嘔吐・けいれん等を起こす。	
6	鉛及びその化合物	鉛の量に関して0.01mg／l以下	鉛管を使用している場合検出されることあり。貧血・血色素量の低下を起こす。	

番号	項目	基準値	解説	区分
7	ヒ素及びその化合物	ヒ素の量に関して0.01mg/l以下	鉱山排水，工場排水から混入することあり。嘔吐・下痢・腹痛を起こし，慢性になると肝硬変の原因となる。	無機物質・重金属
8	六価クロム化合物	六価クロムの量に関して0.05mg/l以下	工場排水等から混入することあり。急性毒性として腸カタル，慢性毒性として黄疸を伴う肝炎の原因となる。	
9	シアン化物イオン及び塩化シアン	シアンの量に関して0.01mg/l以下	工場排水等から混入することあり。シアン化合物のシアン化カリウムは青酸カリの別名。	
10	硝酸態窒素及び亜硝酸態窒素	10mg/l	窒素肥料，生活排水から混入することあり。幼児にメトヘモグロビン血症を起こす原因となる。	
11	フッ素及びその化合物	フッ素の量に関して0.8mg/l以下	地表水・地下水等から混入することあり。多量であると斑状歯の原因となる。	
12	ホウ素及びその化合物	ホウ素の量に関して1.0mg/l以下	海水淡水化による水道，火山地帯で問題となる項目。多量に摂取すると消化器，中枢神経に影響を与える。	
13	四塩化炭素	0.002mg/l以下	揮発性塩基化合物。各種溶剤，洗浄剤に使用されており，地下に浸透して地下水汚染を発生させる。肝臓・腎臓・神経系に障害を与える。	一般有機化学物質
14	1,4-ジオキサン	0.05mg/l以下	揮発性有機化合物。樹脂・ワックス等の溶媒として使用される。地下水汚染を発生させる。肝臓・腎臓・中枢神経に障害を与える。	
15	1,1-ジクロロエチレン	0.02mg/l以下	揮発性有機塩素化合物。塩化ビニリデン・家庭用ラップ・食品包装材の原料。地下水汚染を発生させる。肝臓・腎臓に障害を与える。	
16	シス-1,2-ジクロロエチレン	0.04mg/l以下	揮発性有機塩素化合物。染料抽出剤・溶剤・熱可塑性樹脂の原料。地下水汚染を発生させる。麻酔作用がある。	
17	ジクロロメタン	0.02mg/l以下	揮発性有機塩素化合物。塗料剥離溶剤・洗浄溶剤等に使用される。中枢神経に障害を与える。	
18	テトラクロロエチレン	0.01mg/l以下	揮発性有機塩素化合物。ドライクリーニング洗浄剤・フロン113等の原料。肝臓・腎臓・中枢神経に障害を与える。	
19	トリクロロエチレン	0.03mg/l以下	揮発性有機塩素化合物。ドライクリーニング洗浄剤・金属部品洗浄剤に使用される。嘔吐・腹痛・中枢神経異常の障害を与える。	
20	ベンゼン	0.01mg/l以下	揮発性有機化合物。各種有機合成化学品の原料。発ガン性物質。中枢神経障害・再生不良性貧血・白血病等の原因となる。	
21	クロロ酢酸	0.02mg/l以下	消毒用塩素と水中の有機物質が反応して生成。皮膚・粘膜に強い刺激作用がある。	消毒副生成物

番号	項　目	基　準　値	解　　説	区分
22	クロロホルム	0.06mg/l以下	消毒用塩素と水中の有機物質が反応して生成。麻酔作用がある。肝臓・腎臓に障害を与える。	消毒副生成物
23	ジクロロ酢酸	0.04mg/l以下	消毒用塩素と水中の有機物質が反応して生成。皮膚・粘膜に強い刺激作用がある。	
24	ジブロモクロロメタン	0.1mg/l以下	消毒用塩素と水中の有機物質が反応して生成。肝臓で酸化され生体成分と反応して毒性を示すと推定されている。	
25	臭素酸	0.01mg/l以下	オゾンを用いた高度処理の過程で生成。腹痛・中枢神経障害・呼吸困難等の原因となる。	
26	総トリハロメタン	0.1mg/l以下	番号22,24,28,29の合計。消毒副生成物の全生成量を抑制するための指標。	
27	トリクロロ酢酸	0.2mg/l以下	消毒用塩素と水中の有機物質が反応して生成。皮膚・粘膜に強い刺激作用がある。	
28	ブロモジクロロメタン	0.03mg/l以下	消毒用塩素と水中の有機物質が反応して生成。肝臓で酸化され生体成分と反応して毒性を示すと推定されている。	
29	ブロモホルム	0.09mg/l以下	消毒用塩素と水中の有機物質が反応して生成。肝臓で酸化され生体成分と反応して毒性を示すと推定されている。	
30	ホルムアルデヒド	0.08mg/l以下	消毒用塩素と水中の有機物質が反応して生成。皮膚・粘膜に強い刺激作用がある。	
31	亜鉛及びその化合物	亜鉛の量に関して1.0mg/l以下	鉱山排水，工場排水，亜鉛メッキ鋼管からの溶出に起因する。大量に摂取すると嘔吐・下痢・腹痛を起こすが毒性は低い。基準値を超えると白濁を起こす。	色・味
32	アルミニウム及びその化合物	アルミニウムの量に関して0.2mg/l以下	鉱山排水，工場排水に起因することがある。人体には殆ど吸収されず尿として排出される。配管内の沈殿物・鉄部の変色を発生させる。	
33	鉄及びその化合物	鉄の量に関して0.3mg/l以下	人体には殆ど影響しないが，水が着色したり（赤水），異臭味を発生させる。	
34	銅及びその化合物	銅の量に関して1.0mg/l以下	地表水，鉱山排水，工場排水，銅管の溶出に起因する。着色・金属味を伴う。大量に摂取すると嘔吐・下痢・腹痛を伴う。	
35	ナトリウム及びその化合物	ナトリウムの量に関して200mg/l以下	工場排水，生活排水，海水の混入に起因する。基準値を超えると味覚に影響を与える。	
36	マンガン及びその化合物	マンガンの量に関して0.05mg/l以下	給配水管の管壁に付着したマンガン酸化物が剥離して流出することがある。毒性は低いが大量に摂取すると昏睡・筋緊張を生ずることがある。	
37	塩素イオン	200mg/l以下	海水，生活排水，尿尿の混入等で増加する。基準値を超えると味覚に影響を与える。	

番号	項目	基準値	解説	区分
38	カルシウム・マグネシウム等（硬度）	300mg／l以下	硬度はカルシウムイオン，マグネシウムイオンを炭酸カルシウムに換算したもの。主として地質に依存する。硬度が高いと胃腸障害を起こす。	色・味
39	蒸発残留物	500mg／l以下	水中に溶解又は浮遊している物質の総量。カルシウム・マグネシウム・ナトリウム等の無機塩類と有機物で多く地質に由来する。健康への影響は殆どないが，味覚に影響を与える。	
40	陰イオン界面活性剤	0.2mg／l以下	合成洗剤，化粧品，医薬品に多く使用され，家庭雑排水が流入して数値を増加させる。基準値を超えると水に泡立ちが生ずる。	発泡
41	(4S,4aS,8aR)-オクタヒドロ-4,8a-ジメチルナフタレン-4a (2H)-オール（別名ジェオスミン）	0.00001mg／l以下	湖沼，貯水池，河川で繁殖する藍藻類のプランクトンや放射菌により生成される。徴臭を呈する。	臭気
42	1,2,7,7-テトラメチルビシクロ［2,2,1］ヘプタン-2-オール（別名2-メチルイソボルネオール）	0.00001mg／l以下	湖沼，貯水池，河川で繁殖する藍藻類のプランクトンや放射菌により生成される。徴臭を呈する。	
43	非イオン界面活性剤	0.02mg／l以下	陰イオン界面活性剤と併用して合成洗剤に多く使用される。基準値を超えると水に泡立ちが生ずる。	発泡
44	フェノール類	フェノールの量に換算して0.005mg／l以下	防腐剤，消毒剤，合成樹脂原料として使用される。化学工場排水，アスファルト道路洗浄排水に起因することが多い。塩素と結合するとクロロフェノールが生成し，異臭味を生ずる。	臭気
45	有機物（全有機炭素(TOC)の量）	5mg／l以下	水中にある有機物の炭素の総量。有機汚染物質の指標となり，値が小さいほど味覚が向上する。	味
46	pH値	5.8以上8.6以下	水の酸性，アルカリ性を表す指標。凝集処理における薬品の適正注入，水道機材に対する腐食性の判定に有効である。	基礎的性状
47	味	異常でないこと	地質，海水混入，藻類の繁殖等に依存する。	
48	臭気	異常でないこと	藻類の繁殖，工場排水の混入等に依存する。	
49	色度	5度以下であること	鉄，マンガン，亜鉛等の金属，有機物により多く定まる。	
50	濁度	2度以下であること	汚染の指標。	

このほか，将来にわたり水道水の安全を確保するため水質基準に準じて検出状況を把握しなければならない「水質管理目標項目」27項目が示されているが，詳細は省略する。なお，水質検査の回数は水道法施行規則第15条以下に定められている。

（4） 給水装置の構造及び材質

給水装置の構造及び材質については，水道法及び同施行令に規定されている。関係部分の抜粋を次に示す。

（法第16条）	水道事業者は，当該水道によつて水の供給を受ける者の給水装置の構造及び材質が，政令で定める基準に適合していないときは，供給規程の定めるところにより，その者の給水契約の申込を拒み，又はその者が給水装置をその基準に適合させるまでの間その者に対する給水を停止することができる。
（令第5条）	法第16条の規定による給水装置の構造及び材質は，次のとおりとする。 一　配水管への取付口の位置は，他の給水装置の取付口から30cm以上離れていること。 二　配水管への取付口における給水管の口径は，当該給水装置による水の使用量に比し，著しく過大でないこと。 三　配水管の水圧に影響を及ぼすおそれのあるポンプに直接連結されていないこと。 四　水圧，土圧その他の荷重に対して充分な耐力を有し，かつ，水が汚染され，又は漏れるおそれがないものであること。 五　凍結，破壊，侵食等を防止するための適当な措置が講ぜられていること。 六　当該給水装置以外の水管その他の設備に直接連結されていないこと。 七　水槽，プール，流しその他水を入れ，又は受ける器具，施設等に給水する給水装置にあつては，水の逆流を防止するための適当な措置が講ぜられていること。

給水装置の構造，材質，施工法などについては，それぞれの地域の水道事業者の条例，規則に詳細な規定がある。

1.3　下水道法

（1）　関連法令

下水道法関係の法律は，下水道法，下水道法施行令，下水道法施行規則である。

この他に，各地方自治体による条令がある。例えば，東京都の場合は，東京都下水道条例，東京都下水道条例施行規程がある。

（2） 下水道法上の用語の定義

用語の定義については，下水道法及び同施行令に規定されている。関係部分の抜粋を次に示す。

下　　水 （法第2条第1号一）	生活若しくは事業（耕作の事業を除く。）に起因し，若しくは附随する廃水（以下「汚水」という。）又は雨水をいう。
下　水　道 （同上第1号二）	下水を排除するために設けられる排水管，排水渠その他の排水施設（かんがい排水施設を除く。），これに接続して下水を処理するために設けられる処理施設（屎尿浄化槽を除く。）又はこれらの施設を補完するために設けられるポンプ施設その他の施設の総体をいう。
公共下水道 （同上第1号三）	主として市街地における下水を排除し，又は処理するために地方公共団体が管理する下水道で，終末処理場を有するもの又は流域下水道に接続するものであり，かつ，汚水を排除すべき排水施設の相当部分が暗渠である構造のものをいう。
流域下水道 （同上第1号四）	もつぱら地方公共団体が管理する下水道により排除される下水を受けて，これを排除し，及び処理するために地方公共団体が管理する下水道で，2以上の市町村の区域における下水を排除するものであり，かつ，終末処理場を有するものをいう。
都市下水路 （同上第1号五）	主として市街地における下水を排除するために地方公共団体が管理している下水道（公共下水道及び流域下水道を除く。）で，その規模が政令で定める規模以上のものであり，かつ，当該地方公共団体が第27条の規定により指定したものをいう。
（令第1条）	下水道法（以下「法」という。）第2条第5号に規定する政令で定める規模は，次の各号に掲げる区分に応じそれぞれ当該各号に掲げるものとする。 1．主として製造業（物品の加工修理業を含む。以下同じ。），ガス供給業又は鉱業の用に供する施設から排除される汚水を排除し，又は処理するために設けられるもの 　当該下水道の始まる箇所における排水管の内径又は排水渠の内のり幅（壁の上端において計るものとする。以下同じ。）が250ミリメートルで，かつ，当該下水道の終る箇所における管渠（排水管又は排水渠をいう。以下同じ。）の排除することができる下水の量が1日に1万立方メートルのもの 2．その他のもの 　当該下水道の始まる箇所における管渠の内径又は内のり幅が500ミリメートルで，かつ，地形上当該下水道により雨水を排除することができる地域の面積が10ヘクタールのもの

終末処理場 （法第2条第6号）	下水を最終的に処理して河川その他の公共の水域又は海域に放流するために下水道の施設として設けられる処理施設及びこれを補完する施設をいう。
排 水 設 備 （法第10条）（抜）	下水を公共下水道に流入させるために必要な排水管，排水渠その他の排水施設をいう。
除 害 施 設 （法第12条）（抜）	下水による障害を除去するために必要な施設をいう。

（3） 排水設備の構造

排水設備の構造については，下水道法施行令に規定されている。

関係部分の抜粋を次に示す。

（令第8条）	法第10条第3項に規定する政令で定める技術上の基準は，次のとおりとする。 一　排水設備は，公共下水道管理者である地方公共団体の条例で定めるところにより，公共下水道のますその他の排水施設又は他の排水設備に接続させること。 二　排水設備は，堅固で耐久力を有する構造とすること。 三　排水設備は，陶器，コンクリート，れんがその他の耐水性の材料で造り，かつ，漏水を最小限度のものとする措置が講ぜられていること。ただし，雨水を排除すべきものについては，多孔管その他雨水を地下に浸透させる機能を有するものとすることができる。 四　分流式の公共下水道に下水を流入させるために設ける排水設備は，汚水と雨水とを分離して排除する構造とすること。 五　管渠の勾配は，やむを得ない場合を除き，$\frac{1}{100}$以上とすること。 六　排水管の内径及び排水渠の断面積は，公共下水道管理者である地方公共団体の条例で定めるところにより，その排除すべき下水を支障なく流下させることができるものとすること。 七　汚水（冷却の用に供した水その他の汚水で雨水と同程度以上に清浄であるものを除く。）を排除すべき排水渠は，暗渠とすること。ただし，製造業又はガス供給業の用に供する建築物内においては，この限りでない。 八　暗渠である構造の部分の次に掲げる箇所には，ます又はマンホールを設けること。 　イ　もつぱら雨水を排除すべき管渠の始まる箇所 　ロ　下水の流路の方向又は勾配が著しく変化する箇所。ただし，管渠の清掃に支障がないときは，この限りでない。 　ハ　管渠の長さがその内径又は内のり幅の120倍をこえない範囲にお

　　　　　　　て管渠の清掃上適当な箇所
　　　九　ます又はマンホールには，ふた（汚水を排除すべきます又はマンホールにあつては，密閉することができるふた）を設けること。
　　　十　ますの底には，もつぱら雨水を排除すべきますにあつては深さが15cm以上のどろためを，その他のますにあつてはその接続する管渠の内径又は内のり幅に応じ相当の幅のインバートを設けること。

　以上のほか，それぞれの地域の下水道事業者の条例，規則によって，排水設備の構造が規定されている。

1.4 消防法

（1） 関連法令

消防法の構成は，次のとおりである。

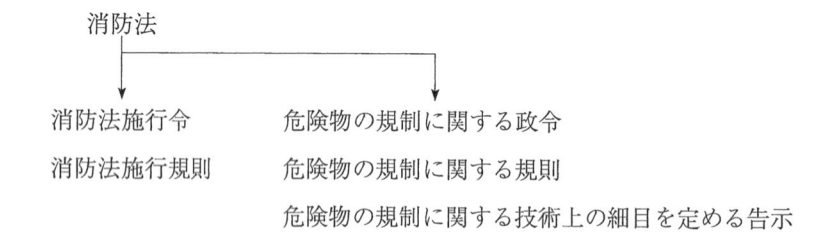

```
                    消防法
                  ↙      ↘
      消防法施行令        危険物の規制に関する政令
      消防法施行規則      危険物の規制に関する規則
                        危険物の規制に関する技術上の細目を定める告示
```

　このほかに各地方自治体による条令がある。例えば，東京都の場合は，東京都火災予防条例，東京都火災予防条例施行規則，東京都火災予防施行規程（告示）がある。
　これらの規定のうち，屋内消火栓などの消火設備の規定が配管設備にかかわるものである。

（2） 防火対象物

　防火対象物については，消防法第2条，同施行令第6条に，具体的には施行令別表第1に規定されている。

（3） 消防用設備等

　消防用設備等については，消防法第17条，同施行令第7条に規定されており，要約すると表7-1のようになる。

表7－1 消防用設備等

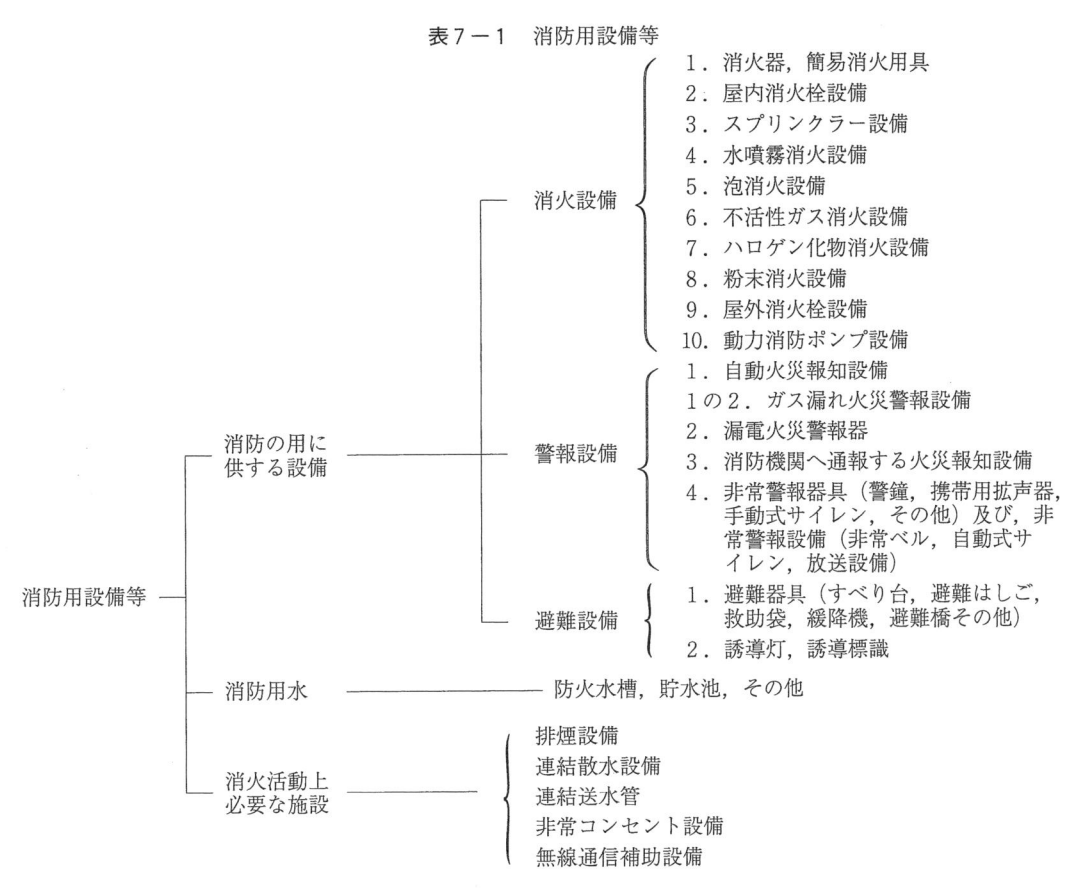

- 消防用設備等
  - 消防の用に供する設備
    - 消火設備
      1. 消火器，簡易消火用具
      2. 屋内消火栓設備
      3. スプリンクラー設備
      4. 水噴霧消火設備
      5. 泡消火設備
      6. 不活性ガス消火設備
      7. ハロゲン化物消火設備
      8. 粉末消火設備
      9. 屋外消火栓設備
      10. 動力消防ポンプ設備
    - 警報設備
      1. 自動火災報知設備
      1の2. ガス漏れ火災警報設備
      2. 漏電火災警報器
      3. 消防機関へ通報する火災報知設備
      4. 非常警報器具（警鐘，携帯用拡声器，手動式サイレン，その他）及び，非常警報設備（非常ベル，自動式サイレン，放送設備）
    - 避難設備
      1. 避難器具（すべり台，避難はしご，救助袋，緩降機，避難橋その他）
      2. 誘導灯，誘導標識
  - 消防用水 ── 防火水槽，貯水池，その他
  - 消火活動上必要な施設
    - 排煙設備
    - 連結散水設備
    - 連結送水管
    - 非常コンセント設備
    - 無線通信補助設備

（4） 消防設備士

消防設備士には甲種と乙種とがあって，それぞれ次のようになっている。

1. 甲種消防設備士が行える工事と整備は次表のとおりである（令第36条の2）。

指定区分	消防用設備等の種類
第1類	屋内消火栓設備，スプリンクラー設備，水噴霧消火設備，屋外消火栓設備
第2類	泡消火設備
第3類	不活性ガス消火設備，ハロゲン化物消火設備，粉末消火設備
第4類	自動火災報知設備，ガス漏れ火災警報設備，消防機関へ通報する火災報知設備
第5類	金属製避難はしご，救助袋，緩降機

2. 乙種消防設備士は，上記第1～5類の整備（工事ではない）が行えるほか，下記の第6～7類の整備を行うことができる。

第6類	消火器
第7類	漏電火災報知器

3. 第1～5類の設備を設置する場合は，着手する10日前までに所轄の消防長又は消防署長までに甲種消防設備士が届出を行うことになっている。
4. その際提出する書類は次のとおり。
   ・消防用設備等着工届出書
   ・関係書類
      （イ）付近の案内図，構内図
      （ロ）平面図・断面図
      （ハ）仕様書，計算書等
      （ニ）はり及び天井詳細図
      （ホ）配管系統図
      （ヘ）使用機器図
      （ト）防火対象物の概要表

以上の届出を図示すると下記の通り。

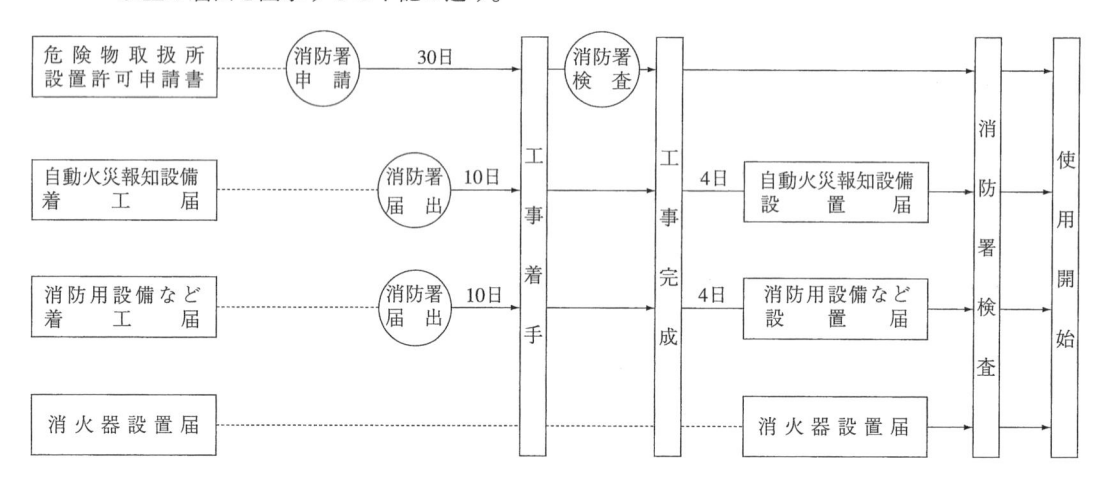

申請書類	申請・届出	期間	工事着手	工事完成	期間	設置届	消防署検査	使用開始
危険物取扱所設置許可申請書	消防署申請	30日	工事着手	工事完成			消防署検査	使用開始
自動火災報知設備着工届	消防署届出	10日			4日	自動火災報知設備設置届		
消防用設備など着工届	消防署届出	10日			4日	消防用設備など設置届		
消火器設置届						消火器設置届		

（5） 消防用設備等の点検

劇場，百貨店などで延べ面積が1000平方メートル以上のものは，1年に1回，それ以外で消防長又は消防署長が指定するものは，3年に1回消防設備士又は消防設備点検資格者に点検させて，その結果を消防長又は消防署長に報告しなければならない。

（6） 関連規格等

消火設備にかかわる基準，規格として，次のものがある。
   ○配管の摩擦損失計算の基準（昭和51年4月5日，消防庁告示第3号）
   ○開放型散水ヘッドの基準（昭和48年2月10日，消防庁告示第7号）

○閉鎖型スプリンクラーヘッドの技術上の規格を定める省令（昭和40年1月12日，自治省令第2号，改正　昭和62年3月18日，自治省令第7号）

○消防用ホースに使用する差込式の結合金具の技術上の規格を定める省令（昭和39年4月15日，自治省令第10号，改正　平成4年1月29日，自治省令第2号）

○消防用ホースの技術上の規格を定める省令（昭和43年9月19日，自治省令第27号，改正　昭和62年3月18日，自治省令第7号）

○消防用ホース又は消防用吸管に使用するねじ式の結合金具の技術上の規格を定める省令（昭和45年3月31日，自治省令第8号，改正　平成4年2月29日，自治省令第3号）

○流水検知装置の技術上の規格を定める省令（昭和58年1月18日，自治省令第2号，改正　昭和62年3月18日，自治省令第7号）

○一斉開放弁の技術上の規格を定める省令（昭和50年9月26日，自治省令第19号，改正　昭和62年3月18日，自治省令第7号）

1.5　浄化槽法

(1)　目的と内容

この法律では，浄化槽の設置，保守点検，清掃及び製造，浄化槽工事業者の登録制度，浄化槽清掃業者の許可制度，浄化槽設備士，浄化槽管理士の資格について規定している。

(2)　設置等の届出

浄化槽の設置等をするときは，以下のことを行わなければならない。

1. 新築により浄化槽を設置する場合は，都道府県知事に対し建築の確認申請と同時に届出を行う。
2. 既存の建築物の便所の改造等に伴い設定される場合や，浄化槽の構造又は規模を変更する場合は，知事（保健所を設置する市にあっては市長）に対して届出を行う。

また，浄化槽管理者は，使用開始6ケ月以後，8ケ月以内に指定検定機関の行う水質検査を受けること，以後は毎年1回の水質検査と清掃を行うことが義務付けられている。

(3)　工事業者等

浄化槽工事を行うには，下記のいずれかでなければならない。

1. 知事に登録した浄化槽工事業者
2. 土木工事業，建築工事業，管工事業の建設業許可を受けている者で，浄化槽工事業として設置地の知事に届出した者。

上記業者は，営業所ごとに，浄化槽設備士を置かなければならない。

浄化槽清掃業者は，市町村長の許可を必要とする。

浄化槽の保守点検業者は，知事の登録を受ける（条例のある場合）。この業者は浄化槽管理士を置かなければならない。

また，処理対象人員が501人以上の浄化槽については，浄化槽管理士の資格を持った者を技術管理者として置かなければならない。

(4) 浄化槽の構造

浄化槽の構造は，平成13年6月27日の浄化槽法の改正で，便所と連結してし尿及びこれと併せて雑排水（工場排水，雨水その他の特殊な排水を除く）を処理するものと規定され，し尿のみを処理する，いわゆる単独浄化槽は除外された。詳細は建築基準法第31条，同施行令第32条，第35条及び屎尿浄化槽，合併浄化槽の構造（昭和55年7月14日，建設省告示第1292号，改正　平成12年5月31日告示1465号）に規定されている。

必要な浄化槽の大きさを決める処理対象人員の算定については，

　　　　ＪＩＳ　Ａ 3302　〇建築物の用途別によるし（屎）尿浄化槽の処理対象人員算定基準

による。

処理対象人員の算定方法を次に示す。

〇建築基準法施行令第32条第1項表中の規定に基づく処理対象人員の算定方法

$\begin{pmatrix}昭和44年7月3日\\建設省告示第3184号\end{pmatrix}$

建築基準法施行令（昭和25年政令第338号）第32条第1項表中の規定に基づき，処理対象人員の算定方法を次のように定める。

処理対象人員の算定方式は，日本工業規格「建築物の用途別による屎尿浄化槽の処理対象人員算定基準（ＪＩＳ　Ａ 3302）」に定めるところによるものとする。

〇建築物の用途別による屎尿浄化槽の処理対象人員算定基準（抜粋）

（ＪＩＳ　Ａ 3302−2000）

1. 適用範囲　この規格は，建築物の用途別による屎尿浄化槽の処理対象人員算定基準について規定する。

2. 建築用途別処理対象人員算定基準　建築物の用途別による屎尿浄化槽の処理対象人員算定基準は，表のとおりとする。ただし，建築物の使用状況により，類似施設の使用水量その他の資料から表が明らかに実情に添わないと考えられる場合は，当該資料などを基にしてこの算定人員を増減することができる。

3. 特殊の建築用途の適用

3.1　特殊の建築用途の建築物又は定員未定の建築物については，表に準じて算定する。

3.2　同一建築物が2以上の異なった建築用途に供される場合は，それぞ

れの建築用途の項を適用加算して処理対象人員を算定する。

3．3　2以上の建築物が共同で屎尿浄化槽を設ける場合は，それぞれの建築用途の項を適用加算して処理対象人員を算定する。

3．4　学校その他で，特定の収容される人だけが移動することによって，2以上の異なった建築用途に使用する場合には，3．2及び3．3の適用加算又は建築物ごとの建築用途別処理対象人員を軽減することができる。

表（抜粋）

類似用途別番号	建築用途			処理対象人員	
				算定式	算定単位
1	集会場施設関係	イ	公会堂・集会場・劇場・映画館・演芸場	$n=0.08A$	n：人員（人） A：延べ面積（m²）
		ロ	競輪場・競馬場・競艇場	$n=16C$	n：人員（人） C(¹)：総便器数（個）
		ハ	観覧場・体育館	$n=0.065A$	n：人員（人） A：延べ面積（m²）
2	住宅施設関係	イ	住宅　(²)　A≦130の場合	$n=5$	n：人員（人） A：延べ面積（m²）
			(²)　130＜Aの場合	$n=7$	
		ロ	共同住宅	$n=0.05A$	n：人員（人） ただし，1戸当たりのnが，3.5人以下の場合は，1戸当たりのnを3.5人又は2人〔1戸が1居室(³)だけで構成されている場合に限る。〕とし，1戸当たりのnが6人以上の場合は，1戸当たりのnを6人とする。
		ハ	下宿・寄宿舎	$n=0.07A$	n：人員（人） A：延べ面積（m²）
		ニ	学校寄宿舎・自衛隊キャンプ宿舎・老人ホーム・養護施設	$n=P$	n：人員（人） P：定員（人）
3	宿泊施設関係	イ	ホテル・旅館　結婚式場又は宴会場をもつ場合	$n=0.15A$	n：人員（人） A：延べ面積（m²）
			結婚式場又は宴会場をもたない場合	$n=0.075A$	
		ロ	モーテル	$n=5R$	n：人員（人） R：客室数
		ハ	簡易宿泊所・合宿所・ユースホステル・青年の家	$n=P$	n：人員（人） P：定員（人）

類似用途別番号	建築用途				処理対象人員	
					算定式	算定単位
4	医療施設関係	イ	病院・療養所・伝染病院	業務用厨房設備又は洗濯設備を設ける場合　300床未満の場合	$n=8B$	n：人員（人） B：ベッド数（床）
				業務用厨房設備又は洗濯設備を設ける場合　300床以上の場合	$n=11.43(B-300)+2,400$	
				業務用厨房設備又は洗濯設備を設けない場合　300床未満の場合	$n=5B$	
				業務用厨房設備又は洗濯設備を設けない場合　300床以上の場合	$n=7.14(B-300)+1,500$	
		ロ	診療所・医院		$n=0.19A$	n：人員（人） A：延べ面積（m²）
5	店舗関係	イ	店舗・マーケット		$n=0.075A$	n：人員（人） A：延べ面積（m²）
		ロ	百貨店		$n=0.15A$	
		ハ	飲食店	一般の場合	$n=0.72A$	
				汚濁負荷の高い場合	$n=2.94A$	
				汚濁負荷の低い場合	$n=0.55A$	
		ニ	喫茶店		$n=0.80A$	
7	駐車場関係	ロ	駐車場・自動車車庫		$n=\dfrac{20C+120U}{8}\times t$	n：人員（人） C：大便器数（個） U(³)：小便器数（個） t：単位便器当たり1日平均使用時間（時間） $t=0.4\sim2.0$
		ハ	ガソリンスタンド		$n=20$	n：人員（人） 1営業所当たり
9	事務所関係	イ	事務所	業務用厨房設備を設ける場合	$n=0.075A$	n：人員（人） A：延べ面積（m²）
				業務用厨房設備を設けない場合	$n=0.06A$	

注 (¹) 大便器数，小便器数及び両用便器数を合計した便器数。
　　(²) この値は，当該地域における住宅の一戸当たりの平均的な延べ面積に応じて，増減できるものとする。
　　(³) 居室とは，建築基準法による用語の定義でいう居室であって，居住，執務，作業，集会，娯楽その他これらに類する目的のために継続的に使用する室をいう。ただし，共同住宅における台所及び食事室を除く。

(5) 関連法令

保守点検，工事の技術上の基準としては，

○環境省関係浄化槽法施行規則（昭和59年3月30日，厚生省令第17号，改正　平成13年9月28日，環境省令第31号）

○浄化槽設備士に関する省令（昭和59年12月28日，改正　平成13年9月28日，国土交通省令第132号）

がある。

厚生省関係浄化槽法施行規則の抜粋を次に示す。

○厚生省関係浄化槽法施行規則〔抄〕

$$\begin{pmatrix} 昭和59年3月30日 \\ 厚生省令第17号 \end{pmatrix}$$

最新改正　平成13年9月28日環境省令第31号

第1章　浄化槽の保守点検及び清掃等

使用の準則

（使用に関する準則）

第1条　浄化槽法（以下「法」という。）第3条第3項の規定による浄化槽の使用に関する準則は，次のとおりとする。

一　し尿を洗い流す水は，適正量とすること。

二　殺虫剤，洗剤，防臭剤，油脂類，紙おむつ，衛生用品等であつて，浄化槽の正常な機能を妨げるものは，流入させないこと。

三　（略）

四　浄化槽（みなし浄化槽を除く。）にあつては，工場廃水，雨水その他の特殊な排水を流入させないこと。

五　電気設備を有する浄化槽にあつては，電源を切らないこと。

六　浄化槽の上部又は周辺には，保守点検又は清掃に支障を及ぼすおそれのある構造物を設けないこと。

七　浄化槽の上部には，その機能に支障を及ぼすおそれのある荷重をかけないこと。

八　通気装置の開口部をふさがないこと。

九　浄化槽に故障又は異常を認めたときは，直ちに，浄化槽管理者にその旨を通報すること。

保守点検の基準

（保守点検の技術上の基準）

第2条　法第4条第5項の規定による浄化槽の保守点検の技術上の基準は，次のとおりとする。

一　浄化槽の正常な機能を維持するため，次に掲げる事項を点検すること。

　　　　イ　前条の準則の遵守の状況
　　　　ロ　流入管きょと槽の接続及び放流管きょと槽の接続の状況
　　　　ハ　槽の水平の保持の状況
　　　　ニ　流入管きょにおけるし尿，雑排水等の流れ方の状況
　　　　ホ　単位装置及び附属機器類の設置の位置の状況
　　　　ヘ　スカムの生成，汚泥等の堆積，スクリーンの目づまり，生物膜の生成その他単位装置及び附属機器類の機能の状況
　　二　流入管きょ，インバートます，移流管，移流口，越流ぜき，流出口及び放流管きょに異物等が付着しないようにし，並びにスクリーンが閉塞しないようにすること。
　　三　流量調整タンク又は流量調整槽にあつては，ポンプ作動水位及び計量装置の調整を行い，汚水を安定して移送できるようにすること。
　　四　ばつ気装置及びかくはん装置にあつては，散気装置が目づまりしないようにし，又は機械かくはん装置に異物等が付着しないようにすること。
　　五　駆動装置及びポンプ設備にあつては，常時又は一定の時間ごとに，作動するようにすること。
　　六～十三　（略）
　　十四　吸着剤，凝集剤，水素イオン濃度調整剤その他の薬剤を使用する場合には，その供給量を適度に調整すること。
　　十五　悪臭並びに騒音及び振動により周囲の生活環境を損なわないようにし，及び蚊，はえ等の発生の防止に必要な措置を講じること。
　　十六　放流水（地下浸透方式の浄化槽からの流出水を除く。）は，環境衛生上の支障が生じないように消毒されるようにすること。
　　十七　前各号のほか，浄化槽の正常な機能を維持するため，必要な措置を講じること。
　　（以下省略）

1．6　建築物における衛生的環境の確保に関する法律（通称建築物衛生法）

（1）　目的と内容

　この法律は，特定建築物の空気，給排水の管理，清掃，ねずみ，こん虫などの防除など，衛生上の管理について定めている。

（2）　特定建築物

　特定建築物は，次のとおりである。

1．延べ面積8000平方メートル以上の学校
2．特定用途の部分が3000平方メートル以上の建築物のうち，特定用途以外の部分が特定用途の延べ面積の10パーセント以下である以下の建築物

　事務所

　店舗（卸売り業などを含む）

　興業場（映画，演劇，音楽，スポーツクラブ，演芸場など）

　百貨店（大規模小売店。スーパーマーケットなど。）

　集会場（公民館，市民ホール，会館，結婚式場など）学校教育法第1条に規定する学校以外の
　　　　　学校（研修所を含む）

　図書館

　博物館，美術館

　遊技場（パチンコ店，ボーリング場，麻雀荘など）

　旅館（簡易宿泊施設，下宿を含む。寄宿舎，貸間，共同住宅は含まない）

となる。

なお，工場，病院については特殊環境下であるという理由で指定から除外されている。

（3）　建築物環境衛生管理技術者

特定建築物の所有者は，建築物環境衛生管理技術者を選任しなければならない。

（4）　技術上の基準

特定建築物の管理，清掃の技術上の基準は，厚生労働省告示第194号，「中央管理方式の空気調和設備等の維持管理及び清掃等に係わる技術上の基準」（平成15年3月25日改正）に示されている。

第2節　ボイラ等熱源機器にかかわる法規

2．1　労働安全衛生法

労働安全衛生法では，ボイラ等は，労働者に危害を及ぼす機械の一つとして規定されている（第37条別表1）。したがって，労働基準法から除外される公務員のみが働く施設に設置されたものは，人事院規則10－4により設備の状況を人事院に届け出ることになっている。また，同じ理由で，一般住宅に設置するものについては，設置届などについて，この法律の適用を受けない。

また，発電用ボイラ，船舶用，鉱山用などは別の法律によって規制されている。

（1）　ボイラ及び圧力容器

労働安全衛生法では構造・取扱いの上からボイラを図7－3のように区分している。図中の「適用ボイラ」とは「ボイラー及び圧力容器安全規則」が適用されない小容量のボイラであって，表

7-2に示す範囲のものである。ただし，構造に関しては「簡易ボイラー」の名称で規定されており，これに準拠して製作しなければならない。

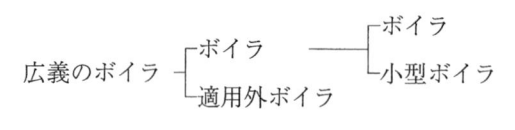

```
広義のボイラ ┬ ボイラ ─┬ ボイラ
            │        └ 小型ボイラ
            └ 適用外ボイラ
```

図7-3 ボイラの区分

表7-2 適用外ボイラー（施行令第1条第三号）

種　類		ゲージ圧力（P）	伝熱面積	胴の大きさ	その他の条件
蒸気ボイラー	イ	0.1MPa以下	0.5m²以下		
				内径200mm 長さ400mm 以下	
	ロ	0.3MPa以下		内容積（V） 0.0003m³以下	
	ハ		2m²以下		内径25mm以上の大気開放蒸気管を取り付けたもの
					0.05MPa以下で，かつ内径25mm以上のU形立管を蒸気部に取り付けたもの
温水ボイラー	ニ	0.1MPa以下	4m²以下		
貫流ボイラー	ホ	1MPa以下	5m²以下		気水分離器を有するものは，内径200mm以下でかつ，内容積（V）0.02m³以下（管寄せの内径が150mmを超える多管式のものを除く）
	ヘ	$P \times V \leq 0.02$		内容積（V） 0.004m³以下	管寄せおよび気水分離器のいずれも有しないものに限る

小型ボイラは適用外ボイラよりは容量の大きなもので，「小型ボイラー構造規格」に準拠して製造し，検定代行機関によって個別検定を受けなければならない。小型ボイラの適用範囲を表7-3に示す。

表7-3 小型ボイラーの範囲（労働安全衛生法施行令第1条第四号）

種類		ゲージ圧力（P）	伝熱面積	胴の大きさ	その他の条件
蒸気ボイラー	イ	0.1MPa以下	1m²以下		
		0.1MPa以下		内径300mm 長さ600mm 以下	
	ロ		3.5m²以下		内径25mm以上の大気開放蒸気管を取り付けたもの
			3.5m²以下		圧力0.05MPa以下で，かつ内径25mm以上のU形立管を蒸気部に取り付けたもの
温水ボイラー	ハ	0.1MPa以下	8m²以下		
	ニ	0.2MPa以下	2m²以下		
貫流ボイラー	ホ	1MPa以下	10m²以下		気水分離器を有するものは，内径300mm以下で，かつ内容積（V）0.07m³以下（管寄せの内径が150mmを超える多管式のものを除く）

　ボイラ以外の内部が大気圧を超える容器を圧力容器と呼び，熱交換器・蒸発器・圧力槽などはおおむねこれに該当し，法の規制を受ける。圧力容器の区分を図7-4に示す。

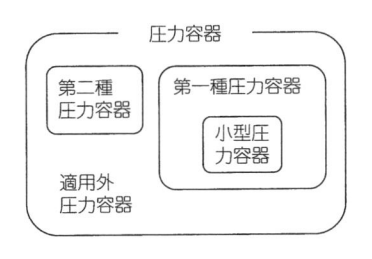

図7-4　圧力容器の区分

　第一種圧力容器は表7-4に示す蒸気・高温液体を扱う容器のことで，図7-5の実線範囲のように区分されている。適用外圧力容器を含め，すべて構造規格が定められているが，取扱作業については適用外・小型圧力容器・第1種圧力容器各個に規定されている。

表7-4　第一種圧力容器
（労働安全衛生法施行令第1条第五号）

種類		条件
イ	加熱器	蒸気その他の熱媒を受け入れ，または蒸気を発生させて固体または液体を加熱する容器で，容器内の圧力が大気圧を超えるもの（ロ，ハに掲げる容器を除く）［使用例：蒸煮器，殺菌器，加硫器，精練器，熱交換器，ストレージタンクなど］
ロ	反応器	容器内における化学反応，原子核反応その他の反応によって蒸気が発生する容器で，容器内の圧力が大気圧を超えるもの［使用例：オートクレーブ，連続反応器など］
ハ	蒸発器	容器内に液体の成分を分離するため，当該液体を加熱し，その蒸気を発生させる容器で，容器内の圧力が大気圧を超えるもの［使用例：蒸留器，抽出器，蒸発器など］
ニ	蓄熱器	イ，ロ，ハに掲げる容器の他，大気圧における沸点を超える温度の液体を内部に保有する容器［使用例：フラッシュタンク，スチームアキュムレータなど］

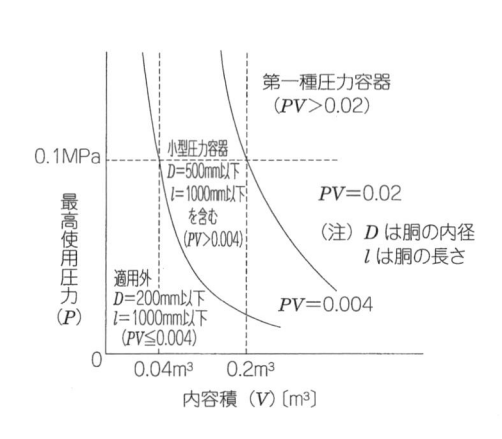

図7-5　第一種圧力容器と小型圧力容器

第二種圧力容器は第一種圧力容器以外の圧力0.2MPa以上の気体を保有する容器のうち，

・内容積が0.04m³以上の容器

・胴の内径が200mm以上で，かつ，その長さが1,000mm以上の容器

のことで，圧力槽（エアタンク），ガスタンク，真空蒸発器，蒸気ヘッダなどがこれに該当する。

ボイラ圧力容器を製造，設備するに当たって，準拠すべき法規は下表のとおりであるが，このほかに運用に当たっては大気汚染防止法，地方自治体の規制などがある。表7-5にボイラ関係法規を示す。

表7-5　ボイラ関係法規

種類	法規名	内容
省令	ボイラ及び圧力容器安全規則	適用範囲・製造・設置・ボイラ室・管理・性能検査・届出
政令	ボイラ構造規格	材料・工作・水圧試験・給水装置・配管などの規格
	圧力容器構造規格	材料・工作・水圧試験・給水装置・配管などの規格
条例	火災予防条例	火を使う設備の位置・構造基準
消防庁運用基準	危険物関係事務審査基準	危険物一般取扱所の基準（指定数量以上）
	火気使用技術基準	熱風炉・小型ボイラ・適用除外ボイラ技術基準

また，ボイラを設置，管理する主任技術者は，当該ボイラの圧力と伝熱面積によって図7－6のような資格を有するものが当たることと定められている。

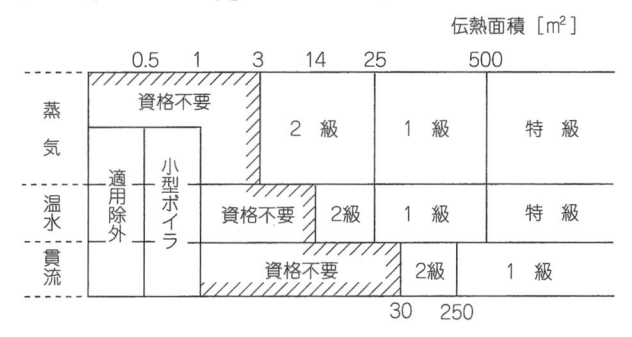

図7－6 ボイラ取扱い主任者の資格

2．2 市町村火災予防条例関係でのボイラ

（1） 火を使う設備

市町村の火災予防条例，火災予防条例施行規則では，火を使う設備として，ボイラ，簡易湯沸設備，給湯湯沸設備，ふろがま，温風暖房機などをあげ，位置，構造，管理の基準が定められている。その内容は，建物，可燃物との関係，煙突の構造，液体燃料のタンク，配管に関すること，給排気に関することなどである。

（2） 燃焼に必要な空気の取入れ口及び排気口

燃焼に必要な空気の取入れ口の必要面積について，東京都火災予防条例施行規則では次のように定めている。

一 燃焼に必要な空気（以下「燃焼空気」という。）を取り入れる開口部の面積等は，その取り入れ方法及び燃料種別等に応じ，次の式により求めた数値以上とすること。

イ 開口部により燃焼空気を取り入れる場合の開口部（以下「燃焼空気取入口」という。）の必要面積。ただし，求めた数値が200平方センチメートル未満となる場合は，200平方センチメートル以上とする。

$$A = V \times a \times 1/\alpha \quad \cdots\cdots\cdots\cdots\cdots\cdots (7-1)$$

A は，燃焼空気取入口の必要面積（単位 平方センチメートル）

V は，炉の最大消費熱量（単位 キロワット）

a は，1キロワット当たりの必要面積（単位 平方センチメートル）で燃料種別に応じた次の表に示す数値

燃料種別	a
気　体	8.6
液　体	9.46
固　体	11.18

αは，ガラリ等の開口率で，種別に応じた次の表の数値。ただし，ガラリ等を使用しない場合は，1.0とする。

ガラリ等の種別	α
スチールガラリ	0.5
木製ガラリ	0.4
パンチングパネル	0.3

ロ　給気ファンにより燃焼空気を取り入れる場合の必要空気量

$$Q = V \times q \quad \cdots\cdots\cdots\cdots\cdots\cdots\cdots\cdots\cdots\cdots\cdots\cdots\cdots\cdots\cdots (7-2)$$

Qは，必要空気量（単位　立方メートル毎時）
Vは，炉の最大消費熱量（単位　キロワット）
qは，1キロワット当たりの必要空気量（単位　立方メートル毎時）で燃料種別に応じた次の表に示す数値

燃料種別	q
気　体	1.204
液　体	1.204
固　体	1.892

二　燃焼空気取入口は，直接屋外に通じていること。ただし，燃焼空気が有効に得られる位置に設ける場合にあつては，この限りでない。

三　燃焼空気取入口は，床面近くに設けるとともに，流れ込んだ空気が直接炉の燃焼室に吹き込まない位置に設けること。

四　有効な換気を行うための排気口は，天井近くに設け，かつ，屋外に通じていること。

（3）届　　出

東京都火災予防条例では，「火を使用する設備等の位置の届出等」として，下記のように規定されている。

第57条　火を使用する設備又はその使用に際し，火災の発生のおそれのある設備のうち次に掲げるものを設置しようとする者（内容を変更しようとする者を含む。）は，あらかじめ，設備の位置，構造その他火災予防上必要な事項を消防総監に届け出て，その計画がこの条例の規定に適合するものであることについて審査を受けなければならない。

一　据付け面積1平方メートル以上の炉

一の二　厨房設備（最大消費熱量の合計が120キロワット未満のものを除く。）

二　温風暖房機（風道を使用しない温風暖房機にあつては，最大消費熱量が70キロワット未満のものを除く。）及び壁付き暖炉

三　ボイラー（ボイラー及び圧力容器安全規則（昭和47年労働省令第33号）第3条に定めるボイラー及び最大消費熱量が70キロワット未満のものを除く。）

四　乾燥設備（最大消費熱量が17キロワット未満のもの又は乾燥物収容室の据付け面積が1平方メートル未満のもの若しくは乾燥物収容室の内部面積が1立方メートル未満のものを除く。）

四の二　サウナ設備

四の三　給湯湯沸設備（最大消費熱量70キロワット未満のものを除く。）

五　火花を生ずる設備

五の二　放電加工機

六　高圧又は特別高圧の変電設備

七　内燃機関又は燃料電池による発電設備

上記三のボイラーは，具体的には小型ボイラー，簡易ボイラーのことで，これより大型のボイラーはボイラー及び圧力容器安全規則に従い所轄労働基準監督署に設置届を提出することになっている。

2.3　危険物関係法規

危険物に関連する法規は以下のようなものがある。

表7-6　危険物関係法規

種　類	法　規　名	内　　容
法　律	消　防　法	危険物の品名・指定数量・貯蔵・取扱いの基準など
政　令	建築基準法施行令	危険物の種別・指定数量
	消防法施行令	消火設備に関する基準
	危険物の規制に関する政令	屋内・地下タンク貯蔵所の基準，消火設備，取扱所の区分基準
総理府令	危険物の規制に関する規則	タンク容積計算法・通気管の規定・特別許可・検査申請など
省　令	消防法施行規則	地下タンク外面保護の方法など
条　例	火災予防条例	指定数量未満の貯蔵取扱規準，火を使う設備の位置・構造の基準
消防庁訓令	火災予防規程	消防用設備の着工・使用・届出・申請
消防庁運用基準	危険物関係事務審査基準	ボイラの一般取扱所の基準，共同住宅の燃料供給設備基準

(1)　自家発電装置等の液体燃料

燃料として重油，灯油などを使用するときは，危険物の法規の規制を受ける。

　消防法　別表に危険物とその指定数量が定められている。

　　重油…………第4類第3石油類……2000*l*

軽油，灯油…第4種第2石油類……1000l

指定数量以上の危険物を貯蔵するときは，危険物貯蔵所（屋外タンク貯蔵所，屋内タンク貯蔵所，地下タンク貯蔵所）となる。また，1日の燃料消費量が指定数量を超えるときは，ボイラ室は，危険物一般取扱所となる。これらについては，「危険物の規制に関する政令」，「危険物の規制に関する規則」に詳細に規定されている。

指定数量未満であっても，指定数量の$\frac{1}{5}$すなわち，重油で400l，軽油，灯油で200lを超える貯蔵・取扱いをするときは，火災予防条例によって，少量危険物の貯蔵・取扱いの届出が必要となる。

2.4 大気汚染防止法

(1) ばい煙発生施設

伝熱面積10m²以上のボイラ，又は重油換算50l／H以上の能力のバーナを設備したボイラは，「ばい煙発生施設」としての届出が必要である。届出後60日経過しないと着工することができない。

都市条例によって，これ以下の大きさのものでも「届出」を必要とする地域もある。

2.5 高圧ガス保安法

(1) 関連法令

高圧ガス関係の法規には次のものがある。

　　高圧ガス取締法，高圧ガス取締法施行令
　　冷凍保安規則
　　液化石油ガス保安規則
　　一般高圧ガス保安規則

冷暖房機，チラーなどの圧縮機を持つ設備を設置すると，高圧ガスの製造をする者としての届出，又は許可が必要である。

製造者の種別	冷凍能力	許可又は届出
第1種製造者	20トン／日以上 フロンガス50トン／日以上	知事の許可
第2種製造者	3トン／日以上 フロンガス20トン／日以上	知事へ届出

（高圧ガス取締法第5条，同令第3条の2）

届出の方法などは，「冷凍保安規則」に規定されている。

ここで注意すべきことは，3トン以上の冷凍空調機を2台以上組み合わせて「1つの冷凍設備」とみなされる使い方をする場合は，合計のトン数で上記の適用を受けることである。例えば，2台以上のチラーユニットを冷温水配管又は蓄熱槽で共通とすると，「1つの冷凍設備」となり，その大

きさによって，第1種又は第2種製造者となる。3トン未満は合計から除く。

2．6　特定ガス消費機器の設置工事の監督に関する法律など

（1）関連法令

特定ガス消費機器の設置又は変更の工事に関する法規には次のものがある。

1．特定ガス消費機器の設置工事の監督に関する法律，同施行令，同施行規則
2．ガス事業法，同施行令，同施行規則
3．液化石油ガスの保安の確保及び取引の適正化に関する法律（以下「液化石油ガス法」という），同施行令，同施行規則。

特定ガス消費機器は，燃焼機器（給排気設備を含む。）の構造，使用状況などからみて，設置又は変更の工事の欠陥による災害，特に給排気不備などによる一酸化炭素中毒などの発生が多いと認められているもので，次のものが政令で指定されている。

1）ガスふろがま
2）ガス湯沸器（暖房兼用のものを含む。）
　①ガス瞬間湯沸器（ガス消費量12kWを超えるもの）
　②貯湯・常圧貯蔵湯沸器（ガス消費量7kWを超えるもの）
　暖房兼用のものは合計消費量とする。
3）1），2）の燃焼機器の排気筒及びその排気筒に接続されている排気用送風機

第3節　作業にかかわる法規

3．1　労働安全衛生法

（1）関連法令

労働安全衛生法は，労働災害を防止し，労働者の安全と健康を確保することを目的とし，その中心は，

　労働安全衛生法，労働安全衛生法施行令，労働安全衛生規則

である。これを受けて，作業別に，次の諸規則がある。

　ボイラー及び圧力容器安全規則
　クレーン等安全規則
　有機溶剤中毒予防規則
　鉛中毒予防規則
　四アルキル鉛中毒予防規則

特定化学物質等障害予防規則
　　　高気圧作業安全衛生規則
　　　電離放射線障害防止規則
　　　酸素欠乏症等防止規則
　　　粉じん障害防止規則
　その他関連する規定としては，次のものがある。
　　　労働安全衛生法関係手数料令
　　　検査代行機関等に関する規則
　　　機械等検定規則
　　　労働安全コンサルタント及び労働衛生コンサルタント規則
　また，関係のある法律として，労働基準法，労働基準法施行規則がある。
（2）作業主任者を選任すべき作業
　法第14条，令第6条に，作業主任者を選任すべき業務が指定されている。作業主任者の選任に関する部分の抜粋を次に示す。さらに，管工事にかかわりの深いものを表7-7に示す。

作業主任者 （法第14条）	事業者は，高圧室内作業その他の労働災害を防止するための管理を必要とする作業で，政令で定めるものについては，都道府県労働局長の免許を受けた者又は都道府県労働局長若しくは都道府県労働局長の指定する者が行なう技能講習を修了した者のうちから，厚生労働省令で定めるところにより，当該作業の区分に応じて，作業主任者を選任し，その者に当該作業に従事する労働者の指揮その他の厚生労働省令で定める事項を行なわせなければならない。

表7-7 作業主任者（令第6条抜粋）

作業主任者の名称	作業内容	資　格
ガス溶接作業主任者	金属の溶接，溶断又は加熱の作業	免許取得者
ボイラ取扱作業主任者	ボイラ（小型ボイラを除く）の取扱い	免許取得者 一部技能講習修了者
地山の掘削作業主任者	掘削面の高さが2m以上	技能講習修了者
土止め支保工作業主任者	土止め支保工の切りばり，腹おこしの取付け，取外し	技能講習修了者
足場の組立等作業主任者	つり足場，張出し足場，高さが5m以上の構造の足場の組立て，解体，又は変更の作業	技能講習修了者
ボイラ据付工事作業主任者	ボイラの据付作業（一部除外あり）	技能講習修了者
第一種圧力容器取扱作業主任者	第一種圧力容器の取扱い	化学設備にかかわるものと，その他のものに差がある。技能講習修了者，ボイラ技士免許取得者
酸素欠乏危険取扱作業主任者		1種と2種あり，技能講習修了者

（3）就業制限

就業制限に関する部分の抜粋を次に示す。

就業制限
（法第61条）

　　事業者は，クレーンの運転その他の業務で，政令で定めるものについては，都道府県労働局長の当該業務に係る免許を受けた者又は都道府県労働局長若しくは都道府県労働局長の指定する者が行なう当該業務に係る技能講習を修了した者，その他厚生労働省令で定める資格を有する者でなければ，当該業務につかせてはならない。

2．前項の規定により当該業務につくことができる者以外の者は，当該業務を行なつてはならない。

3．第1項の規定により当該業務につくことができる者は，当該業務に従事するときは，これに係る免許証その他その資格を証する書面を携帯していなければならない。

4．省略

令第20条に就業制限のある業務が規定されている。また、管工事にかかわりの深いものを表7－8に示す。

表7－8 就業制限の作業

作業の内容	資格
ボイラ（小形ボイラを除く）の取扱い	ボイラ技士免許取得者
可燃性ガス及び酸素を用いて行う金属の溶接、溶断、加熱の業務	①ガス溶接作業主任者免許取得者 ②ガス溶接技能講習修了者 ③厚生労働大臣の認めた者
つり上げ荷重5トン以上のクレーンの運転	クレーン運転士免許取得者
つり上げ荷重5トン以上で、かつ床上操作で荷とともに運転者が移動する方式のクレーンの運転	床上操作式クレーン運転技能講習修了者
つり上げ荷重5トン以上のクレーン車の運転	移動式クレーン運転士
つり上げ荷重1トン以上5トン未満のクレーン車の運転	小型移動式クレーン運転技能講習修了者
最大荷重1トン以上のフォークリフトの運転	①フォークリフト運転技能講習修了者 ②厚生労働大臣の認めた者
機体重量3トン以上のブルドーザ、パワーショベル等の運転	①車両系建設機械（整地・運搬・積込み用及び掘削用）運転技能講習修了者 ②厚生労働大臣の認めた者
1トン以上のクレーンの玉掛け作業	①玉掛技能講習修了者 ②厚生労働大臣の認めた者

(4) 安 全 教 育

安全教育に関する部分の抜粋を次に示す。

安全教育
（法第59条）

　事業者は、労働者を雇い入れたときは、当該労働者に対し、厚生労働省令で定めるところにより、その従事する業務に関する安全又は衛生のための教育を行なわなければならない。

2．前項の規定は、労働者の作業内容を変更したときについて準用する。

3．事業者は、危険又は有害な業務で、厚生労働省令で定めるものに労働者をつかせるときは、厚生労働省令で定めるところにより、当該業務に関する安全又は衛生のための特別の教育を行なわなければならない。

雇入れ時等の教育
（則第35条）

　事業者は、労働者を雇い入れ、又は労働者の作業内容を変更したときは、当該労働者に対し、遅滞なく、次の事項のうち当該労働者が従事する業務に関する安全又は衛生のため必要な事項について、教育を行なわなければならない。（以下省略）

	一　機械等，原材料等の危険性又は有害性及びこれらの取扱い方法に関すること。
	二　安全装置，有害物抑制装置又は保護具の性能及びこれらの取扱い方法に関すること。
	三　作業手順に関すること。
	四　作業開始時の点検に関すること。
	五　当該業務に関して発生するおそれのある疾病の原因及び予防に関すること。
	六　整理，整頓及び清潔の保持に関すること。
	七　事故時等における応急処置及び退避に関すること。
	八　前各号に掲げるもののほか，当該業務に関する安全又は衛生のために必要な事項。
	2．（省略）
特別教育を必要とする業務 （則第36条）	法第59条第3項の厚生労働省令で定める危険又は有害な業務は，次のとおりとする。
	一　研削といしの取替え又は取替え時の試運転の業務
	二　（省略）
	三　アーク溶接機を用いて行う金属の溶接，溶断等の業務
	四〜十三　（省略）
	十四　小型ボイラーの取扱いの業務
	十五〜十八　（省略）
	十九　つり上げ荷重が1トン未満のクレーン，移動式クレーン又はデリックの玉掛けの業務
	二十〜二十六　（省略）
	二十七　特殊化学設備の取扱い，整備及び修理の業務
	二十八〜三十二　（省略）
職長等の安全衛生教育 （法第60条）	事業者は，その事業場の業種が政令で定めるものに該当するときは，新たに職務につくこととなった職長その他の作業中の労働者を直接指導又は監督する者（作業主任者を除く。）に対し，次の事項について，厚生労働省令で定めるところにより，安全又は衛生のための教育を行なわなければならない。
	一　作業方法の決定及び労働者の配置に関すること。
	二　労働者に対する指導又は監督の方法に関すること。
	三　前2号に掲げるもののほか，労働災害を防止するために必要な事項で，厚生労働省令で定めるもの。

職長等の教育を行なうべき業種 (令第19条)	法第60条の政令で定める業種は，次のとおりとする。 一　建設業 二～六　（省略）
職長等の教育 (則第40条)	法第60条第3号の厚生労働省令で定める事項は，次のとおりとする。 一　作業設備及び作業場所の保守管理に関すること。 二　異常時等における措置に関すること。 三　その他現場監督者として行なうべき労働災害防止活動に関すること。 2．法第60条の安全又は衛生のための教育は，次の表の左欄に掲げる事項について，同表の右欄に掲げる時間以上行なわなければならないものとする。 | 事　項 | 時　間 | |---|---| | （省略） | | 3．（省略）

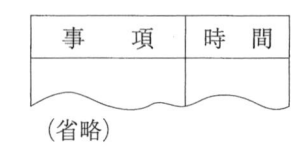

（5）　作業環境の測定を行うべき作業場

作業環境の測定に関する部分の抜粋を次に示す。

作業環境測定 (法第65条)	事業者は，有害な業務を行う屋内作業場その他の作業場で，政令で定めるものについて，厚生労働省令で定めるところにより，必要な作業環境測定を行い，及びその結果を記録しておかなければならない。 2．～6．（省略）
測定を行うべき作業場 (令第21条)	法第65条第1項の政令で定める作業場は次のとおりとする。 一～八　（省略） 九　別表第6に掲げる酸素欠乏危険場所において作業を行う場合の当該作業場 十　別表第6の2に掲げる有機溶剤を製造し，又は取り扱う業務で厚生労働省令で定めるものを行う屋内作業場

（6）　工具，機械等

工具，機械などによる危険の防止については，労働安全衛生規則の安全基準の中に詳細に定められている。

研削といしには覆いをとりつける。(則第117条)，(図7－7)

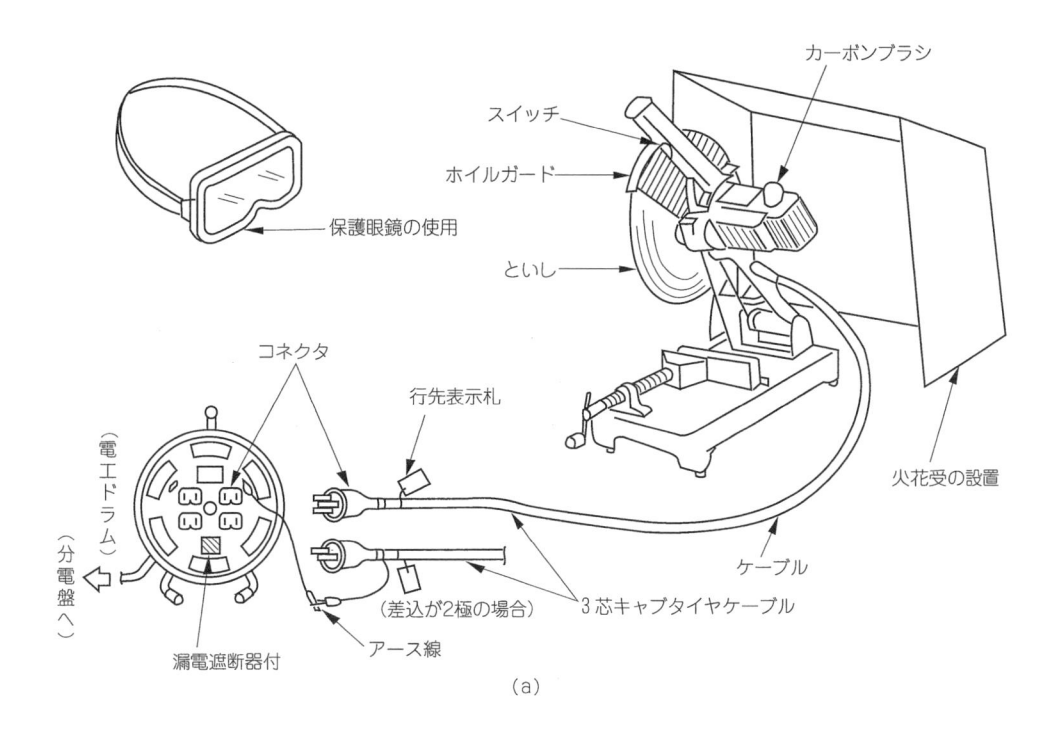

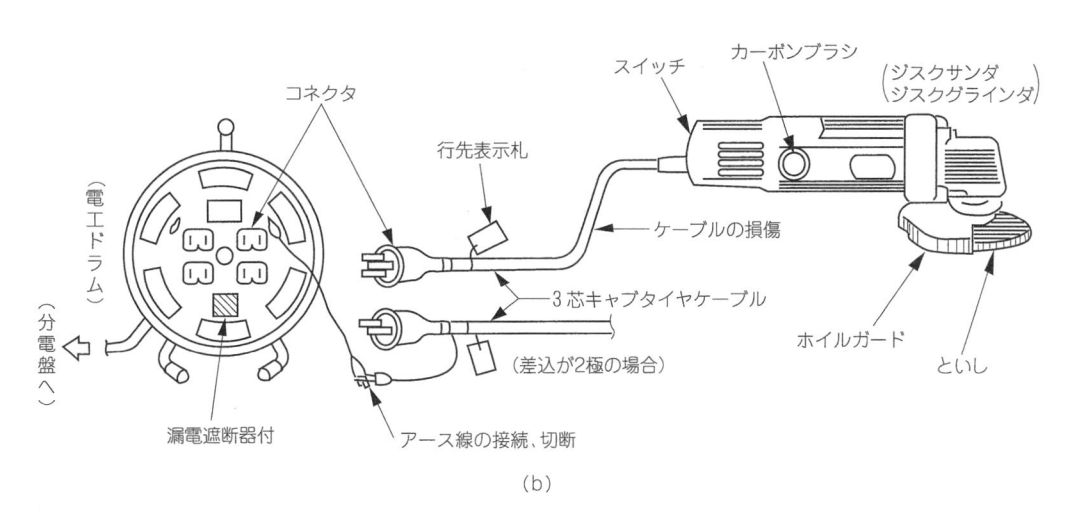

図7－7　研削といし

アーク溶接棒のホルダはJIS（C9302）に適合するものを使用する。（則第331条）
(7)　足場，はしご，脚立等
作業用の足場などについては，労働安全衛生規則第518条～第575条の8に詳細に規定されている。高さ2メートル以上の所には作業床を設ける。作業床の端，開口部には高さ75センチメートル以

上の手すりか囲いを設ける（図7－8）。手すりなどを設けられないときは安全帯を使用する。（則第518条〜第521条），（図7－9）

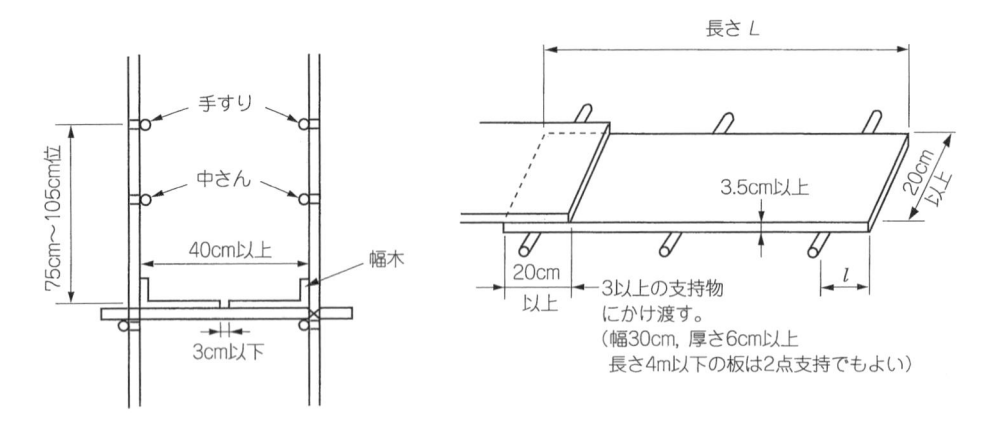

図7－8　足場

図7－9　安全帯

スレート屋根の上で作業するときは，幅30センチメートル以上の歩み板を設ける。（則第524条）

移動はしごは幅30センチメートル以上とし，すべり止め装置を取り付ける。（則第527条），（図7－10）

脚立は，脚と水平面の角度を75度以下とする。（則第528条），（図7－10）

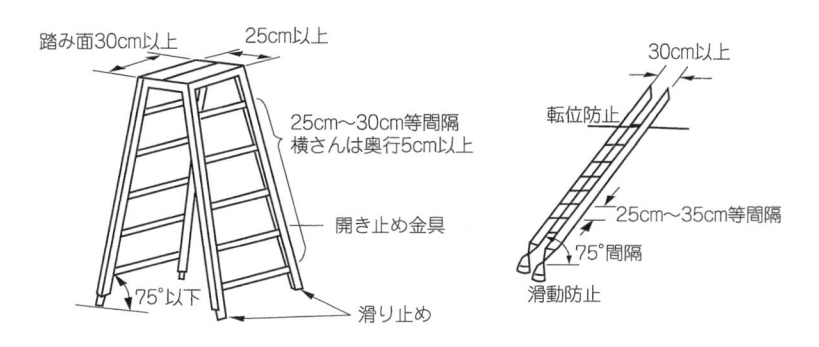

図7-10 脚立, はしご

(8) 服装等

頭髪, 被服などが機械に巻き込まれるおそれのあるときは, 適当な作業帽, 作業服を着用する。(則第110条)

機械に手が巻き込まれるおそれのあるときは, 手袋を使用してはならない。(則第111条)

上方から物の落下する危険のあるところでは, 保護帽をかぶらなければならない（則第539条）

第7章の学習のまとめ

配管に関する法規には, 以上に列挙したものの他にも労働基準法・建設業法・高圧ガス保安法・道路法・水質汚濁防止法など, 極めて多岐に渡っている。計画・施工に当たっては関連法規を遵守すると共に, 法改正が常に行われているので関連省庁のホームページなどを参照し, 最新情報を収集するよう努められたい。

【練習問題】

次の文章のうち, 正しいものに○, 誤っているものに×を付けなさい。
(1) 住宅に設ける浄化槽は, 当該住宅に居住し住民に記載されている人員を対象として算定する。
(2) エレベーターの昇降路を利用して排水管を敷設してはならない。
(3) 水質基準により定められている検査項目は46項目である。
(4) 屋内消火栓設備の設置工事は乙種消防設備士が行ってはならない。

【練習問題の解答】

第1章

毎秒あたりの流量は，$180/3600 = 0.05 \text{m}^3/\text{s}$

流速は，$v = 0.05/(\pi \cdot 0.05^2 \cdot 4) = 1.59 \text{m}/\text{s}$

ダルシー・ワイスバッハの式（1-22）にこれら数値を代入すれば，

$$h = f\frac{l}{d}\frac{v^2}{2g} = 0.02\frac{150}{0.2}\frac{1.59^2}{2\times 9.8} = 1.9\text{m}$$

となる。これを水の密度を1000kg／m³として，圧力に換算すれば，

$\Delta P = \rho \cdot g \cdot h = 1000 \times 9.8 \times 1.9 = 18600\text{N}/\text{m}^2 = 19\text{kPa}$

次に，図1において，縦軸に180m³／h＝3000 l／minと，呼び径200Aの斜めの線との交点を求め，下に下ろしてきて，単位長さ当たりの圧力損失を求めると，0.13kPa／mとなる。配管長さ150m当たりの圧力損失ΔPは，

$\Delta P = 150 \times 0.13 = 20\text{kPa}$

図1

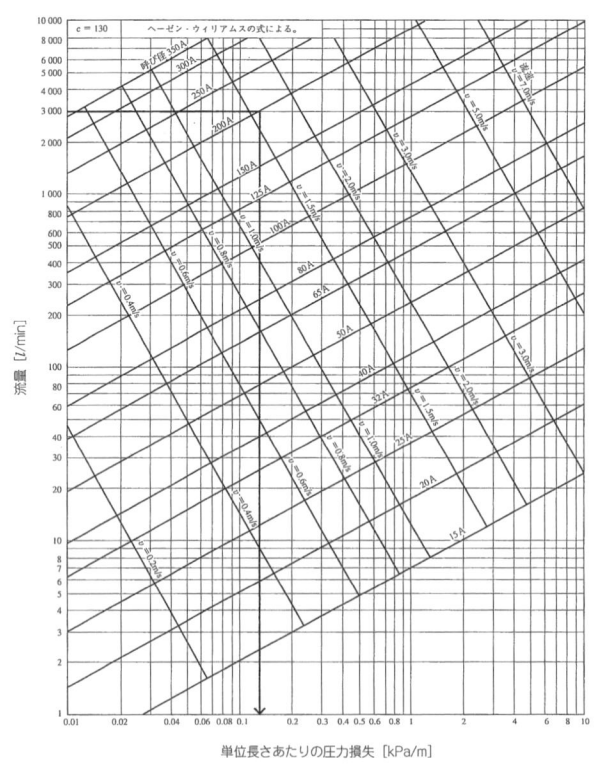

第2章

（1）×： 鋼鉄，アルミニウム，銅，の中で最も熱伝導率のよいものは，銅である。（表2－2より）
（2）×： 水の気化熱は，エタノール，アンモニアなどの液体に比べて大きい。（表2－3より）
（3）×： 25℃の気体を50℃に加熱すれば，体積は1.08倍になる。

2－4式より，$\dfrac{1+\dfrac{50}{273}}{1+\dfrac{25}{273}} = \dfrac{323}{298} = 1.08$

第3章

（1）鋼管と耐圧と肉厚を表す数値で，スケジュール40，60，80などがあり，口径（呼び径）とスケジュールNo.ごとに肉厚が定められている。

$$スケジュールNo. = 最高使用圧力（MPa）\times 1000 \times \dfrac{安全係数}{引張り強さ（MPa）}$$

（2）配管用炭素鋼鋼管（SGP）の内外面に亜鉛めっきを施し，防蝕性を持たせたものをいう。
（3）蒸気中より，伝熱効果を妨げる空気や凝縮水を連続的に排出させる目的で設置する。
（4）排水管の中の臭気が，逆流，上昇してくるのを，阻止するために設けられる。

第4章

工具名	回転	振動・打撃
電動ディスクグラインダ	○	
電気ドリル	○	
振動ドリル	○	○
ハンマドリル	○	○
コンクリートハンマ		○

第5章

(1) 2, 4

(2) 5, 8

(3) 答え

① (安全マスク), 安全 (帯) 安全ロープ, (保護) めがね, 長靴など, 安全作業用具, (救護) 用具などを常に準備しておき, 作業内容に応じて現場に (携行) して使用する。

②電動作業工具は, 電源に適切な (キャプタイヤ) ケーブルを用い, 定められた方法により, (大地アース) を確実に施す。

③作業は, (ガス) を遮断してから開始することを原則とする。

④ (火気) の使用は原則として避ける。溶接作業などで (火気) を使用する場合は, 定められた方法により, (安全) を確認してから行う。また, 作業場所の近くには, (消火器) を準備しておく。

⑤作業は (2) 人以上で行い, (ガス) の噴出する作業には, (安全マスク) を使用する。

⑥電気配線, 照明具などは, (火花) を発しない安全な構造のものを用いる。

⑦バルブピット内, マンホール内, パイプシャフト内, 天井裏, 地下室など (密閉) された場所で作業する場合は, 必要に応じて (ガス) 検知器などにより, (ガス) の (有無) を確認してから作業を開始する。

第6章

試験水圧　$25m \times 2 = 50m ≒ 0.5MPa$

　　　　　表6-1から最小0.75MPaとする。

試験時間　表6-1から60分以上とする。

第7章

(1) ×

(2) ○

(3) ×

(4) ○

索　引

あ

亜鉛めっき鋼板	108
アスマン通風乾湿計	27
圧縮式接合法	159
アップカットシャー	109
圧力計	4, 5
圧力配管用炭素鋼鋼管	44
アルミニウム板	109
アングル弁	68, 69
安全弁	73
ＥＦ接合	155
板取り	117
位置エネルギー	7, 8
一般用さび止めペイント	203
インサート	188
上塗り	201
運動エネルギー	7, 8
ＨＦ接合	155
液状ガスケット	126
エッチングプライマー	203
エポキシ	203
エポキシ樹脂下塗り塗料	203
塩化ビニル管	50
塩化ビニル管継手	59
鉛管	50
エンタルピー	32
オーガスト乾湿計	27
黄銅板	109
往復のこ盤	123
オスター形	131
帯のこ盤	123
折り尺	99
オリフィス	13

か

開きょ	18
外装材	200
ガス切断機	124
ガスケット	195
金切りばさみ	109, 110, 113
過熱蒸気	38, 40
乾き度	39
気圧試験	30
気体定数	30
逆止め弁	73
ギャップシャー	109
強制対流	24
凝固	26
凝縮熱	26
口金	91
組みやすり	94
グラスウール保温材	199
グランドパッキン	198
ゲージ圧力	5
けがき作業	105
けがき針	105
下水道法	225
煙試験	208
減圧弁	74
建築基準法	211
顕熱	25
鋼管用継手	53
工作機械	85
硬質ウレタンフォーム保温材	200
硬質塩化ビニル管	151, 167
硬水	2
合成樹脂調合ペイント	203
高速といし切断機	124
鋼板	108
コック	71, 72
ゴム輪接合	152
コンクリート管	52
コンクリート管用異形管	64
コンパス	105

さ

サイホン作用	4
さしがね	99
差し込み溶接	129
サドル式せん孔機	181

サドル付き分水栓 …………………180
三角形法 …………………………114, 115
三角せき …………………………11
3本ロール ………………………110
シールテープ ……………………126
四角せき …………………………12
仕切弁 ……………………………70, 71
止水栓 ……………………………72
支持金物 …………………………201
自然対流 …………………………24
下塗り ……………………………201
下塗り塗料 ………………………203
湿　度 ……………………………27
湿り空気線図 ……………………33
湿り蒸気 …………………………38
湿り度 ……………………………39
斜進法 ……………………………95
シャルルの法則 …………………29
ジョイントシート ………………197
浄化槽法 …………………………231
消火用硬質塩化ビニル外面被覆鋼管 …46
蒸気トラップ ……………………77
消防法 ……………………………228
シンニング加工 …………………86
水圧試験 …………………………206
水準器 ……………………………105
水栓類 ……………………………75
水　頭 ……………………………3
水道法 ……………………………219
水道用硬質塩化ビニルライニング鋼管 …45
水道用ポリエチレン粉体ライニング鋼管 …45
スケール …………………………99
スケジュール ……………………44
スケヤシャー ……………………109
スチールプロトラクタ …………104
ステンレス鋼管 …………………46, 158
ステンレス鋼板 …………………108
ストレーナ ………………………81
スパイラルダクト成形機 ………110, 111
スリーブ形伸縮管継手 …………65
絶対圧力 …………………………5
潜　熱 ……………………………25
層　流 ……………………………6
阻集器 ……………………………80
損失水頭 …………………………14

た

タールエポキシ樹脂系塗料 ……203
大気汚染防止法 …………………244
ダイス ……………………………98
ダイヘッド ………………………133
ダクタイル鋳鉄異形管 …………57
タップ ……………………………97
玉形弁 ……………………………68, 69
ダルシー・ワイスバッハの式 …14
ダルトンの法則 …………………31
ダクタイル鋳鉄管 ………………47, 161, 167
ダクト用はぜ折り機 ……………110, 111
断熱変化 …………………………36
チューブカッタ …………………147
中立線 ……………………………117
チェーザ …………………………133
直　尺 ……………………………99
直進法 ……………………………95
直巻整流子電動機 ………………88
通水試験 …………………………208
突合せ溶接 ………………………129
つり金物 …………………………188
定圧比熱 …………………………32
定圧変化 …………………………36
ＴＳ接合 …………………………152
定容比熱 …………………………32
定容変化 …………………………36
鉄工やすり ………………………94
展開図 ……………………………114
電動工具 …………………………87
電動ねじ切り機 …………………132
等温変化 …………………………36
陶　管 ……………………………52
銅　管 ……………………………48, 49
銅管用管継手 ……………………59
動水こう配 ………………………17
トーチランプ ……………………150
銅　板 ……………………………109
止め弁 ……………………………68
トリチェリーの実験 ……………2
塗　料 ……………………………203
ドリル ……………………………86
ドリルチャック …………………86

な

中塗り …………………………………… 201
軟　水 …………………………………… 2
ニードル弁 ………………………… 69, 70
ねじ切り機 ……………………………… 131
ねじゲージ ……………………………… 135
ねじ込み式鋼管製管継手 ………………… 55
ねじ込み式排水管継手 …………………… 56
ねじ接合 ………………………………… 126
ねじ接合法 ……………………………… 137
ねじ転造機 ……………………………… 134
熱通過 …………………………………… 24
熱伝達 …………………………………… 24
熱伝導 …………………………………… 23
熱伝導率 ………………………………… 23
熱放射 …………………………………… 24
熱力学温度 ……………………………… 21
熱力学の第1法則 ………………………… 31
熱力学の第2法則 ………………………… 32
粘性係数 ………………………………… 14
ノギス …………………………………… 101

は

排水トラップ …………………………… 79
排水用硬質塩化ビニル管継手 …………… 61
排水用タールエポキシ塗装鋼管 ………… 46
パイプカッタ …………………………… 122
パイプベンダ …………………………… 170
パイプマシン …………………………… 132
パイプ万力 ……………………………… 139
ハウジング形管継手 ……………… 68, 130
パス ……………………………………… 101
パスカルの原理 ………………………… 3
はぜ組み ………………………………… 118
はっか試験 ……………………………… 209
パッキン ………………………………… 195
はっ水性パーライト保温材 …………… 200
はつり作業 ………………………… 91, 93
板金加工 ………………………………… 108
はんだ …………………………………… 119
ハンドタップ …………………………… 97
万能折り曲げ機 …………………… 110, 111
比　重 …………………………………… 1
比　熱 …………………………………… 22
ピトー管 ………………………………… 12
副　尺 …………………………………… 102
沸　騰 …………………………………… 25
ブラシ …………………………………… 88
プラスタン接合法 ……………………… 156
フランジ ………………………………… 57
フランジ接合 …………………… 158, 159
フランジ溶接 …………………………… 129
フレア接合 ……………………………… 147
フレキシブルジョイント ………… 67, 68
フレキシブルメタルホース ……… 66, 67
プレス式接合法 ………………………… 159
プレスブレーキ …………………… 110, 111
分水栓 …………………………………… 183
平行線法 …………………………… 114, 115
ヘイゼン・ウイリアムスの式 …………… 15
ベベルプロトラクタ …………………… 104
ベルヌーイの定理 ………………… 8, 9
ベローズ形伸縮管継手 …………………… 65
ベンチュリー管 ………………………… 13
ボイル・シャルルの法則 ………………… 30
ボイルの法則 …………………………… 30
放射線法 ………………………………… 114
防食コア ………………………………… 142
膨張係数 ………………………………… 28
ボールタップ …………………………… 75
ボール盤 ………………………………… 85
ボール弁 ………………………………… 71
飽和蒸気 ………………………………… 39
ポリエチレン管 ………………………… 51
ポリエチレン管継手 …………………… 62
ポリエチレン被覆鋼管 ………………… 46
ポリエチレンフォーム保温材 ………… 200
ポリスチレンフォーム保温材 ………… 199
ポンチ …………………………………… 105

ま

マイクロメータ ………………………… 103
巻き尺 …………………………………… 99
マノメータ ……………………………… 5
満水試験 ………………………………… 207
万　力 …………………………………… 91
水の質量 ………………………………… 1
水の硬度 ………………………………… 1

水配管用亜鉛めっき鋼管	44
メカニカル形管継手	130
メカニカル接合	130, 154
ものさし	99
盛りはんだ接合	157, 158
漏れ試験法	206

や

やすり	94
融解	26
溶接式管継手	55
溶接接合	129, 158
横万力	91

ら

ライニング鋼管	140
乱流	6
リード形	131
リーマ	120, 121
流体平均深さ	18
量水器	10
臨界点	38
冷間圧延鋼板	108
冷凍サイクル	37
レイノルズ数	6
ろう付け接合	148
労働安全衛生法	237, 245
ロックウール保温材	199
露点温度	28

わ

Y形弁	68, 69

配　管　概　論	ⓒ
昭和63年3月20日　　初 版 発 行	定価：本体 2,200円 ＋ 税
平成8年12月20日　　改訂版発行	
平成18年2月28日　　三訂版発行	
令和4年3月5日　　　8 刷 発 行	

　　　　　編集者　　独立行政法人　　高齢・障害・求職者雇用支援機構
　　　　　　　　　　職業能力開発総合大学校　基盤整備センター

　　　　　発行者　　一般財団法人　　職業訓練教材研究会

　　　　　　　　　　　　　　　　〒162-0052
　　　　　　　　　　　　　　　　東京都新宿区戸山1丁目15-10
　　　　　　　　　　　　　　　　電　話　03（3203）6235
　　　　　　　　　　　　　　　　FAX　03（3204）4724

編者・発行者の許諾なくして本教科書に関する自習書・解説書若しくはこれに類するものの発行を禁ずる。

ISBN978-4-7863-1081-2